高等职业教育教材

物理化学

戴莹莹　侯　炜　主编

张立坤　副主编

 化学工业出版社

·北京·

内容简介

本书全面贯彻党的教育方针,落实立德树人根本任务,有机融入了党的二十大精神。全书包含气体、热力学第一定律与第二定律、多组分系统热力学与相平衡、化学平衡、化学动力学、电化学基础、表面现象与胶体化学共七个模块,弱化部分理论的阐述以及公式的推导过程等内容,突出原理的应用。

各模块中颇具特色的"案例导入""车间课堂"等栏目,以企业实际生产过程的工艺流程为案例,对理论知识和生产实操进行一体化讲解,打造工学结合的实用性教材。

本书适合作为高等职业教育化学、化工、生物、制药、环境等专业的教材,也可供从事相关工作的企业人员参考。

图书在版编目(CIP)数据

物理化学 / 戴莹莹,侯炜主编;张立坤副主编. --北京:化学工业出版社,2024.4
ISBN 978-7-122-44895-8

Ⅰ. ①物… Ⅱ. ①戴… ②侯… ③张… Ⅲ. ①物理化学-高等学校-教材 Ⅳ. ①O64

中国国家版本馆 CIP 数据核字(2024)第 066784 号

责任编辑:提 岩 熊明燕   文字编辑:王丽娜
责任校对:王 静   装帧设计:关 飞

出版发行:化学工业出版社
　　　　(北京市东城区青年湖南街 13 号 邮政编码 100011)
印　　装:河北延风印务有限公司
787mm×1092mm 1/16 印张 15¼ 字数 373 千字
2024 年 9 月北京第 1 版第 1 次印刷

购书咨询:010-64518888   售后服务:010-64518899
网　　址:http://www.cip.com.cn

凡购买本书,如有缺损质量问题,本社销售中心负责调换。

定　　价:45.00 元   版权所有 违者必究

前言

物理化学是高等职业院校化工类及相近专业必修的一门课程,是后续专业课程必备的理论基础,也是培养应用型技术人才的整体知识结构及能力结构的重要组成部分。课程涵盖热力学、相平衡、化学平衡、动力学、电化学、表面现象与胶体化学等内容,其理论和原理几乎渗透到化工生产的各个环节。

依据《国家职业教育改革实施方案》中提出的教学改革要求,为适应"互联网+"时代下的教学需要,我们组建了由专业教师和企业专家共同组成的校企"双元"教材开发团队,着力打造一本数字化赋能的工学结合教材,培养学生应用物理化学的思维方法和基本原理进行辨识、解释、处理相关问题的能力。

本教材主要有以下特点:

(1) 落实立德树人根本任务,梳理了各模块的知识、技能、素质三维目标,明确所要达到的学习效果。

(2) 在内容的编排上与企业生产过程紧密对接,设置了气体、热力学第一定律与第二定律、多组分系统热力学与相平衡、化学平衡、化学动力学、电化学基础、表面现象与胶体化学共七个模块的内容。

(3) 弱化部分理论的阐述以及公式的推导过程等,突出原理的应用。各模块中设置了颇具特色的"案例导入""车间课堂"等栏目,将企业实际生产案例、车间相关生产过程融入教材,使原理与应用相衔接,培养学生理论联系实际、学以致用的能力。

(4) 各模块中的"拓展知识"栏目,融入了相关知识在科技前沿中的应用,响应党的二十大关于推动能源清洁低碳高效利用、深入推进能源革命等要求。

(5) 各模块中设置的"要点归纳"栏目,便于学生系统掌握本模块知识点。

(6) 突出实用性,语言精练、图文并茂。各模块后的"目标检测"栏目,可加强学习者对知识的理解、掌握、巩固和灵活应用。

(7) 融入数字化资源,强化知识的信息化呈现。配套建设了动画、微课等,以二维码的形式融入教材,便于学生理解相关内容。

(8) 配套数字教材,实现随时随地、线上线下的混合式学习。数字教材的获取方式请邮件详询(12119390@qq.com)。

本书由内蒙古化工职业学院戴莹莹、侯炜担任主编,张立坤担任副主编。具体编写分工为:模块1、模块3由侯炜编写;模块2由戴莹莹和内蒙古电力科学研究院高级工程师于英利共同编写;模块4、模块5由戴莹莹编写;模块6由戴莹莹和内蒙古汇能煤化工有限公司工程师叶荣基共同编写;模块7由张立坤编写。全书由戴莹莹统稿,兰州石化职业技术大学尚秀丽主审。

本书在编写过程中参考了相关教材和其他文献资料、企业生产资料等,在此向有关作者表示衷心的感谢!

由于编者水平所限,书中不足之处在所难免,敬请广大读者批评指正。

编者
2024年1月

目录

模块 1　气体 / 001

【学习目标】　001
【案例导入】　002
【基础知识】　002
1.1　理想气体状态方程　002
　1.1.1　压力、体积和温度　002
　1.1.2　理想气体　003
1.2　混合气体的分压定律与分体积定律　004
　1.2.1　混合气体　004
　1.2.2　分压定律　005
　1.2.3　分体积定律　006
1.3　真实气体与范德华方程　007
　1.3.1　真实气体与理想气体的偏差　007
　1.3.2　范德华方程　008
1.4　液体的饱和蒸气压和气体的液化　010
　1.4.1　液体的饱和蒸气压　010
　1.4.2　气体的液化　011
　1.4.3　气体的临界状态及其液化条件　011
【拓展知识】　013
【车间课堂】　014
【要点归纳】　014
【目标检测】　015

模块 2　热力学第一定律与第二定律 / 018

【学习目标】　018
【案例导入】　019
【基础知识】　020
2.1　热力学基本概念　020
　2.1.1　系统与环境　020
　2.1.2　系统的宏观性质和状态函数　020
　2.1.3　过程与途径　022
2.2　热力学第一定律　023
　2.2.1　热力学能　023
　2.2.2　热与功　024
　2.2.3　热力学第一定律的文字表述和数学表达式　025
2.3　体积功的计算　025
　2.3.1　体积功的定义式　025
　2.3.2　几种变化过程体积功的计算　026
　2.3.3　可逆变化过程体积功的计算　027
2.4　热与焓及热容　028
　2.4.1　恒容热、恒压热与焓　028
　2.4.2　各种形式的热容　029
2.5　单纯 pVT 变化过程热力学第一定律的应用　031
　2.5.1　理想气体的单纯 pVT 变化过程　031
　2.5.2　凝聚态物质的单纯 pVT 变化过程　033
2.6　相变化过程热力学第一定律的应用　034
　2.6.1　相与相变化　034
　2.6.2　相变热与相变焓　034
　2.6.3　可逆相变过程中各种能量的计算　035
2.7　化学变化过程热力学第一定律的应用　036
　2.7.1　化学反应中的基本概念　036

2.7.2	化学反应的标准摩尔反应焓 $\Delta_r H_m^\ominus(T)$ 的计算		037
2.7.3	恒压热效应与恒容热效应		039
2.8	热力学第二定律		040
2.8.1	自发过程		040
2.8.2	热力学第二定律的表述		040
2.8.3	熵的概念及物理意义		041
2.8.4	克劳修斯不等式及熵判据		042
2.8.5	熵变的计算		042
2.9	吉布斯函数		047
2.9.1	吉布斯函数的定义		047
2.9.2	吉布斯函数变化值的计算		047
2.10	节流膨胀与绝热可逆膨胀		049
2.10.1	节流膨胀		049
2.10.2	绝热可逆膨胀		050
【拓展知识】			050
【车间课堂】			051
【要点归纳】			053
【目标检测】			056

模块3 多组分系统热力学与相平衡 / 060

【学习目标】 060
【案例导入】 061
【基础知识】 061
3.1 相律 061
　3.1.1 基本概念 061
　3.1.2 相律数学表达式 063
3.2 单组分系统 064
　3.2.1 水的相图 065
　3.2.2 克劳修斯-克拉佩龙方程 066
　3.2.3 单组分系统相图的应用 068
3.3 稀溶液 070
　3.3.1 溶液组成的表示方法 070
　3.3.2 拉乌尔定律 071
　3.3.3 亨利定律 072
　3.3.4 稀溶液的依数性 074
3.4 理想液态混合物 076
　3.4.1 理想液态混合物的气-液平衡组成 077
　3.4.2 理想液态混合物压力-组成图 077
　3.4.3 理想液态混合物的沸点-组成图 078
3.5 真实液态混合物 080
　3.5.1 真实液态混合物与拉乌尔定律的偏差 080
　3.5.2 真实液态混合物的相图 080
　3.5.3 杠杆规则 083
　3.5.4 蒸馏和精馏 084
3.6 二组分液态完全不互溶系统与水蒸气蒸馏 085
　3.6.1 二组分液态完全不互溶系统的特征 085
　3.6.2 水蒸气蒸馏 086
3.7 分配定律和萃取 086
　3.7.1 分配定律 086
　3.7.2 萃取 087
【拓展知识】 088
【车间课堂】 089
【要点归纳】 091
【目标检测】 093

模块4 化学平衡 / 099

【学习目标】 099
【案例导入】 100
【基础知识】 100
4.1 化学反应的方向和平衡条件 100

4.1.1	化学平衡	100	
4.1.2	化学反应的方向	101	
4.1.3	标准摩尔反应吉布斯函数	101	

4.2 化学反应的等温方程式和平衡常数 101
    4.2.1 化学反应等温方程式 101
    4.2.2 理想气体反应的热力学
        平衡常数 102
    4.2.3 理想气体反应平衡常数的
        不同表示方法 103
    4.2.4 关于标准摩尔反应吉布斯
        函数的计算 105

4.3 有关化学平衡的计算 107
4.4 各种因素对化学平衡移动的影响 110
    4.4.1 温度对化学平衡的影响 110
    4.4.2 浓度对化学平衡的影响 112
    4.4.3 压力对化学平衡的影响 112
    4.4.4 惰性气体对化学平衡的影响 113
    4.4.5 反应物配比对化学平衡的影响 114

【拓展知识】 114
【车间课堂】 115
【要点归纳】 119
【目标检测】 121

模块 5　化学动力学 / 125

【学习目标】 125
【案例导入】 126
【基础知识】 126

5.1 化学反应速率 126
    5.1.1 化学反应速率的表示方法 126
    5.1.2 化学反应速率的测定 128
    5.1.3 基元反应与非基元反应 128
    5.1.4 反应的速率常数和反应级数 130

5.2 简单级数反应的动力学 131
    5.2.1 一级反应 131
    5.2.2 二级反应 133

5.3 温度对速率常数的影响 136
    5.3.1 阿伦尼乌斯方程 137
    5.3.2 表观活化能 139

5.4 催化剂与催化作用 141
    5.4.1 催化作用及其特征 141
    5.4.2 均相催化反应 142
    5.4.3 多相催化反应 144
    5.4.4 酶催化反应 146

【拓展知识】 146
【车间课堂】 147
【要点归纳】 149
【目标检测】 151

模块 6　电化学基础 / 156

【学习目标】 156
【案例导入】 157
【基础知识】 157

6.1 导电装置、电解质溶液和法拉第定律 157
    6.1.1 电解池和原电池 157
    6.1.2 电解质溶液的导电机理 158
    6.1.3 法拉第定律 159

6.2 电解质溶液的电导和应用 162
    6.2.1 电解质溶液的电导 162
    6.2.2 电导率与摩尔电导率 162
    6.2.3 离子独立运动定律 165
    6.2.4 电导的测定及有关应用 166

6.3 原电池 169
    6.3.1 原电池的组成及表示方法 169
    6.3.2 电池电动势的产生 170
    6.3.3 可逆电池 172
    6.3.4 电极的种类 173

6.4 能斯特方程 175
6.5 电极电势和电动势 176
    6.5.1 电极电势与标准电极电势 176

6.5.2	电池电动势的计算	178	6.7.2 极化作用和超电势	188
6.6 电动势的测定及应用		180	6.7.3 电解时的电极反应	190
6.6.1	电池电动势的测定	180	【拓展知识】	191
6.6.2	电池电动势的应用	182	【车间课堂】	192
6.7 电解与极化		186	【要点归纳】	197
6.7.1	分解电压	186	【目标检测】	199

模块7　表面现象与胶体化学 / 202

【学习目标】		202	7.3.1 吸附	209
【案例导入】		203	7.3.2 溶液表面层吸附现象	210
【基础知识】		203	7.3.3 固体表面对气体分子的吸附	210
7.1 物质的表面张力与表面吉布斯函数		203	7.4 分散系统分类与胶体的性质	213
7.1.1	分散度和比表面	204	7.4.1 分散系统的分类及其主要特征	213
7.1.2	表面张力	204	7.4.2 溶胶的性质	214
7.1.3	表面吉布斯函数	206	7.4.3 溶胶的稳定性和聚沉	216
7.2 液体的表面现象		206	【拓展知识】	218
7.2.1	弯曲液面下的附加压力	207	【车间课堂】	219
7.2.2	弯曲液面的蒸气压	208	【要点归纳】	219
7.2.3	亚稳状态	208	【目标检测】	220
7.3 液体和固体的表面吸附		209		

附录 / 222

附录一	国际单位制（SI）	222	附录五 常用有机化合物的标准摩尔燃烧焓（298K） 228
附录二	基本常数	222	
附录三	某些气体的摩尔恒压热容与温度的关系	223	附录六 在298K和标准压力（$p^{\ominus}=100kPa$）下一些电极的标准（氢标还原）电极电势 229
附录四	常用物质的标准摩尔生成焓、标准摩尔生成吉布斯函数、标准摩尔熵及标准摩尔恒压热容（298K）	224	

参考文献 / 233

二维码资源目录

序号	资源名称	资源类型	页码
1	分压定律	动画	005
2	分体积定律	动画	006
3	真实气体	微课	009
4	液体的饱和蒸气压	微课	010
5	液体的蒸气压	动画	010
6	液体的沸点	动画	010
7	气体的液化	微课	011
8	恒定温度下水蒸气的液化过程	动画	011
9	二氧化碳气体的液化	动画	012
10	敞开系统、封闭系统和隔离系统	动画	020
11	可逆循环	动画	022
12	热力学能	动画	023
13	体积功的计算	微课	025
14	系统体积的压缩与膨胀	动画	026
15	恒外压过程体积功的计算	动画	026
16	可逆过程	微课	027
17	可逆过程体积功的计算	动画	027
18	恒容热、恒压热与焓	微课	028
19	单纯 pVT 变化过程热力学第一定律的应用	微课	031
20	气体恒容热与恒压热的区别	动画	031
21	恒温可逆膨胀和绝热可逆膨胀	动画	033
22	相变化过程热力学第一定律的应用	微课	034
23	标准摩尔反应焓的计算	微课	036
24	节流膨胀过程	动画	049
25	单组分系统相图	微课	065
26	克劳修斯-克拉佩龙方程	微课	067
27	拉乌尔定律与亨利定律	微课	072
28	渗透过程	动画	076
29	二组分理想气体混合物的气液平衡组成	微课	077
30	理想液态混合物的气液平衡	动画	077
31	二组分理想液态混合物的压力组成相图	微课	078
32	二组分理想液态混合物沸点组成相图	微课	079
33	沸点-组成图	动画	079
34	二组分完全互溶双液系沸点-组成图	动画	079
35	气液两相平衡时组成变化	动画	080

续表

序号	资源名称	资源类型	页码
36	真实液体混合物及气液相平衡相图	微课	080
37	精馏分离原理	动画	084
38	水蒸气蒸馏	动画	086
39	萃取过程	动画	087
40	温度对化学平衡的影响	动画	110
41	压力对化学平衡的影响	动画	112
42	化学反应的速率常数和级数	微课	130
43	一级反应	微课	131
44	二级反应	微课	133
45	电解质溶液的导电机理	动画	159
46	电导测定的应用	微课	166
47	原电池及表示方法	微课	169
48	Cu-Zn 原电池工作过程演示	动画	169
49	电池电动势的产生	微课	170
50	金属与金属的界面存在接触电势	动画	171
51	金属-溶液的相间电势差	动画	171
52	电极的种类	微课	173
53	电极电势的测定	微课	176
54	标准氢电极	动画	177
55	标准电极电势的测定	动画	177
56	可逆电池电动势及测定	微课	180
57	电池电动势测定的应用	微课	182
58	分解电压	微课	186
59	电极的极化	微课	188
60	电解时的电极反应	微课	190
61	表面张力与表面功	动画	205
62	液体在毛细管中上升和下降	动画	207

模块 1 气体

【学习目标】

❖ 知识目标

1. 理解理想气体的概念和特点，掌握理想气体状态方程。
2. 掌握分压定律和分体积定律。
3. 了解真实气体与理想气体相比产生偏差的原因，了解真实气体状态方程。
4. 了解气体液化的规律及其临界状态。
5. 理解饱和蒸气压的概念。

❖ 技能目标

1. 能够利用理想气体状态方程进行气体的温度、压力、体积的相关计算。
2. 能够应用分压定律和分体积定律计算混合气体的分压力和分体积。
3. 针对高压气体，能够用范特霍夫方程进行相关计算。
4. 能够通过分析提出气体液化的条件。

❖ 素质目标

1. 了解化工对于国家建设、社会稳定的重要意义，厚植爱国情怀、坚定专业自信。
2. 养成尊重知识、精益求精的工作态度，安全生产的劳动意识。
3. 培养细致入微、严谨求实的科研态度。

自然界的物质都是由大量的分子、原子等微观粒子组成的。根据分子间距离的大小，一般可以将物质分为三种聚集状态，即气态（g）、液态（l）和固态（s）。在一定条件下这三种相态可以相互转化。

气体广泛存在于自然界，与我们的日常生活、工业生产和科学研究都有紧密的关系。气体的性质及变化规律是学习物理化学不可缺少的基础知识，在研究液体和固体所服从的规律时往往需要借助它们与气体的关系进行研究。

在化工生产中，不论是待加工的原料还是已制成的产品，都经常有以气态形式存在的。在各种工艺生产过程中，往往需要将气体输送至设备内进行物理处理或化学反应。这就涉及气体的流量、压力、温度等参数如何控制，因此了解气体的压力、温度、体积、密度等之间的相互关系是十分重要的。

【案例导入】

> 氨是一种重要的化工原料，特别是生产化肥的重要原料。氨气是由 H_2 和 N_2 在一定条件下合成的。原料气 H_2 和 N_2 经过净化后，按照化学计量比，应以 3∶1 的比例混合，这就应用到了道尔顿分压定律。N_2 来源于空气，需要将空气降温液化后进行精馏分离，这又涉及气体液化的相关知识。

【基础知识】

1.1 理想气体状态方程

1.1.1 压力、体积和温度

在描述气体性质时，压力、体积和温度三个因素是相互关联的。因此，压力、体积和温度是描述气体的三个最基本的物理量。

（1）压力

由于分子的热运动，气体分子不断地与容器壁碰撞，对器壁产生作用力。单位面积器壁上所受的力称为压力，用符号 p 表示。在国际单位制中，压力的单位是 Pa（帕斯卡，简称帕），$1Pa=1N·m^{-2}$。以前人们习惯用 atm（大气压）和 mmHg（毫米汞柱）表示压力。三者之间的换算关系为：

$$1atm=760mmHg=101325Pa$$

（2）体积

气体所占据的空间即为气体的体积，用符号"V"表示。由于气体的扩散性，气体能充满整个容器，所以容器的体积就是气体的体积。在国际单位制中，体积的单位是 m^3（立方米），此外，人们也习惯用 L（升）和 mL（毫升）表示体积。三者之间的换算关系为：

$$1m^3=10^3L=10^6mL$$

（3）温度

反映气体冷热程度的物理量即为温度，国际单位制中规定使用热力学温度，用符号 T 表示，单位为 K（开尔文）。此外，摄氏温度也是一种常用的温度表示法，用符号 t 表示，单位是℃。热力学温度与摄氏温度的关系为：

$$T/K=t/℃+273.15$$

1.1.2 理想气体

(1) 理想气体状态方程数学表达式

在 17 世纪中期,人们就开始寻找气体的 p、V、T 之间的关系。通过大量实验,归纳出各种低压气体都服从同一个方程:

$$pV = nRT \tag{1-1}$$

式中 p ——气体的压力,Pa;

V ——气体的体积,m^3;

T ——气体的热力学温度,K;

n ——气体的物质的量,mol。

R ——摩尔气体常数,其值等于 $8.314 \text{J} \cdot \text{mol}^{-1} \cdot \text{K}^{-1}$,且与气体种类无关。

实验证明,气体在温度较高而压力较低即气体十分稀薄时,才能较好地符合这个关系式。而在这种条件下,气体分子间的平均距离很远,分子间的作用力可以忽略,分子本身体积与所占据的空间相比较也可以忽略。由此,人们假设了一种气体简单模型,将其称为理想气体,式(1-1)则称为理想气体状态方程。客观上,理想气体是不存在的,但是它代表了气体在低压下行为的共性,对研究实际气体的基本规律具有指导性意义。

1mol 气体的体积用 V_m 表示,$V_m = V/n$,而 $n = m/M$,所以理想气体状态方程还可以变换为以下两种形式:

$$pV_m = RT \tag{1-2}$$

$$pV = \frac{m}{M}RT$$

$$pM = \frac{m}{V}RT$$

而 $\rho = m/V$,代入上式中得到 $pM = \rho RT$,即

$$\rho = \frac{pM}{RT} \tag{1-3}$$

故通过式(1-1)、式(1-2)、式(1-3)可进行气体的 p、V、T、n、m、M、ρ 各种性质之间的相关计算。

> 由理想气体状态方程推导气体密度计算公式

(2) 理想气体模型

理想气体在微观上具有以下两个特征:

① 分子本身不占有体积,视为质点。

② 分子间无相互作用力。

【例1-1】计算 8.00mol 理想气体在 35℃ 和压力为 13025 Pa 时所占有的体积。

解:根据式(1-1) $pV = nRT$

$$V = nRT/p$$

$$V = 8 \times 8.314 \times (35 + 273.15)/13025 = 1.57 \text{ (m}^3\text{)}$$

【例1-2】求在293.15K、压力为260kPa时某钢瓶中所装CH_4气体的密度。

解：根据式(1-1)
$$pV = nRT$$
$$p = \frac{mRT}{VM} = \rho \frac{RT}{M}$$
$$\rho = \frac{pM}{RT} = \frac{260 \times 10^3 \times 0.016}{8.314 \times 293.15} = 1.71 \, (kg \cdot m^{-3})$$

1.2 混合气体的分压定律与分体积定律

1.2.1 混合气体

人们在生产和生活中遇到的大多数气体都是混合气体，如空气、天然气、煤气等。对于混合气体在低压条件下同样可以用理想气体状态方程计算。混合气体所表现出的压力、体积、质量是由其中各气体组分贡献的，贡献的大小与该组分在混合气体中所占的比例有关。

（1）摩尔分数

混合气体中各组分含量的多少常用摩尔分数表示，即混合气体中某种组分的物质的量与混合气体总的物质的量之比。用公式表示为：

$$y_B = \frac{n_B}{n_{总}} \tag{1-4}$$

式中　y_B——混合气体中任一组分B的摩尔分数，无量纲；

　　　n_B——混合气体中任一组分B的物质的量，mol；

　　　$n_{总}$——混合气体总的物质的量，mol。

显然，所有组分的摩尔分数之和等于1，即

$$y_1 + y_2 + \cdots + y_n = 1$$

【例1-3】在298K、845.5kPa下，某气柜中有氮气0.140kg、氧气0.480kg，求N_2和O_2的摩尔分数。

解：
$$n(N_2) = \frac{0.140}{0.028} = 5.0 \, (mol)$$
$$n(O_2) = \frac{0.480}{0.032} = 15.0 \, (mol)$$
$$y(N_2) = \frac{n(N_2)}{n(N_2) + n(O_2)} = \frac{5.0}{5.0 + 15.0} = 0.25$$
$$y(O_2) = 1 - 0.25 = 0.75$$

（2）混合气体的平均摩尔质量

混合气体没有固定的摩尔质量，它随着气体组成及组分的变化而变化，因此只能称为平均摩尔质量。混合气体的平均摩尔质量也可以用质量除以物质的量进行计算：

$$\overline{M} = \frac{m_{总}}{n_{总}}$$

根据上式推导，可以得到下面的计算方法：

$$\overline{M} = \frac{m_1 + m_2 + \cdots + m_n}{n_\text{总}}$$

$$\overline{M} = \frac{n_1 M_1 + n_2 M_2 + \cdots + n_n M_n}{n_\text{总}}$$

$$\overline{M} = y_1 M_1 + y_2 M_2 + \cdots + y_n M_n$$

$$\overline{M} = \sum_\text{B} y_\text{B} M_\text{B} \tag{1-5}$$

式(1-5) 表明，混合气体的平均摩尔质量等于混合气体中的每个组分的摩尔分数与它们的摩尔质量乘积的总和。

对于混合气体，理想气体状态方程可写成

$$pV = n_\text{总} RT \text{ 或 } pV = \frac{m_\text{总}}{\overline{M}} RT$$

密度计算可写成

$$\rho = \frac{p\overline{M}}{RT}$$

1.2.2 分压定律

对于气体混合物，无论是理想状态的还是非理想状态的，都可以用分压力的概念来描述其中某一种气体的压力。每种气体对系统中总压力的贡献，即为该气体的分压力。

在一定温度下，将 1、2 两种气体分别放入体积相同的两个容器中，在保持两种气体的温度和体积相同的情况下，测得它们的压力分别为 p_1 和 p_2。保持温度不变，将其中一个容器中的气体全部抽出并充入另一个容器中，如图 1-1 所示。实验结果表明，在低压条件下，混合后气体的总压力 $p = p_1 + p_2$。

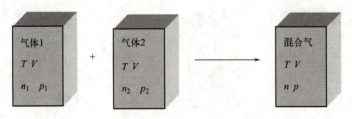

分压定律

图 1-1 混合气体的分压与总压示意图

混合气体的总压等于组成混合气体的各组分在相同温度、体积下的分压力之和，这个经验定律称为道尔顿分压定律。通式为

$$p = \sum_\text{B} p_\text{B} \tag{1-6}$$

式中 p_B——组分 B 的分压力。

根据理想气体状态方程有

$$p_\text{B} = \frac{n_\text{B}}{V} RT \qquad p_\text{总} = \frac{n_\text{总}}{V} RT$$

$$\frac{p_\text{B}}{p_\text{总}} = \frac{n_\text{B}}{n_\text{总}} = y_\text{B}$$

混合气体中分压力的计算

混合气体中压力分数等于摩尔分数

即 $$p_B = y_B p_总 \tag{1-7}$$

上式表明混合气体中气体的压力分数等于摩尔分数，某组分的分压是该组分的摩尔分数与混合气体总压的乘积。理想气体在任何条件下都能适用分压定律，而实际气体只有在低压下才能适用。在温度、体积恒定的情况下，某气体组分在混合前后的压力保持不变。

【例1-4】在300K时，将101.3kPa、$2.00\times10^{-3}\,m^3$的氧气与50.65kPa、$2.00\times10^{-3}\,m^3$的氮气混合，混合后温度为300K，总体积为$4.00\times10^{-3}\,m^3$，求总压力为多少？

解：根据混合前后温度不变，又根据理想气体状态方程 $pV=nRT$，

可表示为 $p_1V_1=p_2V_2$，则 $p_2=p_1V_1/V_2$ 则有氧气和氮气在混合前后压力与体积的乘积是相等的。

所以混合后 $p(O_2) = \dfrac{101.3\times10^3\times2.00\times10^{-3}}{4.00\times10^{-3}} = 50.65\times10^3$（Pa）

$$p(N_2) = \dfrac{50.65\times10^3\times2.00\times10^{-3}}{4.00\times10^{-3}} = 25.325\times10^3\ (Pa)$$

根据分压定律

$p = p(O_2) + p(N_2) = 50.65\times10^3 + 25.325\times10^3 = 75.975\times10^3$（Pa）$= 75.975$（kPa）

1.2.3 分体积定律

如图1-2所示，在恒温、恒压条件下，将体积分别为V_1和V_2的两种气体混合，在压力很低的条件下，可得$V=V_1+V_2$，即混合气体的总体积等于所有组分的分体积之和，这个定律称为阿马加分体积定律。

分体积定律

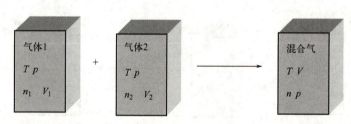

图1-2 混合气体的分体积与总体积示意图

通式为： $$V = \sum_B V_B$$

式中 V_B——组分B的分体积。

根据理想气体状态方程有 $V_B = \dfrac{n_B}{p}RT$ $V_总 = \dfrac{n_总}{p}RT$

$$\dfrac{V_B}{V_总} = \dfrac{n_B}{n_总} = y_B$$

即 $$V_B = y_B V_总 \tag{1-8}$$

上式表明混合气体中气体的体积分数等于摩尔分数，某组分的分体积是

混合气体中分体积的计算

混合气体的体积分数等于摩尔分数

该组分的摩尔分数与混合气体总体积的乘积。理想气体在任何条件下都能适用分体积定律，实际气体只有在低压下才能适用。需要说明的是分体积是指某气体混合前在指定温度、压力下所占有的体积，混合后没有分体积。

而对于理想气体混合物存在如下关系 $\dfrac{p_B}{p_总} = \dfrac{V_B}{V_总} = \dfrac{n_B}{n_总} = y_B$

【例1-5】某烟道气中各组分的体积分数为 CO_2 13.1%，O_2 7.7%，N_2 79.2%。求此烟道气在 273.15K、101.325kPa 下的密度。

解：$\overline{M} = \sum\limits_B y_B M_B = y(CO_2)M(CO_2) + y(O_2)M(O_2) + y(N_2)M(N_2)$
$= 0.131 \times 44 + 0.077 \times 32 + 0.792 \times 28$
$= 30.4 \ (g \cdot mol^{-1})$

将烟道气视为理想气体：

$$\rho = \dfrac{p\overline{M}}{RT} = \dfrac{101.325 \times 10^3 \times 30.4 \times 10^{-3}}{8.314 \times 273.15} = 1.356 \ (kg \cdot m^{-3})$$

1.3 真实气体与范德华方程

从理想气体的定义可以看出，现实生活中不存在理想气体，真实气体压力越低越接近理想气体的状态，因此低压下真实气体的 p、V、T 关系可以用理想气体状态方程做近似计算，产生的偏差较小。但是随着压力增大，分子间作用力增大，分子本身占有体积，而且不能忽略，使得真实气体在中、高压条件下相对理想气体产生很大的偏差，不能再用理想气体状态方程进行处理。而现实生产中许多过程都是在高压下完成的，例如石油气体的深度冷冻分离，甲醇、氨合成等。因此以理想气体状态方程为基础，进一步研究中、高压气体的特点及其 p、V、T 关系是十分必要的。

1.3.1 真实气体与理想气体的偏差

在压力较高或温度较低时，真实气体与理想气体的偏差较大。定义"压缩因子（Z）"来衡量偏差的大小。

$$Z = \dfrac{pV}{nRT}$$

$$Z = \dfrac{V}{nRT/p} = \dfrac{V}{V_{理想}}$$

由此可见 Z 等于同温、同压下，相同物质的量的真实气体与理想气体的体积之比。理想气体 $pV = nRT$，$Z = 1$。对于真实气体，若 $Z > 1$，则 $V > V_{理想}$，即真实气体的体积大于理想气体的体积，说明真实气体比理想气体难以压缩；若 $Z < 1$，则 $V < V_{理想}$，即真实气体的体积小于理想气体的体积，说明真实气体比理想气体易于压缩。由此可见，Z 反映了实际气体与理想气体在压缩性上的偏差，因此称为压缩因子。

图 1-3 列举了几种气体在 0℃ 时压缩因子随压力变化的关系。从图中可以

看出：

① 如果是理想气体，应如图中水平虚线所示。

② 不同的气体在同一温度时，具有不同的曲线，即相对理想气体产生不同的偏差。

一般来说，曲线具有如下特征：一种类型是压缩因子 Z 始终随压力增加而增大，如 H_2；另一种是压缩因子 Z 在低压时先随压力增加而变小，到达一最低点之后开始转折，之后随着压力的增加而增大，如 C_2H_4、CH_4 和 NH_3。

事实上，对于同一种气体，随着温度条件不同，以上两种情况都可能发生。图 1-4 为 N_2 在不同温度下的 Z-p 曲线，由图可知温度高于 T_2 时属于第一种类型，低于 T_2 时则属于第二种类型。

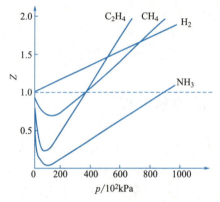

图 1-3 0℃ 几种气体的 Z-p 曲线

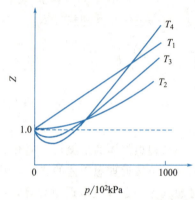

图 1-4 N_2 在不同温度下的 Z-p 曲线

$T_1 > T_2 > T_3 > T_4$；$T_2 = 327.22K$

不同类型偏差的产生，正是由于实际气体分子间存在相互作用力和分子本身占有体积。分子间引力的存在，使真实气体比理想气体容易压缩；而分子体积的存在，使气体可压缩的空间减小，且当气体压缩到一定程度时，分子间距离很小，将产生相互的排斥力，此时真实气体又比理想气体难压缩。这两种因素同时存在，相互作用。在低温下，低、中压时，分子本身的体积可以忽略，分子间引力因素起主导作用，$Z < 1$；当压力足够高、分子间距离足够小时，分子本身所具有的体积不容忽视，分子间斥力成为主导因素，$Z > 1$；在高温下，分子热运动加剧，分子间作用力被大大削弱，甚至可以忽略，体积因素成为主导因素，Z 总是大于 1。而各种气体在相同温度、压力下，Z 值偏离 1 的程度不同，则反映出不同气体在微观结构和性质上的个性差异。

1.3.2 范德华方程

为了能够比较准确地描述真实气体的 p、V、T 关系，人们在大量实验基础上，提出了许多种真实气体状态方程，各方程所适用的气体种类、压力范围、计算结果等与实际测定值之间的偏差也各不相同。这里重点介绍范德华方程。

范德华在修正理想气体状态方程时分别提出了两个具有物理意义的修正因子 a 和 b，是对理想气体的 p、V 两项进行修正得到的。具体形式如下：

$$\left(p + \frac{n^2 a}{V^2}\right)(V - nb) = nRT \quad (1\text{-}9\text{a})$$

对 1mol 气体有：

$$\left(p + \frac{a}{V_m^2}\right)(V_m - b) = RT \quad (1\text{-}9\text{b})$$

式中 $\dfrac{a}{V_m^2}$ ——压力修正项，分子间引力造成的压力减小值，称为内压力，Pa；

b ——范德华常数，体积修正因子，由于真实气体具有体积而对 V_m 的修正项，也称为已占体积或排除体积，$m^3 \cdot mol^{-1}$。

a ——范德华常数，是 1mol 单位体积的气体，由于分子间引力的存在而对压力的校正，$Pa \cdot m^6 \cdot mol^{-2}$。

真实气体

真实气体中范德华常数 a、b 的物理意义

范德华认为 a 和 b 的值不随温度而变。表 1-1 给出了由实验测得的部分气体的范德华常数值。

表 1-1 一些气体的范德华常数

气体	$a /Pa \cdot m^6 \cdot mol^{-2}$	$b /10^{-5} m^3 \cdot mol^{-1}$	气体	$a /Pa \cdot m^6 \cdot mol^{-2}$	$b /10^{-5} m^3 \cdot mol^{-1}$
He	0.003457	2.370	CO	0.1510	3.990
Ne	0.02135	1.709	CO_2	0.3640	4.267
Ar	0.1363	3.219	H_2O	0.5536	3.049
Kr	0.2349	3.978	NH_3	0.4225	3.707
Xe	0.4250	5.105	SO_2	0.680	5.640
H_2	0.02476	2.661	CH_4	0.2283	4.278
O_2	0.1378	3.183	C_2H_4	0.4530	5.714
N_2	0.1408	3.913	C_2H_6	0.5562	6.380
Cl_2	0.6579	5.622	C_6H_6	1.8240	11.540

从表中的数值可以看出，对于较易液化的气体，如 Cl_2、SO_2 等，这些气体分子间的引力较强，对应的 a 值也较大；而对于 H_2、He 等不易液化的气体，分子间的引力很弱，对应的 a 值也较小。

【例1-6】分别应用范德华方程和理想气体状态方程计算甲烷（CH_4）在 203K、摩尔体积为 $0.7232 dm^3 \cdot mol^{-1}$ 时的压力，并与实验值 2.027MPa 对比。已知 CH_4 的范德华常数 $a = 0.2283 Pa \cdot m^6 \cdot mol^{-2}$，$b = 4.278 \times 10^{-5} m^3 \cdot mol^{-1}$。

解：按范德华方程计算

$$\left(p + \frac{a}{V_m^2}\right)(V_m - b) = RT$$

$$\left[p + \frac{0.2283}{(0.7232 \times 10^{-3})^2}\right](0.7232 \times 10^{-3} - 4.278 \times 10^{-5}) = 8.314 \times 203$$

$$p = 2.044 \times 10^6 Pa = 2.044 \text{（MPa）}$$

与实验值的相对误差为 $\dfrac{\Delta p}{p} = \dfrac{2.044 - 2.027}{2.027} \times 100\% = 0.8\%$

若按理想气体状态方程计算

$$p = \frac{RT}{V_m} = \frac{8.314 \times 203}{0.7232 \times 10^{-3}} = 2.334 \times 10^6 \text{Pa} = 2.334 \text{ (MPa)}$$

与实验值的相对误差为

$$\frac{\Delta p}{p} = \frac{2.334 - 2.027}{2.027} \times 100\% = 15.1\%$$

计算结果表明，在低压和中压范围内（约为几 MPa 以下），用范德华方程计算真实气体的 p、V、T 行为，得到的结果优于用理想气体状态方程计算的结果。但对于更高的压力，用范德华方程计算也会产生较大的偏差。

1.4 液体的饱和蒸气压和气体的液化

在化工生产过程中经常涉及蒸发和凝结等相变化过程。例如分离空气中的氮气和氧气，首先需要将空气液化为液态空气，再利用低温精馏设备分离氧气和氮气。本节从液体的蒸发，以及产生的饱和蒸气压知识点入手，介绍液体的蒸发和气体的液化相关知识。气液相平衡的相关知识在模块 3 多组分系统热力学与相平衡中也有重要的应用。

1.4.1 液体的饱和蒸气压

（1）饱和蒸气压的概念

液体的饱和蒸气压

气体在一定温度、压力下可以液化（凝结），同样液体在一定温度、压力下也可以汽化（蒸发）。当物质处于气液平衡共存时，液体蒸发成气体的速率与气体凝结成液体的速率相等。此时，若不改变外界条件，气体和液体可以长期稳定地共存，其状态和组成均不发生改变。在某一温度下，液体与其自身蒸气达到平衡状态时，平衡蒸气的压力称为这种液体在该温度下的饱和蒸气压，简称蒸气压。

液体的蒸气压

饱和蒸气压是液体物质的一种重要属性，可以用来量度液体分子的逸出能力，即液体的蒸发能力。饱和蒸气压值的大小与物质本性和温度有关。

① 相同温度下，不同物质之间，分子间作用力越小，分子越易逸出，蒸发能力越强，饱和蒸气压越大。

② 温度升高，分子热运动加剧，单位时间内能够摆脱分子间引力而逸出进入气相的分子数增加，饱和蒸气压增大。

（2）沸点的概念

随温度升高，液体的饱和蒸气压逐渐增大，当饱和蒸气压等于外压时，液体便沸腾，此时所对应的温度称为该液体的沸点。

液体的沸点

① 相同外压下，液体分子间作用力越小，蒸发能力越强，饱和蒸气压越大，沸点越低。

② 液体沸点的高低还与外压力有关，外压越大，沸点越高。通常在 101.3kPa 下的沸点称为正常沸点。

值得强调的是,不但液体有饱和蒸气压,固体同样也有饱和蒸气压,其数值也是由固体的本质和温度决定的。

1.4.2 气体的液化

理想气体由于分子间无相互作用力,分子本身不占有体积,故不能液化,并且可以无限压缩,任何条件下都服从理想气体状态方程。$pV_m = RT$,若温度恒定,则有 pV_m 值恒定。若以压力为纵坐标,体积为横坐标作图,得如图1-5所示的一系列双曲线。同一条曲线上的温度相等,因此每一条曲线称为 p-V_m 等温线。

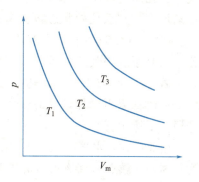

图1-5 理想气体等温线

气体的液化

恒定温度下水蒸气的液化过程

真实气体与理想气体的不同之处除了分子本身占有体积之外,还有真实气体分子间存在作用力,这种作用力随着温度的降低和压力的升高而增强。当达到一定程度时,其聚集状态将发生变化——液化。同一种物质的气态和液态之间的相互转变是相变。液态转化为气态的过程称为蒸发或汽化,气态转化为液态的过程称为凝结或液化。蒸发和凝结是化工生产中的重要操作。生产上气体液化的途径有两条:一是降温,二是加压。但实践表明,降温可以使气体液化,但单凭加压不一定能使气体液化,要视加压时的温度而定。因此气体液化是有条件的。

1.4.3 气体的临界状态及其液化条件

1.4.3.1 气体的临界状态

一定条件下实际气体的液化过程以及存在临界点的情况,可以从根据实验数据绘制的 p-V_m 图上清楚地看出来。

图1-6为不同温度下 CO_2 的 p-V_m 等温线。等温线以 T_c 为界,分为 T_c 以上的等温线、T_c 以下的等温线和 T_c 等温线三种情况,T_c 所对应的温度为304.2K。

(1) $T > T_c$ 的等温线

温度高于304.2K的 p-V_m 等温线为一连续的光滑曲线。p-V_m 等温线的连续变化说明气体无论在多大压力下均不出现液化现象。这表明此时的气体与理想气体类同,但是 p-V_m 等温线还不是真正的双曲线,只有在温度高、压力低时才近似为双曲线。

(2) $T < T_c$ 的等温线

温度小于304.2K的等温线都有一个共同

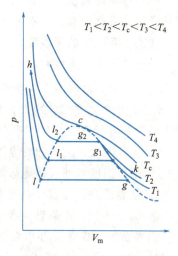

CO_2 气体在不同温度下加压液化过程分析

图1-6 CO_2 的 p-V_m 等温线

的规律：曲线是非连续变化的，在曲线中都有一个水平段。

① 水平线段是气体能液化的特征。现以温度为 $T_2 = 286.15K$ 的等温线为例进行讨论。设想一个浸于温度为 286.15K 的等温槽的气缸中充满 CO_2 气体，在压力较小时，体积较大，位于图 1-6 中的 k 点。如果将气体的压力逐渐增大，则系统的状态将沿着曲线 kg_2 移动而减小体积。当到达图中的 g_2 点时，气体开始凝结为液体。此时再压缩气缸，气体的压力并不发生变化，只是系统中气体的量不断减少，液体的量不断增加，从而使得系统的体积沿着 g_2l_2 线减小。当到达 l_2 点后，气体凝结完毕，气缸中全是 CO_2 液体，此时如果再增加较大的压力，体积也只有微小的变化，如曲线中陡峭上升段 l_2h 所示。

二氧化碳
气体的液化

由此可知，水平线段 g_2l_2 表示了气体的液化过程。在端点 g_2 系统中全部为气体，在端点 l_2 系统中全部为液体，而线段中的任何一点均同时存在着气、液两相，每一点的温度和压力都一样，只是由于气、液两相的相对数量不同，而具有不同的体积。在这种状态下气体的凝结趋势与液体的蒸发趋势正好相当。故这种平衡态的气体称为饱和蒸气，液体称为饱和液体，此时的压力称为该温度时液体的饱和蒸气压。在图中的 k 点压力小于饱和蒸气压，液体不能稳定存在，系统中只有气体；而在 h 点压力大于饱和蒸气压，气体不能稳定存在，系统中只有液体。

② 水平线段随温度的升高而缩短。说明随温度的上升，饱和液体与饱和气体的摩尔体积互相趋近。由图 1-6 中可以看出随着温度的升高，在 p-V_m 等温线中作为气体液化的特征水平线段逐渐缩短，从而使得两个端点逐渐趋近。这说明温度高时，饱和气体的摩尔体积与饱和液体的摩尔体积差别较小；而温度低时，两者的差别较大。换句话说，随着温度的升高，气体和液体的差别越来越小。可以这样解释，温度升高时气体分子的热运动增强，要使气体液化就需要更高的压力，压力的增加使气体的摩尔体积减小，故饱和气体的摩尔体积随温度升高而减小。对于液体来说，温度升高，由于热膨胀饱和液体的摩尔体积随温度的升高而增大。从而使得饱和气体和饱和液体的摩尔体积随温度的升高而靠近，水平线段缩短。

（3） $T = T_c$ 的等温线

当温度为临界温度时，p-V_m 等温线不再出现水平线段，但是气体又可以液化。实际上，此时 p-V_m 等温线中存在一个拐点，它是由 $T = 304.2K$ 的 p-V_m 等温线中的水平线段缩短而成，此点叫作临界点。气体在临界点时所处的状态即为临界状态。临界状态时的温度、压力和摩尔体积分别称为临界温度（T_c）、临界压力（p_c）和临界体积（V_c）。

① 临界温度：使气体能够液化的最高温度。
② 临界压力：在临界温度下，使气体液化所需的最低压力。
③ 临界体积：在临界温度和临界压力下，气体的摩尔体积。

临界温度、临界压力和临界体积统称为临界参数。临界参数是物质的重要属性，其数值由实验确定。如 CO_2 气体的 $T_c = 304.2K$、$p_c = 7.383MPa$、

$V_c = 0.0944 \text{dm}^3 \cdot \text{mol}^{-1}$。

物质处于临界点时的特点：①物质气、液相间的差别消失，两相的摩尔体积相等，密度等物理性质相同，处于气液不分的混沌状态。②临界点的数学特征是一阶导数和二阶导数均为零，即

$$\left(\frac{\partial p}{\partial V_m}\right)_{T_c} = 0 \quad \left(\frac{\partial^2 p}{\partial V_m^2}\right)_{T_c} = 0$$

在 p-V_m 图中，若将每个温度下饱和气体的状态点连接成一条曲线，将各温度下饱和液体的状态点也连接成一条曲线，则两曲线交于临界点，并形成一个帽形区域，如图 1-6 中虚线所示。这样将 p-V_m 平面分成三个区域，分别为气相区、液相区和气液两相区。

1.4.3.2 气体的液化条件

由以上分析可知，气体的温度高于其临界温度时，无论施加多大的压力，都不能使气体液化。所以气体液化至少要满足两个条件：

① 必要条件：温度低于临界温度。
② 充分条件：压力大于选定温度下液体的饱和蒸气压。

拓展知识

范德华，荷兰物理学家，曾在莱顿大学攻读博士。1873 年范德华在他的博士论文《论气态与液态之连续性》中，介绍了分子体积和分子间作用力的概念，还提出了可同时解释气态和液态的"状态方程"。第一个重要发现是他指出物质的气态和液态之间并没有本质的区别，需要考虑的一个重要因素是分子之间的吸引力和这些分子所占有的体积，得出了非理想气体状态方程，并以他的名字命名，这就是"范德华方程"。这项工作做了实际操作验证，在临界状态下，同一物质的液体和气体相融合成一个相互连续的状态，结果表明，这两个阶段是同一性质。范德华在计算他的状态方程式时，不仅假设存在分子，而且假设它们大小有限，相互吸引。因为他是最早提出分子间作用力的人之一，所以分子间作用力又被称为范德华力，它对物质的熔点、沸点、溶解度等物理性质都有决定性影响。

面对荣誉，他不骄不躁，继续向科学高峰攀登。第二个重大发现发表于 1880 年，当时他公式化了对应状态定律，该理论预言了气体液化所必需的条件。这表明范德华方程可以用临界压力、临界体积和临界温度的简单函数这种一般形式适用于所有物质。原始方程中的化合物特定常数 a 和 b 被通用量所代替。正是这条定律在实验中起到了指导作用，后来促成了 1898 年詹姆斯·杜瓦（James Dewar）的氢液化和 1908 年海克·卡末林·昂内斯（Heike Kamerlingh Onnes）的氦液化。

范德华因对气体和液体的状态方程研究所做的贡献而获得了 1910 年诺贝尔物理学奖。

空气的液化

化工生产中的空分车间是将空气进行分离,生产所需要的氧气、氮气等纯组分的车间。空气分离一般是采用深度冷冻法先将空气液化,然后再利用精馏原理来进行分离。

空气中各组分的体积分数如下(干体积):氮气 78.09%,氧气 20.95%,稀有气体 0.932%,这三种组分一般是不变的(99.972%),剩余 0.028% 的是其他组分(CO_2、C_2H_2 等)。

每种物质都有一个特定的温度,在这个温度以上,无论怎样增大压力,气态物质也不会液化,这个温度就是临界温度。因此要使物质液化,首先要设法达到它自身的临界温度,然后再增加压力使它液化;或将它的温度降低到临界温度以下,在适当的压力下使其液化。

空气的临界温度为 -141℃,临界压力为 3.868MPa。空气的液化过程主要包括以下几步:

① 空气的过滤和压缩:空气中含有一定量的灰尘和微小颗粒等机械杂质,这些杂质被带进压缩机,会加剧叶轮磨损;带进换热器会影响换热效果,甚至可能会堵塞换热器、增大系统阻力。为了避免杂质被带入压缩机及空分装置,在压缩机进口设置了自洁式空气过滤器,这样空气在进入压缩机时就过滤掉了其中的灰尘和杂质。

② 空气中的水分、二氧化碳、乙炔等杂质的清除:空气中的水分、二氧化碳、乙炔等杂质虽然含量很少,但进入空分装置的低温(一般温度在 -193~-170℃)区后,会形成冰和干冰(CO_2 凝固点为 -78.5℃),堵塞板式换热器的通道和塔板上的小孔,且乙炔等碳氢化合物进入空分装置会发生爆炸,所以空气在进入低温设备前就必须清除掉。

③ 将空气冷却到液化温度:净化后的空气(温度约 18℃、压力约 0.55MPa),可以通过低压换热器与低温氮气(-178~-176℃)换热冷却,和进入膨胀机冷却,从而使空气液化。

 要点归纳

1. 理想气体状态方程:$pV = nRT$
2. 理想气体模型:分子间无作用力,分子本身不占有体积。
3. 气体的密度:$\rho = \dfrac{pM}{RT}$
4. 摩尔分数:$y_B = \dfrac{n_B}{n_{总}}$
5. 混合气体的平均摩尔质量:$\overline{M} = \sum y_B M_B$

6. 混合气体的理想气体状态方程：$pV = n_总 RT$；密度：$\rho = \dfrac{p\overline{M}}{RT}$

7. 分压定律：混合气体的总压等于组成混合气体的各组分分压之和。

$$p = \sum_B p_B \qquad \dfrac{p_B}{p_总} = \dfrac{n_B}{n_总} = y_B \qquad p_B = y_B p_总$$

8. 分体积定律：混合气体的总体积等于所有组分的分体积之和。

$$V = \sum_B V_B \qquad \dfrac{V_B}{V_总} = \dfrac{n_B}{n_总} = y_B \qquad V_B = y_B V_总$$

9. 理想气体混合物：$\dfrac{p_B}{p_总} = \dfrac{V_B}{V_总} = \dfrac{n_B}{n_总} = y_B$

10. 真实气体状态方程：$\left(p + \dfrac{n^2 a}{V^2}\right)(V - nb) = nRT$ 或 $\left(p + \dfrac{a}{V_m^2}\right)(V_m - b) = RT$

11. 气体的临界状态

① 临界温度：使气体能够液化的最高温度。

② 临界压力：在临界温度下，使气体液化所需的最低压力。

③ 临界体积：在临界温度和临界压力下，气体的摩尔体积。

12. 饱和蒸气压：在某一温度下，液体与其自身蒸气达到平衡状态时，平衡蒸气的压力称为这种液体在该温度下的饱和蒸气压。

饱和蒸气压的影响因素：物质的本性和温度。

① 相同温度下，分子间作用力越小，蒸发能力越强，饱和蒸气压越大。

② 温度升高，饱和蒸气压增大。

13. 沸点：当饱和蒸气压等于外压时，液体便沸腾，此时所对应的温度称为该液体的沸点。

① 相同外压下，液体分子间作用力越小，蒸发能力越强，饱和蒸气压越大，沸点越低。

② 液体沸点的高低还与外压力有关，外压越大，沸点越高。通常在101.3kPa下的沸点称为正常沸点。

14. 气体的液化条件

气体液化的必要条件是气体的温度低于临界温度，充分条件是压力大于该温度下液体的饱和蒸气压。

 目标检测

一、填空题

1. 理想气体的模型是：分子之间没有_____，分子本身_____。

2. 摩尔气体常数的数值是_____J·mol^{-1}·K^{-1}。

3. 在保持气体的温度和体积相同的情况下，将两种气体混合在一起，混合前气体压力分别为50.7kPa和70.3kPa，混合后气体的总压力是_____kPa。

4. 在保持气体的温度和压力相同的情况下，将两种气体混合在一起，混合前气体体积分别为 $1.7m^3$ 和 $4.5m^3$，混合后气体的总体积是_____ m^3。

5. 0.3mol 的 O_2 与 0.7mol 的 N_2 混合在一起，求该混合气体的平均摩尔质量_____ $g·mol^{-1}$。

6. 6mol $Cl_2(g)$ 与 4mol $H_2O(g)$ 组成的理想气体中，$Cl_2(g)$ 的摩尔分数为_____，$H_2O(g)$ 的摩尔分数为_____。若系统总压为100kPa，则它们的分压分别为 $p(Cl_2)=$ _____kPa，$p(H_2O)=$ _____kPa。混合气体的总体积为 $2m^3$，则它们的分体积分别为 $V(Cl_2)=$ _____m^3，$V(H_2O)=$ _____m^3；该混合气体的平均摩尔质量是_____ $g·mol^{-1}$。

7. 液体饱和蒸气压的影响因素是_____和_____。

8. 分子间作用力越小，液体的蒸发能力_____，液体的饱和蒸气压_____。

9. 随温度升高，液体的饱和蒸气压逐渐_____，当饱和蒸气压等于_____时，液体便沸腾，此时所对应的温度称为该液体的沸点。

10. 相同外压下，液体的饱和蒸气压越大，沸点越_____，外加压力越大，液体沸点越_____。

二、选择题

1. 在压力不变的条件下，将20℃的某理想气体的温度升高到40℃，则体积变化到原来的（　　）。
   A. 2倍　　　　B. 1/2倍　　　　C. 1.067倍　　　D. 0.93倍

2. 在恒定温度下向一个容积为 $2dm^3$ 的抽空容器中依次充入初始状态为100kPa、$2dm^3$ 的气体 A 和 200kPa、$1dm^3$ 的气体 B，A、B 均可当作理想气体且 A、B 间不发生化学反应，则容器中混合气体的总压力为（　　）。
   A. 300kPa　　B. 200kPa　　　C. 150kPa　　　D. 100kPa

3. 对于实际气体，处于下列哪种情况时，其行为与理想气体相近（　　）。
   A. 高温高压　B. 高温低压　　C. 低温高压　　D. 低温低压

4. 在范德华方程中，把实际气体作为理想气体处理时，引入校正因子的数目为（　　）。
   A. 4　　　　　B. 3　　　　　　C. 2　　　　　　D. 1

5. 我国"西气东输"工程的管道内气体压力较大，一般选择（　　）进行工程计算。
   A. 理想气体状态方程　　　　　B. 分压定律
   C. 范德华方程　　　　　　　　D. 分体积定律

6. 同一温度下三种液体 A、B、C 的饱和蒸气压大小为 $p_A > p_B > p_C$，则其蒸发能力大小为（　　）。
   A. A>B>C　　B. B<A<C　　　C. A<B<C　　　D. B>C>A

7. 物质能以液态形式存在的最高温度是（　　）。
   A. 沸腾温度　B. 凝固温度　　C. 任何温度　　D. 临界温度

8. （　　）压力下的沸点称为正常沸点。
   A. 100kPa　　　B. 101.325kPa　　C. 任何压力　　D. 1000kPa

三、判断题

1. 分压定律和分体积定律只适用于理想气体。（　　）
2. 理想气体混合物的平均摩尔质量不随组成的变化而变化。（　　）
3. 理想气体混合物同样可以应用理想气体状态方程。（　　）
4. 在任何温度及压力下都严格服从 $pV=nRT$ 的气体叫理想气体。（　　）
5. 液体的饱和蒸气压与温度无关。（　　）
6. 液体的饱和蒸气压越大说明其蒸发能力越强。（　　）
7. 临界温度是气体可被液化的最高温度，高于此温度无论施加多大的压力都不能使气体液化。（　　）
8. 可挥发固体同样有饱和蒸气压。（　　）
9. 越易液化的气体，其 a 值越大，故 a 值可作为分子间引力大小的衡量。（　　）
10. 范德华常数 a 与气体分子间作用力大小有关；b 与分子本身的体积大小有关。（　　）

四、计算题

1. 在273K时，体积为48L的容器中含有20mol的 C_2H_4，若该气体为理想气体，计算该气体的压力。

2. 20℃时，把乙烷和丁烷的混合气体充入一个抽空的 $2.00m^3$ 的容器中，充入气体质量为3897g时，压力达到101.325kPa，试计算混合气体中乙烷和丁烷的摩尔分数与分压力。

3. 298.15K时，在一抽空的烧瓶中充入2.00g的A气体，此时瓶中压力为 1.00×10^5 Pa。若再充入3.00g的B气体，发现压力上升为 1.50×10^5 Pa，试求两物质A、B的物质的量之比。

4. 由1kg的 $N_2(g)$ 和1kg的 $O_2(g)$ 混合形成理想气体混合物，在25℃、85kPa下气体混合物的体积是多少？两种气体的分压力各是多少？

5. 3.00mol $SO_2(g)$ 在1.52MPa压力下体积为 $10.0dm^3$，试用范德华方程计算在上述状态下气体的温度。

6. 分别利用理想气体状态方程和范德华方程计算150g的 $H_2(g)$ 在 $45dm^3$ 容器中，压力为4MPa时的温度。

7. 300K时 $0.040m^3$ 的钢瓶中储存 $C_2H_4(g)$，压力为14.7MPa，提取101.3kPa、300K时的 C_2H_4 气体 $12.0m^3$，试求钢瓶中剩余乙烯气体的压力。

模块 2 热力学第一定律与第二定律

【学习目标】

❖ **知识目标**

1. 理解热力学基本概念，掌握热力学第一定律数学表达式。
2. 掌握体积功的计算。
3. 掌握理想气体的特性、恒容热、恒压热及焓的定义和计算公式。
4. 掌握单纯 pVT 变化过程 Q、W、ΔU、ΔH 的计算公式。
5. 掌握相变焓的定义及可逆相变焓与不可逆相变焓的计算方法。
6. 准确理解标准摩尔反应焓、标准摩尔生成焓、标准摩尔燃烧焓的定义，理解盖斯定律及标准摩尔反应焓随温度变化的关系（基尔霍夫公式），掌握标准摩尔反应焓的计算方法。
7. 准确理解自发过程的定义及热力学第二定律的各种表述。
8. 掌握熵的概念及物理意义、克劳修斯不等式和熵增原理、熵判据、熵变的计算。
9. 掌握吉布斯函数的定义、吉布斯函数判据和相关计算。

❖ **技能目标**

1. 能够分析化工生产过程中不同变化过程的特点。
2. 能够根据变化过程的特点运用相关热力学公式进行 Q、W、ΔU、ΔH 的计算。
3. 能够根据熵和吉布斯函数的数据预判变化过程的方向性，研究指定条件下某热力学过程的方向和限度。
4. 能够利用热力学第三定律来确定规定熵的数据，再结合其他热力学数据解决有关化学平衡的计算问题。

❖ **素质目标**

1. 培养尊重客观规律、实事求是的工作态度。

2. 培养绿色化工、节能环保的职业意识。

3. 培养严谨的学习态度、分析解决问题的能力，养成严格遵守操作规程的职业操守。

热力学是研究物理变化与化学变化过程中热、功及其相互转换关系的一门自然科学。任何形式能量之间的相互转换必然伴随着系统状态的改变。广义地说，热力学是研究系统宏观状态性质变化之间关系的学科。

将热力学的基本原理应用于化学变化过程及与化学有关的物理变化过程，即构成化学热力学。化学热力学有三大基本定律，它们的主要作用分别是：利用热力学第一定律来研究化学变化过程以及与之密切相关的物理变化过程中的能量效应；利用热力学第二定律来研究指定条件下某热力学过程的方向和限度以及研究多相平衡和化学平衡；利用热力学第三定律来确定规定熵的数据，再结合其他热力学数据解决有关化学平衡的计算问题。

在设计新的化学反应路线或试制新的化学产品时，利用热力学基本定律及其推论作指导，能够事先在理论上作出判断，从而避免因盲目实验所造成的大量人力、物力和时间的耗费。因此可以毫不夸张地说，热力学已经和仍将极大地推动社会生产及相关科学的发展。

应当强调指出，热力学只能解决在给定条件下变化的可能性问题，欲将可能性转变为现实性，尚需众多学科知识的相互配合。

热力学定律在生产中的应用举例

【案例导入】

化学反应是化工生产的核心，无论是吸热反应还是放热反应，反应的发生都需要在一定的温度下进行。如水煤浆气化生成水煤气的气化反应是吸热反应，温度高达 1200～1300℃，需要煤的燃烧来供给热量；合成氨的反应虽然是放热反应，但是考虑到催化剂的适用温度范围和反应速率，反应温度要控制在 470～520℃之间，必须先对原料进行加热；CO 的甲烷化反应是一个强放热反应，考虑到催化剂活性温度和反应速率，反应温度要控制在 300～600℃之间，但是反应过程中放热，反应炉内温度过高将影响 CO 的转化率，因此随着反应的进行，又必须及时移走放出的热量。

蒸发、液化、结晶等生产操作过程的热效应。蒸发、液化、结晶、蒸馏和干燥等属于相变化过程，过程中往往需要输入或输出热量，才能保证操作正常进行。例如在蒸馏操作中，为使塔釜内的液体不断汽化从而得到操作所必需的上升蒸气，需要向塔釜内的液体输入热量；同时，为了使塔顶的蒸气冷凝得到回流液和液体产品，需要从塔顶冷凝器中移出热量。因此无论是在化工生产的化学反应过程中，还是在化工单元操作的物理变化过程中，几乎都伴随有热量的传递。热效应、热传递存在于化工生产过程中的各个环节。

【基础知识】

2.1 热力学基本概念

2.1.1 系统与环境

在热力学中,把研究的对象称为系统,而把与系统密切相关的外界称为环境。系统与环境之间通过界面隔开,这种界面可以是真实的物理界面,也可以是假想的界面。例如一钢瓶氧气,当研究其中的氧气时就将氧气定为系统,将钢瓶以及钢瓶以外的物质当作环境,这时系统与环境两者之间有真实的物理界面——钢瓶壁。如果把上述钢瓶中的氧气喷至空气中,在研究某一瞬间瓶中残余的氧气时,则该残余氧气就是系统,离开钢瓶的氧气则为环境,它与残余氧气之间没有实际的物理界面,只是假想的界面。

根据系统与环境之间联系情况的不同,可以把系统分为三类:
① 敞开系统:与环境既有能量交换又有物质交换的系统。
② 封闭系统:与环境只有能量交换而没有物质交换的系统。
③ 隔离系统:与环境既没有能量交换又没有物质交换的系统。

在热力学研究中系统与环境的划分完全是根据解决问题的需要与方便而人为确定的。因此在处理实际问题时,如何合理地划分系统与环境,使问题能够最方便、最迅速地得到解决,往往是首要的工作。

敞开系统、封闭系统和隔离系统

2.1.2 系统的宏观性质和状态函数

(1) 系统的宏观性质

热力学系统是由大量微观粒子组成的宏观集合体,这个集合体所表现出来的集体行为,就称为热力学系统的宏观性质,简称热力学性质。包括温度、压力、体积、密度等可以通过实验直接测定的物理量,也包括热力学能、焓、熵、亥姆霍兹函数、吉布斯函数等无法通过实验测定的物理量。

系统的热力学性质按其是否具有加和性可以分为两类:
① 广度性质:广度性质的数值与系统中物质的总量有关,具有加和性。例如体积、质量、热力学能、熵等。整个系统的某广度性质的数值是系统中各部分该种性质的总和。
② 强度性质:强度性质的数值与系统中物质的总量无关,不具有加和性。例如密度、温度、压力等。整个系统的某强度性质的数值与系统中各部分该种性质的数值完全相同。

广度性质的摩尔量是强度性质,如摩尔质量、摩尔体积、摩尔热容等。

(2) 状态函数

热力学系统的状态是系统所有宏观性质的综合表现。系统所有的性质确定之后,系统的状态就完全确定。反之,系统的状态确定之后,它的所有性质均有唯一确定的值。鉴于状态与性质之间的这种单值对应关系，将系统的每一种热力学性质称作状态函数。状态函数的一个重要特点就是其数值只取决于系统当时所处的状态，而与系统在此之前所经过的历程无关。例如，一杯 298.15K、101.325kPa 的水，它的密度是 $9.970 \times 10^2 \text{kg} \cdot \text{m}^{-3}$，它的比热容是 $4.177 \times 10^3 \text{J} \cdot \text{K}^{-1} \cdot \text{kg}^{-1}$，这些状态函数的数值并不因这杯水的来源不同而异。

另外，描述一个系统的状态并不需要将该系统的全部性质列出。因为系统的宏观性质是互相关联、互相制约的，只需要确定几个独立的状态性质，其他的所有状态性质也就随之而定，系统的状态也就确定了。例如，理想气体的某一状态可以具有压力（p）、体积（V）、温度（T）、物质的量（n）等多种状态性质，这些状态性质之间存在着由理想气体状态方程所反映的相互依赖关系：$pV = nRT$，所以要确定系统的状态并不需要知道全部四个状态性质，而只要知道其中三个就可以了，第四个状态性质由状态方程即可确定。

由以上表述可知，系统的宏观性质、热力学性质、状态性质、状态函数实际上是同义语。

（3）状态函数法

正因为状态函数的数值只取决于系统所处的状态，所以当系统由一个状态变化到另一个状态时，状态函数的变化值（热力学规定：状态函数的变化值必须是终态值减去始态值）只取决于系统的始态和终态，而与实现这一变化的具体步骤无关。因此在计算系统的状态函数的变化值时，可以在给定的始、终态之间设计方便的途径去计算，完全不必拘泥于实际的变化过程，这是热力学研究中一个极其重要的方法，通常称为状态函数法。

例如，某理想气体的 pVT 变化可通过两个不同途径来实现：途径Ⅰ仅由恒容过程组成；途径Ⅱ则由恒压及恒温两个过程组合而成（见图 2-1）。在两种变化途径中，系统的状态函数的变化值，如 $\Delta T = 100\text{K}$，$\Delta p = 10\text{kPa}$，$\Delta V = 0\text{m}^3$ 却是相同的，不会因为途径的不同而改变。这套处理方法是热力学中的重要方法，在热力学中有着广泛的应用，在今后的学习中将经常接触和利用这种方法。

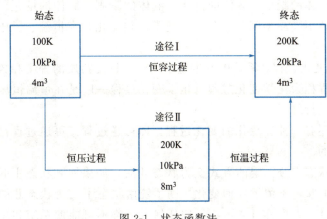

图 2-1 状态函数法

2.1.3 过程与途径

当系统的状态发生变化时，称为经历了一个过程。前一个状态称为始态，后一个状态称为终态。实现这一过程的具体步骤称为途径。

根据过程进行的特定条件，将其分为以下六类：

① 恒温过程：系统与环境的温度相等且恒定不变的过程，即

$$T_{环境} = T_{系统} = 定值$$

② 恒外压过程：环境的压力（也称为外压）保持不变的过程，即

$$p_{环境} = 定值$$

③ 恒压过程：系统与环境的压力相等且恒定不变的过程，即

$$p_{环境} = p_{系统} = 定值$$

④ 恒容过程：系统的体积始终恒定不变的过程，即

$$V_{系统} = 定值$$

⑤ 绝热过程：系统与环境之间没有热交换的过程，即

$$Q = 0$$

理想的绝热过程实际上是不存在的。但当系统被一良好的绝热壁所包围，或当系统内经历一些速率极快的过程如爆炸、压缩机气缸中的气体被压缩等，在过程中热几乎来不及传递时，可以近似当作绝热过程处理。绝热过程中系统与环境之间有功的传递。

⑥ 循环过程：系统由某一状态出发，经历了一系列具体途径后又回到原来状态的过程。循环过程的特点是：系统的状态函数变化量均为零，如 $\Delta p = 0$，$\Delta U = 0$，$\Delta H = 0$ 等，但变化过程中，系统与环境交换的功与热却往往不为零。

按照变化的性质，可将过程分为三类：

① 单纯 pVT 变化过程：系统中没有发生任何化学变化和相变化，只有单纯的压力、体积、温度变化的过程称为单纯的 pVT 变化过程，又称简单变化过程。

② 相变化过程：系统中发生聚集状态变化的过程称为相变化过程。如气体的液化、气体的凝华、液体的汽化、液体的凝固、固体的熔化、固体的升华，以及固体不同晶型间的转化等。通常，相变化是在恒温、恒压的条件下进行的。

③ 化学变化过程：系统中发生化学反应，致使物质的种类和数量都发生了变化的过程称为化学变化过程。化学变化过程一般是在恒温恒压或恒温恒容的条件下进行的。

此外，还有一种理想化的变化过程，即可逆过程，可逆过程在热力学中是非常重要的。

系统由状态Ⅰ按一定的方式变为状态Ⅱ后，如果回到状态Ⅰ时，系统与环境都恢复原状，不留下任何变化，则系统由状态Ⅰ变为状态Ⅱ的过程称为热力学可逆过程，简称可逆过程。用任何方法都不可能使系统和环境完全复原的过程称为不可逆过程。

可逆循环

可逆过程概念特点介绍

热力学可逆过程具有如下特点：

① 可逆过程进行时，系统状态变化的动力与阻力相差无限小。

② 可逆过程进行时，系统与环境始终无限接近于平衡态；或者说，可逆过程是由一系列连续的、渐变的平衡态所构成。因此，可逆即意味着平衡。

③ 若变化遵循原过程的逆向进行，系统和环境可同时恢复到原态。同时复原后，系统与环境之间没有热和功的交换。

④ 可逆过程变化无限缓慢，完成任一有限量变化所需时间无限长。

可逆过程是热力学中一个极其重要的概念，然而实际上并不存在。事实上，一切实际过程都是以有限的速率进行的，因此都不会是可逆过程。可逆过程是一种科学的抽象，有着重大的理论意义和实际意义。例如，在比较了可逆过程和实际过程以后，可以确定提高实际过程效率的可能性；某些重要热力学函数的变化值，只有通过可逆过程方能求算，而这些函数的变化值在解决实际问题中起着重要的作用。实际过程中，系统与环境压力相差无限小的无摩擦气体膨胀或压缩、沸点时的液体蒸发、电池在电流无限小时的放电等均可看作可逆过程。

2.2 热力学第一定律

2.2.1 热力学能

热力学能是指除了宏观动能与势能之外，系统内部粒子所具有能量的总和，包括分子运动的平动能、转动能、振动能、电子运动能及核能等（如图 2-2 所示），用符号 U 表示。随着对微观世界认识的深入，还会不断发现新的运动形式的能量。

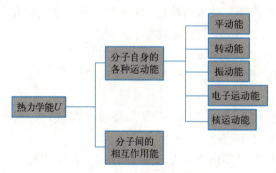

图 2-2 热力学能的构成

热力学能的特点：① 状态函数，属于广度性质，具有加和性，$\Delta U = U_2 - U_1$；
② 系统热力学能的绝对值无法确定；
③ 单位为焦耳（J）或千焦（kJ）；
④ $\Delta U > 0$，系统热力学能增大，$\Delta U < 0$，系统热力学能减小；
⑤ 微小过程的热力学能变化记成 dU。

热力学能

物质的热力学能包括运动能和势能两部分,运动能受温度的影响,而分子间的势能受体积的影响,即热力学能是 T 和 V 的函数,$U=f(T,V)$。系统的热力学能可以通过做功或者热传递来改变。

需要注意的是,理想气体假设了分子间无作用力,因而不存在分子间相互作用的势能,其热力学能只是分子的平动、分子的转动、分子内部各原子间的振动、电子的运动和核的运动等的能量,而这些能量的大小均只取决于温度,即

$$U = f(T) \text{(理想气体)}$$

2.2.2 热与功

热与功是系统状态发生变化时,系统与环境交换能量的两种不同形式。热与功只是能量交换形式,而且只有系统进行某一过程时才能以热和功的形式与环境进行能量的交换,因此功和热虽然是能量,但却是伴随过程出现的,是过程量,而非状态函数。热和功具有能量的单位,焦耳(J)或千焦(kJ)。

(1)热

系统状态变化时,因其与环境之间存在温度差而引起的能量交换形式称为热,以符号 Q 表示。化学工业与传热的关系尤为密切,因为无论是化工生产中的化学过程(化学反应操作),还是物理过程(化工单元操作),几乎都伴有热量的传递。

热力学规定:系统从环境吸热,$Q>0$;
系统向环境放热,$Q<0$。

热的特点:① 非状态函数,与具体的变化途径有关,称为途径函数;
② 微量的热用 δQ 表示。

状态函数的微量变化值用 d 表示,如 dT、dH 等,具有全微分的性质。为了与状态函数相区别,微量的热用 δQ 表示,它不是全微分。

热的分类:① 单纯 pVT 变化过程——显热;
② 相变化过程——相变热或潜热;
③ 化学变化过程——化学反应热。

(2)功

系统状态变化时,除热以外,系统与环境之间进行的其他形式的能量交换均称为功,以符号 W 表示。

能量交换的形式除热以外为什么都称为功呢?因为除热以外,其他所有能量交换形式在数学上都有明确的、统一的表达,即为功的一般表达式:广义力×广义的位移。广义力可以是牛顿力、压力、电压、表面张力等,而广义位移就可以是距离、体积、电量、表面积等,由此产生各种类型的功,包括体积功、电功、磁功、表面功等。

热力学规定:系统从环境得功(环境对系统做功),$W>0$;
系统对环境做功,$W<0$。

功的特点:① 非状态函数,与具体的变化途径有关,称为途径函数;
② 微量的功用 δW 表示,它不是全微分。

功的分类：① 体积功：系统在外压力作用下，体积发生改变时与环境交换的功。
② 非体积功：除体积功之外的所有其他功（如机械功、电功、表面功等）都称为非体积功（也称为有用功），用符号 W' 表示。

在热力学中，如不特别指明，提到的功均指体积功。

2.2.3　热力学第一定律的文字表述和数学表达式

人类经过长期实践，总结出极其重要的经验规律——能量转化与守恒定律。该定律指出：能量既不可以无中生有，也不可以凭空消灭，只能从一个物体转移到另一个物体，或者从一种形式转变为另一种形式，但在转变过程中能量的总值保持不变。将能量转化与守恒定律应用于宏观的热力学系统，就称为热力学第一定律。

（1）热力学第一定律的文字表述

① 隔离系统中能量的形式可以相互转化，但是能量的总值不变。

② 第一类永动机不可能制造成功。所谓第一类永动机，就是一种无需消耗任何燃料或能量而能不断循环做功的机器。它显然与能量转化与守恒定律相矛盾。

无论何种表述，它们都是等价的，从本质上反映了同一个规律，即能量转化与守恒定律。

（2）封闭系统热力学第一定律的数学表达式

当封闭系统发生某热力学过程从始态 1 变至终态 2 时，系统与环境之间既有热的传递也有功的交换。设封闭系统始态的热力学能为 U_1，终态的热力学能为 U_2（如图 2-3 所示）。

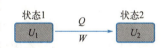

图 2-3　热力学能变化示意图

根据热力学第一定律，显然有：
$$U_2 = U_1 + Q + W$$

移项后得：
$$U_2 - U_1 = Q + W$$

亦即
$$\Delta U = Q + W \text{（封闭系统）} \tag{2-1}$$

而对于封闭系统的微小变化过程，则有
$$\mathrm{d}U = \delta Q + \delta W \tag{2-2}$$

式（2-1）及式（2-2）均为封闭系统的热力学第一定律的数学表达式。它表明封闭系统中热力学能的改变量等于变化过程中系统与环境之间传递的热与功的总和。

2.3　体积功的计算

2.3.1　体积功的定义式

体积功本质上就是机械功，可用力与力作用方向上的位移的乘积计算。

体积功的计算

系统体积的
压缩与膨胀

体积功计算
公式的推导

如图 2-4 所示，一气缸内的气体体积为 V_1，在外压力 F 的作用下，向下推动活塞，压缩气体，体积变化到 V_2，相应使活塞产生的位移为 l，则有 $W = F_外 l$。而外压力可以写成外压强（物理化学中压强已经统称为压力）乘以横截面积，即 $F_外 = p_外 A$，则体积功的计算公式转变为 $W = p_外 Al$。Al 即为压缩过程中的体积变化 ΔV，则体积功的计算公式转变为 $W = p_外 \Delta V$。但是由于压缩过程 $\Delta V < 0$，将导致 $W < 0$，与热力学规定的压缩过程是环境对系统做功，$W > 0$ 相矛盾，因此，在公式中添加 "—" 号，进行校正。

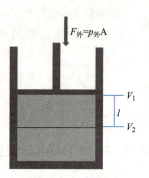

图 2-4 体积功示意图

得到体积功的计算式：$W = -p_外 \Delta V$。此式是在外压力恒定不变的条件下获得的计算式。但是实际的气体压缩过程中，外压力并非恒定不变，因此在进行体积功的计算时还要引入微小变化过程的体积功计算的数学表达式。即在某一个确定的外压力作用下，体积发生微小变化而引起的微小的体积功。

$$\delta W = -p_外 dV \tag{2-3}$$

一个宏观的变化过程是由无数个微小的变化过程构成的，那么压缩过程系统体积从 V_1 变化到 V_2，所做的总功就可以通过对式（2-3）进行定积分来计算。

$$W = -\int_{V_1}^{V_2} p_外 dV \tag{2-4}$$

式中　$p_外$——环境的压力；
　　　V_1——系统始态体积；
　　　V_2——系统终态体积。

式（2-4）是计算体积功的最基本公式。

需要说明的是，无论是压缩过程还是膨胀过程，计算体积功时压力均使用外压力。因为压缩过程是在外压力作用下对系统做功，而膨胀过程是系统抵抗外压力膨胀做功。

2.3.2　几种变化过程体积功的计算

① 自由膨胀过程（即气体向真空膨胀），$p_外 = 0$，

$$W = -\int_{V_1}^{V_2} p_外 dV = 0$$

② 恒容过程，$dV = 0$（即 $V_1 = V_2 =$ 定值），

$$W = -\int_{V_1}^{V_2} p_外 dV = 0$$

③ 恒外压过程，$p_外 =$ 定值（$p_{系统}$ 压力可变），

$$W = -\int_{V_1}^{V_2} p_外 dV = -p_外(V_2 - V_1)$$

④ 恒压过程，$p_{系统} = p_外 =$ 定值，则

恒外压过程
体积功
的计算

$$W = -\int_{V_1}^{V_2} p_{外} \mathrm{d}V = -p_{外}(V_2 - V_1) = -p_{系统}(V_2 - V_1)$$

对于理想气体的恒压过程，上述计算公式还可以转变为：

$$W = -p_{系统}(V_2 - V_1) = -(p_{系统}V_2 - p_{系统}V_1)$$
$$= -(p_2 V_2 - p_1 V_1) = -nR(T_2 - T_1)$$

2.3.3 可逆变化过程体积功的计算

对于系统与环境压力相差无限小的、无摩擦的气体膨胀或压缩过程，可以认为环境压力无限接近系统压力，$p_{外} \approx p_{系统}$，进行体积功计算时，可以用系统压力代替环境压力。下面针对理想气体的恒温可逆过程进行讨论（见图 2-5）。

可逆过程

可逆过程体积功的计算

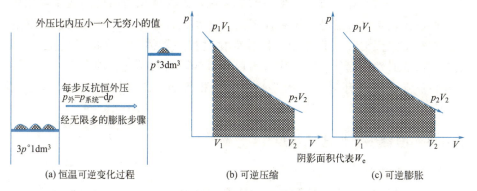

图 2-5 恒温可逆变化过程体积功示意图

$$W = -\int_{V_1}^{V_2} p_{外} \mathrm{d}V = -\int_{V_1}^{V_2} (p_{系统} - \mathrm{d}p) \mathrm{d}V \approx -\int_{V_1}^{V_2} p_{系统} \mathrm{d}V$$

而系统压力为 $p_{系统} = \dfrac{nRT}{V}$，因此理想气体的恒温可逆过程体积功为：

$$W = -\int_{V_1}^{V_2} \frac{nRT}{V} \mathrm{d}V$$
$$= -nRT \int_{V_1}^{V_2} \frac{\mathrm{d}V}{V}$$
$$= -nRT \ln \frac{V_2}{V_1}$$

因为恒温过程，$\dfrac{V_2}{V_1} = \dfrac{p_1}{p_2}$，所以理想气体恒温过程体积功的计算还可以转变为：

$$W = -nRT \ln \frac{p_1}{p_2}$$

恒温可逆过程体积功计算公式推导

需要指明的是，可逆过程是从实际过程趋近极限而抽象出来的理想化过程，其特点为：

① 系统状态变化的动力与阻力相差无限小，变化过程无限缓慢；

② 系统与环境始终无限接近于平衡态；

③ 恒温可逆过程中，系统对环境做最大功，而环境对系统做最小功。

由可逆过程的特征可知，可逆过程是效率最高的过程，若将实际过程与理想的可逆过程进行比较，就可以确定提高实际过程效率的可能性和途径。

理想气体的绝热可逆变化过程在后续 2.10 节中进行介绍。

2.4 热与焓及热容

恒容热与恒压热在含有气体的系统中的区别

在 2.2 热力学第一定律中，提到热的计算按照变化性质的不同需要进行分类计算。而按照变化过程的特点分类，这里首先介绍恒容条件下热的计算和恒压条件下热的计算。对于凝聚态物质来说，因为体积随温度的变化可以忽略，所以无论是恒容还是恒压条件下的温度变化过程，其与环境交换的热数值近似相等。而对于气体来说，恒容变化过程不做体积功；恒压变化过程，吸热、放热必然引起体积的膨胀或者收缩，伴随做功情况。因此，气体在恒容和恒压条件下与环境进行的热交换是不相等的，需要根据变化条件分别计算。

2.4.1 恒容热、恒压热与焓

恒容热、恒压热与焓

（1）恒容热

系统在恒容且没有非体积功的过程中与环境间传递的热称为**恒容热**，以符号 Q_V 表示。

根据热力学第一定律

$$\Delta U = Q + W \tag{2-5}$$

式中，W 是总功，包括体积功与非体积功。在恒容且没有非体积功的过程中，其 $W=0$，于是有

$$Q_V = \Delta U \tag{2-6}$$

式(2-6)表明：在恒容且没有非体积功的过程中，系统与环境交换的热与系统热力学能的变化值相等。

对于微小的变化过程，则有

$$\delta Q_V = \mathrm{d}U$$

（2）恒压热及焓

系统在恒压且没有非体积功的过程中与环境间传递的热称为**恒压热**，以符号 Q_p 表示。在恒压过程中，体积功 $W = -p_{系统} \Delta V$，根据热力学第一定律 $\Delta U = Q + W$ 有

$$\Delta U = Q_p - p_{系统} \Delta V$$

$$U_2 - U_1 = Q_p - (p_2 V_2 - p_1 V_1)$$

或

$$(U_2 + p_2 V_2) - (U_1 + p_1 V_1) = \Delta(U + pV) = Q_p$$

将系统热力学能与系统压力体积乘积之和用符号 H 表示,并命名为焓。即令

$$H = U + pV \tag{2-7}$$

则

$$Q_p = \Delta H \tag{2-8}$$

焓的特点:

① 由定义可知焓是系统热力学能与系统压力体积乘积之和,U、p、V 都是状态函数,因此焓也是状态函数,属于广度性质,单位为焦耳(J)或千焦(kJ)。

② 焓是一个导出函数,没有明确的物理意义(由于处理热力学问题的需要,而由一些基本的热力学函数组合而成的状态函数)。

③ 由于热力学能的绝对值不可知,故焓的绝对值也不可知。

④ 对于微小的变化过程,则有

$$\delta Q_p = \mathrm{d}H \tag{2-9}$$

⑤ 理想气体的焓值只受温度的影响,$H = f(T)$。

式(2-8)表明:在恒压且没有非体积功的过程中,封闭系统与环境交换的热在数值上等于系统的焓变。

2.4.2 各种形式的热容

热容是热力学中很重要的基础热数据,用来计算系统发生单纯 pVT 变化(无相变化、无化学变化)过程时系统与环境交换的热。

2.4.2.1 热容、比热容与摩尔热容

(1)热容

一个没有非体积功的封闭系统,在不发生相变化、不发生化学变化的情况下,温度每升高 1K 所需要吸收的热量称为热容,用符号 C 表示。根据定义则有

$$C = \frac{\delta Q}{\mathrm{d}T} \tag{2-10}$$

式中,热容 C 的单位是 $\mathrm{J \cdot K^{-1}}$。

(2)比热容(质量热容)

1kg 物质所具有的热容称为比热容,用符号 c 表示。

$$c = \frac{C}{m} \tag{2-11}$$

式中,m 是系统中物质的质量;比热容 c 的单位是 $\mathrm{J \cdot K^{-1} \cdot kg^{-1}}$。

(3)摩尔热容

1mol 物质所具有的热容称为摩尔热容,用符号 C_m 表示。

$$C_\mathrm{m} = \frac{C}{n} = \frac{1}{n} \times \frac{\delta Q}{\mathrm{d}T} \tag{2-12}$$

式中,n 是系统中物质的物质的量;摩尔热容 C_m 的单位是 $\mathrm{J \cdot K^{-1} \cdot mol^{-1}}$。

2.4.2.2 摩尔恒容热容与摩尔恒压热容

一个没有非体积功的封闭系统,在不发生相变化、不发生化学变化的情况下,1mol 物质恒容时温度升高 1K 与恒压时温度升高 1K 所吸收的热不同,分别称为**摩尔恒容热容**与**摩尔恒压热容**,分别以符号 $C_{V,m}$ 与 $C_{p,m}$ 表示,它们的单位都是 $J \cdot K^{-1} \cdot mol^{-1}$。其定义式如下:

$$C_{V,m} = \frac{1}{n} \times \frac{\delta Q_V}{dT} \tag{2-13}$$

$$C_{p,m} = \frac{1}{n} \times \frac{\delta Q_p}{dT} \tag{2-14}$$

将式(2-13)及式(2-14)分离变量积分,分别得

$$Q_V = n \int_{T_1}^{T_2} C_{V,m} dT$$

$$Q_p = n \int_{T_1}^{T_2} C_{p,m} dT$$

若 $C_{V,m}$ 是定值,则

$$Q_V = nC_{V,m}(T_2 - T_1) \tag{2-15}$$

因为 $\Delta U = Q_V$,所以 $\Delta U = Q_V = nC_{V,m}(T_2 - T_1)$

若 $C_{p,m}$ 是定值,则

$$Q_p = nC_{p,m}(T_2 - T_1) \tag{2-16}$$

因为 $\Delta H = Q_p$,所以 $\Delta H = Q_p = nC_{p,m}(T_2 - T_1)$

式(2-15)及式(2-16)对气体、液体和固体分别在恒容、恒压条件下,单纯发生温度改变时计算 Q_V 和 ΔU、Q_p 和 ΔH 均适用。

在标准压力 $p^\ominus = 100 kPa$ 下的摩尔恒压热容为标准摩尔恒压热容,用符号 $C_{p,m}^\ominus$ 表示。附录四中所给的热容为 298K 温度下的标准摩尔恒压热容 $C_{p,m}^\ominus$。

2.4.2.3 摩尔热容与温度的关系

物质的热容不仅与物质的种类有关,而且与温度有关,是温度的函数,其值随温度的升高而逐渐增大。摩尔恒压热容通常采用的经验公式有下列三种形式:

$$C_{p,m} = a + bT + cT^2 \tag{2-17}$$

或

$$C_{p,m} = a + bT + c'T^{-2} \tag{2-18}$$

或

$$C_{p,m} = a + bT + cT^2 + dT^3 \tag{2-19}$$

式中 a、b、c、c'、d 是经验常量,随物质的种类、相态及使用温度范围的不同而异。以上三式均是经验公式,在各种化学、化工手册中均能查到。本书附录三中列出了部分物质以式(2-17)计算的 a、b、c 的经验数值。

使用上述经验公式,应注意以下几点:

① 查表所得数据通常均是摩尔恒压热容,在具体的计算中,应考虑系统中该物质的量。

② 所查得的常量的数值只能在指定的温度范围内使用，超出范围则误差较大。

③ 从不同资料上查得的经验公式或常量的数值不尽相同，但多数情况下其计算结果相近；在高温下不同公式之间的误差可能较大。

2.4.2.4 $C_{V,m}$ 与 $C_{p,m}$ 的关系

（1）对于理想气体

$$C_{p,m} - C_{V,m} = R \tag{2-20}$$

单原子分子理想气体：

$$C_{V,m} = \frac{3}{2}R, \quad C_{p,m} = \frac{5}{2}R$$

双原子分子理想气体：

$$C_{V,m} = \frac{5}{2}R, \quad C_{p,m} = \frac{7}{2}R$$

理想气体混合物的恒压热容 C_p 等于形成该混合物的各气体的摩尔恒压热容 $C_{p,m}(B)$ 与其在混合物中物质的量 n_B 的乘积之和，即

$$C_p = \sum_B n_B C_{p,m}(B) \tag{2-21}$$

式（2-21）可近似用于低压下的实际气体混合物。

（2）凝聚系统

因液态物质与固态物质的摩尔体积随温度的变化可忽略，因此对于液态物质与固态物质来说其 $C_{V,m} \approx C_{p,m}$。

2.5 单纯 pVT 变化过程热力学第一定律的应用

单纯 pVT 变化过程热力学第一定律的应用

2.5.1 理想气体的单纯 pVT 变化过程

定量、定组成的理想气体的热力学能和焓仅是温度的函数，而与体积、压力无关。即

$$U = f(T) \tag{2-22}$$
$$H = f(T) \tag{2-23}$$

所以式（2-15）及式（2-16）适合理想气体恒温、恒压、恒容及绝热等任何单纯 pVT 变化过程中热力学能 U 和焓 H 的计算。在通常温度下，若温度变化不大，理想气体的 $C_{V,m}$ 和 $C_{p,m}$ 可视为常量，则有

$$\Delta U = nC_{V,m}(T_2 - T_1) \tag{2-24}$$
$$\Delta H = nC_{p,m}(T_2 - T_1) \tag{2-25}$$

下面分别讨论几种典型的变化过程中 ΔU、ΔH、Q、W 的计算。

（1）恒温过程

$$\Delta U = \Delta H = 0, \quad Q = -W$$

① 理想气体恒温、恒外压过程

$$W = -p_{外}(V_2 - V_1)$$

气体恒容热与恒压热的区别

② 理想气体恒温、可逆过程

$$W = -nRT\ln\frac{V_2}{V_1} = -nRT\ln\frac{p_1}{p_2} \tag{2-26}$$

【例2-1】 4mol 理想气体由 27℃、100kPa 恒温可逆压缩到 1000kPa，求该过程的 Q、W、ΔU 和 ΔH。

解：本题变化过程可用下图表示：

因理想气体恒温过程：$\Delta U = 0$，$\Delta H = 0$，

对于理想气体恒温可逆过程：

$$W = -nRT\ln\frac{p_1}{p_2} = -4\times 8.314\times 27+273.15\times\ln\frac{100}{1000} = 22.98 \text{ (kJ)}$$

$$Q = -W = -22.98 \text{ (kJ)}$$

（2）恒容过程

$$W = -\int_{V_1}^{V_2} p_{外}\,\mathrm{d}V = 0$$

$$Q_V = nC_{V,m}(T_2 - T_1)$$

$$\Delta U = Q_V$$

$$\Delta H = nC_{p,m}(T_2 - T_1)$$

（3）恒压过程

$$W = -p_{外}(V_2 - V_1) \text{ 或 } W = -nR(T_2 - T_1)$$

$$Q_p = nC_{p,m}(T_2 - T_1)$$

$$\Delta H = Q_p$$

$$\Delta U = Q + W \text{ 或 } \Delta U = nC_{V,m}(T_2 - T_1)$$

【例2-2】 1mol 的理想气体 $H_2(g)$ 由 202.65kPa、10dm³ 恒容升温，压力增大到 2026.5kPa，再恒压压缩至体积为 1dm³。求整个过程的 Q、W、ΔU 和 ΔH。

解：全过程的状态变化 Ⅰ→Ⅱ→Ⅲ 可图示如下：

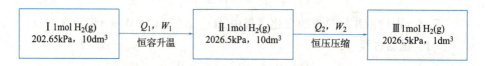

因为 $p_3 V_3 = 2026.5\times 1 = p_1 V_1 = 202.65\times 10$，所以 $T_3 = T_1$，故整个过程的

$$\Delta U = nC_{V,m}(T_3 - T_1) = 0$$
$$\Delta H = nC_{p,m}(T_3 - T_1) = 0$$
$$W_1 = -p_{外}(V_2 - V_1) = 0$$
$$W_2 = -p_{外}(V_3 - V_2) = -p_2(V_3 - V_2)$$
$$= -2026.5 \times 10^3 \times (1 - 10) \times 10^{-3}$$
$$= 18238.5 \text{ (J)} = 18.24 \text{ (kJ)}$$
$$W = W_1 + W_2 = 0 + 18.24 = 18.24 \text{ (kJ)}$$
$$Q = \Delta U - W = 0 - 18.24 = -18.24 \text{ (kJ)}$$

（4）绝热过程

绝热过程 $Q=0$，系统与环境之间没有热的交换，由热力学第一定律可得
$$\Delta U = W$$
$$\Delta U = nC_{V,m}(T_2 - T_1)$$
$$\Delta H = nC_{p,m}(T_2 - T_1)$$

可以看出，在绝热过程中环境得到或消耗的功只能来源于系统热力学能的减少或增加，这必然使系统的温度降低或升高。

恒温可逆膨胀和绝热可逆膨胀

【**例2-3**】2mol 理想气体 $H_2(g)$ 自 $p_1 = 10^5 \text{Pa}$、$T_1 = 273\text{K}$ 的始态经过绝热过程到达终态，压力为 $5 \times 10^5 \text{Pa}$，温度为 432K，求该过程的 Q、W、ΔU 和 ΔH。

绝热过程，体积功 W 借助于 ΔU 计算

解：该过程图示如下：

因为 H_2 为双原子分子，故其
$$C_{p,m} = \frac{7}{2}R, \quad C_{V,m} = \frac{5}{2}R$$

$$\Delta U = nC_{V,m}(T_2 - T_1) = 2 \times \frac{5}{2} \times 8.314 \times (432 - 273) = 6.61 \text{ (kJ)}$$

$$\Delta H = nC_{p,m}(T_2 - T_1) = 2 \times \frac{7}{2} \times 8.314 \times (432 - 273) = 9.25 \text{ (kJ)}$$

$$Q = 0$$
$$W = \Delta U - Q = 6.61 \text{ (kJ)}$$

2.5.2 凝聚态物质的单纯 pVT 变化过程

凝聚态物质是指处于液态或固态的物质，如液态水、固态金属铜等。对这类物质，在 T 一定时，只要压力变化不大，压力 p 对 ΔH 的影响往往可忽略不计。故凝聚态物质发生单纯 pVT 变化时系统的焓变，仅取决于始末态的温度，即有如下计算式：

$$\Delta H = n\int_{T_1}^{T_2} C_{p,\mathrm{m}}\mathrm{d}T$$

至于过程中的 ΔU，因为 $\Delta H = \Delta U + \Delta(pV)$，而凝聚态系统 $\Delta(pV) \approx 0$，则有系统的热力学能变约等于焓变，即

$$\Delta U \approx \Delta H = n\int_{T_1}^{T_2} C_{p,\mathrm{m}}\mathrm{d}T \quad （凝聚态系统）$$

若将 $C_{p,\mathrm{m}}$ 看作是定值，则上式可转变为 $\Delta U \approx \Delta H = nC_{p,\mathrm{m}}(T_2 - T_1)$。而凝聚态物质单纯 pVT 变化过程体积变化微小，其体积功 $W \approx 0$，根据热力学第一定律则有 $Q \approx \Delta U$。

2.6　相变化过程热力学第一定律的应用

2.6.1　相与相变化

相变化过程热力学第一定律的应用

相是指系统中物理性质及化学性质完全均匀的部分。如用暖水瓶盛满 100℃ 的热水并盖上瓶塞，此时瓶内任何一部分水的物理性质及化学性质均相同，故为一相。但如果将瓶内少部分水极快速倒出（假设空气没有进入）后重新盖上瓶塞，此时瓶内的水会蒸发成水蒸气。当达到相平衡时，瓶内有液态的水和气态的水蒸气，虽然两者的化学性质相同，但因它们的物理性质不同，系统内存在的则是两相。又如石墨与金刚石均由碳原子构成，化学性质相同，但两者的结晶构造不同，物理性质差异极大，故石墨与金刚石是两个不同的相。

系统中物质从一相变为另一相，称为相变化。上述暖瓶中水变为水蒸气，用石墨制金刚石，均称为相变化过程。化工生产中，系统的状态变化时，常常有蒸发、冷凝、熔化、凝固等相变化过程。

在相平衡温度、相平衡压力下进行的相变为可逆相变，否则为不可逆相变。因此，可逆相变化的特点是恒温、恒压。例如，在 100℃、101.325kPa 下水和水蒸气之间的相变，在 0℃、101.325kPa 下水和冰之间的相变，均为可逆相变；而在 100℃ 下水向真空中蒸发，在 101.325kPa 下 -10℃ 的过冷水结冰，均为不可逆相变。

相变化根据变化的条件分为可逆相变化和不可逆相变化

2.6.2　相变热与相变焓

计算各种相变过程的热以及系统在相变过程中的热力学能变 ΔU、焓变 ΔH 时，需要用到摩尔相变焓。

摩尔相变焓是指 1mol 纯物质于相平衡温度和相平衡压力下发生相变时的焓变，以符号 $\Delta_{\alpha}^{\beta}H_{\mathrm{m}}$ 表示，其单位为 $\mathrm{J\cdot mol^{-1}}$ 或 $\mathrm{kJ\cdot mol^{-1}}$。符号的下标"α"表示相变的始态，上标"β"表示相变的终态。

通常所说的相变热均是指一定量的物质在恒定的温度及压力下（通常是在相平衡温度、相平衡压力下），且没有非体积功时发生相变化的过程中，系统与环境之间传递的热。由于上述相变过程能满足恒压且没有非体积功的条件，所以相变热在数值上等于过程的相变焓。

$$Q_p = \Delta_\alpha^\beta H = n\Delta_\alpha^\beta H_m \tag{2-27}$$

一些物质在某些条件下的摩尔相变焓的实测数据可以从化学、化工手册中查到，在使用这些数据时要注意条件（温度、压力）及单位。此外，如果所求的相变过程为手册上所给的相变过程的逆过程，则在同样的温度、压力下，二者的相变焓数值相等，符号相反。例如，$\Delta_l^s H_m = -\Delta_s^l H_m$。此外，根据状态函数的特点，相变化过程中的升华焓等于熔化焓与蒸发焓之和，即 $\Delta_s^g H_m = \Delta_s^l H_m + \Delta_l^g H_m$。

2.6.3 可逆相变过程中各种能量的计算

若系统在相平衡温度、相平衡压力条件下由 α 相转变为 β 相，分以下几种情况讨论：

① 对于始、终态都是凝聚相（固相和液相统称为凝聚相）的可逆相变过程，因为 $V_s \approx V_l$，有：

$$\Delta V = V_\beta - V_\alpha \approx 0$$
$$W = -p(V_\beta - V_\alpha) \approx 0$$
$$\Delta U = Q = \Delta H = n\Delta_\alpha^\beta H_m$$

② 对于始态 α 相为凝聚相，终态 β 相为气相的可逆相变过程，且气相可视为理想气体，则有：

$$\Delta V = V_\beta - V_\alpha \approx V_\beta = V_g$$
$$W = -p(V_\beta - V_\alpha) \approx -pV_g = -nRT$$
$$Q = \Delta H = n\Delta_\alpha^\beta H_m$$
$$\Delta U = Q + W = \Delta H - nRT = n\Delta_\alpha^\beta H_m - nRT$$

③ 对于始态 α 相为气相，终态 β 相为凝聚相的可逆相变过程，且气相可视为理想气体，则有：

$$\Delta V = V_\beta - V_\alpha \approx -V_\alpha = -V_g$$
$$W = -p(V_\beta - V_\alpha) \approx pV_g = nRT$$
$$Q = \Delta H = n\Delta_\alpha^\beta H_m$$
$$\Delta U = Q + W = \Delta H + nRT = n\Delta_\alpha^\beta H_m + nRT$$

> 可逆相变化过程中 W 和 ΔU 的计算公式推导

【例2-4】在 101.325kPa 恒定压力下逐渐加热 2mol、0℃ 的冰，使之成为 100℃ 的水蒸气。求该过程的 Q、W 及 ΔU、ΔH。

已知冰融化的摩尔相变焓 $\Delta_s^l H_m(0℃) = 6.02 \text{kJ} \cdot \text{mol}^{-1}$，水汽化的摩尔相变焓 $\Delta_l^g H_m(100℃) = 40.6 \text{ kJ} \cdot \text{mol}^{-1}$，液态水的恒压摩尔热容 $C_{p,m} = 75.3 \text{J} \cdot \text{k}^{-1} \cdot \text{mol}^{-1}$。设水蒸气为理想气体，冰和水的体积可忽略。

解：此过程涉及熔化、蒸发和升温，可认为此过程分三步进行。

$\Delta H_1 = n\Delta_s^l H_m = 2 \times 6.02 = 12.04$ （kJ）

$\Delta H_2 = nC_{p,m}(T_2 - T_1) = 2 \times 75.3 \times (373.15 - 273.15) \times 10^{-3} = 15.06$ （kJ）

$\Delta H_3 = n\Delta_l^g H_m = 2 \times 40.6 = 81.2$ （kJ）

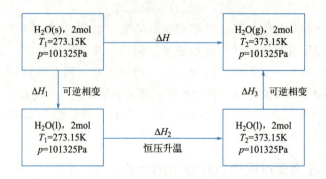

$\Delta H = \Delta H_1 + \Delta H_2 + \Delta H_3 = 12.04 + 15.06 + 81.2 = 108.3$ (kJ)

由于整个过程是一个恒压过程,所以:

$Q_p = \Delta H = 108.3$ (kJ)

$W = -p(V_g - V_s) \approx -pV_g \approx -nRT_2 = -2 \times 8.314 \times 373.15 \times 10^{-3} = -6.2$ (kJ)

$\Delta U = Q_p + W = 108.3 - 6.2 = 102.1$ (kJ)

2.7 化学变化过程热力学第一定律的应用

2.7.1 化学反应中的基本概念

(1) 反应进度

反应进度是描述反应进行程度的物理量,以符号 ξ 表示。

设有某反应 $aA + bB \rightleftharpoons yY + zZ$

按照计量方程式完成一个完整的化学反应,即 a mol 的 A 与 b mol 的 B 完全反应,生成 y mol 的 Y 和 z mol 的 Z,反应进度即为 1mol。

$$\xi = \frac{\Delta n_B}{\nu_B}$$

式中,Δn_B 为反应方程式中任一物质 B 变化的物质的量;ν_B 为该物质在反应方程式中的化学计量系数。

(2) 物质的标准态

化学反应系统一般是混合物,为避免同一物质的某热力学量如热力学能 U、焓 H、熵 S、吉布斯函数 G 等在不同反应系统中数值不同,热力学规定了一个公共的参考状态,称为热力学标准态,以使同一物质在不同的化学反应系统中具有同一数值。标准压力规定 $p^\ominus = 100$ kPa,右上标"⊖"为标准态的符号。

① 气体的标准态:在任一温度 T、标准压力 $p^\ominus$ 下表现出理想气体特性的纯气体状态为气体物质的标准态。

② 液体(或固体)的标准态:在任一温度 T、标准压力 $p^\ominus$ 下的纯液体(或纯固体)状态。

物质的热力学标准态的温度 T 是任意的,未作具体的规定。不过,通常

标准摩尔反应焓的计算

查表所得的热力学标准态的有关数据大多是在 $T=298.15\text{K}$ 时的数据。

(3) 化学反应的标准摩尔反应焓与标准摩尔反应热力学能

系统进行化学反应时,能量发生了变化并与环境进行了热与功的交换。

对于任一化学反应

$$a\text{A}+b\text{B} \Longleftrightarrow y\text{Y}+z\text{Z}$$

按照计量方程式完成反应进度为 1mol 的反应所对应的焓变和热力学能的变化,分别称为该反应的摩尔反应焓与摩尔反应热力学能,用符号 $\Delta_r H_m$ 和 $\Delta_r U_m$ 表示,单位为 $\text{J}\cdot\text{mol}^{-1}$ 或 $\text{kJ}\cdot\text{mol}^{-1}$。注意:$\Delta_r H_m$ 和 $\Delta_r U_m$ 的数值与反应计量方程式的写法有关。

若各物质 A、B、Y、Z 皆处于温度为 T 的标准状态,其摩尔反应焓和摩尔反应热力学能称为标准摩尔反应焓和标准摩尔反应热力学能,符号为 $\Delta_r H_m^\ominus$ 和 $\Delta_r U_m^\ominus$,单位仍然是 $\text{J}\cdot\text{mol}^{-1}$ 或 $\text{kJ}\cdot\text{mol}^{-1}$。符号中的下标"r"表示化学反应,"m"表示摩尔反应,右上标"⊖"为标准态的符号。

2.7.2 化学反应的标准摩尔反应焓 $\Delta_r H_m^\ominus(T)$ 的计算

2.7.2.1 由标准摩尔生成焓 $\Delta_f H_m^\ominus(B,\text{相态},T)$ 求算 $\Delta_r H_m^\ominus(T)$

(1) $\Delta_f H_m^\ominus(B,\text{相态},T)$ 的定义

在温度为 T 的标准状态下由最稳定相态单质生成 1mol 指定相态的某物质所对应的焓变,称为指定相态的该物质在温度 T 下的标准摩尔生成焓,用符号 $\Delta_f H_m^\ominus(B,\text{相态},T)$ 表示,单位为 $\text{J}\cdot\text{mol}^{-1}$ 或 $\text{kJ}\cdot\text{mol}^{-1}$。符号中的下标"f"表示生成。由定义可知最稳定相态单质的生成焓 $\Delta_f H_m^\ominus=0$。例如,碳在 298.15K 时有石墨、金刚石与无定形碳三种相态,其中以石墨为最稳定。如上述 298.15K 时,石墨的标准摩尔生成焓为零,而金刚石与无定形碳的标准摩尔生成焓则不为零。有关 298.15K、标准压力下各种化合物的 $\Delta_f H_m^\ominus(B,\text{相态},298\text{K})$ 的数值可见附录四。

(2) 由 $\Delta_f H_m^\ominus(B,\text{相态},T)$ 求算 $\Delta_r H_m^\ominus(T)$

对于任一化学反应

$$a\text{A(g)}+b\text{B(s)} \Longleftrightarrow y\text{Y(g)}+z\text{Z(s)}$$

$$\Delta_r H_m^\ominus(T) = y\Delta_f H_m^\ominus(\text{Y,g}) + z\Delta_f H_m^\ominus(\text{Z,s}) - a\Delta_f H_m^\ominus(\text{A,g}) - b\Delta_f H_m^\ominus(\text{B,s})$$

$$\Delta_r H_m^\ominus = \sum_B \nu_B \Delta_f H_B^\ominus(B,\text{相态},T) \tag{2-28}$$

即在温度 T 下任一反应的标准摩尔反应焓等于生成物的标准摩尔生成焓与其计量系数乘积之和,减去反应物的标准摩尔生成焓与其计量系数乘积之和。

2.7.2.2 由标准摩尔燃烧焓 $\Delta_c H_m^\ominus(B,\text{相态},T)$ 求算 $\Delta_r H_m^\ominus(T)$

(1) $\Delta_c H_m^\ominus$ 的定义

在温度 T 下,参与反应的各物质均处于标准态时,1mol 物质 B 在纯氧中完全氧化成相同温度下指定生成物时的标准摩尔反应焓,称为该物质在温度 T 下的标准摩尔燃烧焓,以符号 $\Delta_c H_m^\ominus(B,\text{相态},T)$ 表示,单位为 $\text{J}\cdot\text{mol}^{-1}$ 或 $\text{kJ}\cdot\text{mol}^{-1}$。符号中的下标"c"表示燃烧。

定义中 C、H、N、S、Cl 完全氧化的指定生成物通常是指 $CO_2(g)$、$H_2O(l)$、$N_2(g)$、$SO_2(g)$，HCl（水溶液），这些指定生成物的 $\Delta_c H_m^\ominus = 0$。需要注意，不同手册所指定的氧化生成物可能会不相同，利用标准摩尔燃烧焓数据时，应先查看氧化的生成物是什么物质。有关 298.15K、标准压力下某些物质的 $\Delta_c H_m^\ominus(B, 相态, 298K)$ 数值可见附录五。

（2）由 $\Delta_c H_m^\ominus(T)$ 求算 $\Delta_r H_m^\ominus(T)$

对于任一化学反应

$$a A(g) + b B(s) \rightleftharpoons y Y(g) + z Z(s)$$

$$\Delta_r H_m^\ominus(T) = a \Delta_c H_m^\ominus(A, g) + b \Delta_c H_m^\ominus(B, s) - y \Delta_c H_m^\ominus(Y, g) - z \Delta_c H_m^\ominus(Z, s)$$

$$\Delta_r H_m^\ominus = \sum_B \nu_B \Delta_c H_m^\ominus(B, 相态, T) \tag{2-29}$$

即在温度 T 下任一反应的标准摩尔反应焓等于反应物的标准摩尔燃烧焓与其计量系数乘积之和，减去生成物的标准摩尔燃烧焓与其计量系数乘积之和。

【例2-5】 已知 298.15K 时，$\Delta_f H_m^\ominus(CO_2, g) = -393.5 \text{kJ} \cdot \text{mol}^{-1}$、$\Delta_f H_m^\ominus(H_2O, l) = -285.83 \text{kJ} \cdot \text{mol}^{-1}$、$\Delta_f H_m^\ominus[(COOH)_2, s] = -826.83 \text{kJ} \cdot \text{mol}^{-1}$，求 25℃时，反应 $(COOH)_2(s) + \frac{1}{2} O_2(g) \rightleftharpoons H_2O(l) + 2 CO_2(g)$ 的标准摩尔反应焓 $\Delta_r H_m^\ominus$。

解： 上述反应的标准摩尔反应焓为：

$$\Delta_r H_m^\ominus = \Delta_f H_m^\ominus(H_2O, l) + 2\Delta_f H_m^\ominus(CO_2, g) - \Delta_f H_m^\ominus[(COOH)_2, s] - \frac{1}{2}\Delta_f H_m^\ominus(O_2, g)$$

$$= -285.83 + 2 \times (-393.5) + 826.83 - 0$$

$$= -246 \text{ (kJ} \cdot \text{mol}^{-1})$$

【例2-6】 已知 $C_2H_5OH(l)$ 在 25℃ 时，$\Delta_c H_m^\ominus = -1366.8 \text{kJ} \cdot \text{mol}^{-1}$，试用 $CO_2(g)$ 和 $H_2O(l)$ 在 25℃ 时的 $\Delta_f H_m^\ominus$ 求算 $C_2H_5OH(l)$ 在 25℃ 时的 $\Delta_f H_m^\ominus$。

解： $C_2H_5OH(l)$ 的燃烧反应如下：

$C_2H_5OH(l) + 3O_2(g) \longrightarrow 2CO_2(g) + 3H_2O(l)$，由式(2-29)可知，该反应的

$$\Delta_r H_m^\ominus = \Delta_c H_m^\ominus(C_2H_5OH, l) + 3\Delta_c H_m^\ominus(O_2, g) - 2\Delta_c H_m^\ominus(CO_2, g) - 3\Delta_c H_m^\ominus(H_2O, l)$$

$$= \Delta_c H_m^\ominus(C_2H_5OH, l) - 0 - 0 - 0$$

$$= \Delta_c H_m^\ominus(C_2H_5OH, l)$$

$$= -1366.8 \text{kJ} \cdot \text{mol}^{-1}$$

由式(2-28)可知，

$$\Delta_r H_m^\ominus = 2\Delta_f H_m^\ominus(CO_2, g) + 3\Delta_f H_m^\ominus(H_2O, l) - \Delta_f H_m^\ominus(C_2H_5OH, l) - 3\Delta_f H_m^\ominus(O_2, g)$$

于是有：

$$\Delta_f H_m^\ominus(C_2H_5OH,l) = 2\Delta_f H_m^\ominus(CO_2,g) + 3\Delta_f H_m^\ominus(H_2O,l) - \Delta_r H_m^\ominus - 3\Delta_f H_m^\ominus(O_2,g)$$
$$= 2\times(-393.5) + 3\times(-285.83) - (-1366.8) - 3\times 0$$
$$= -277.69 \ (kJ \cdot mol^{-1})$$

2.7.2.3 利用盖斯定律求算 $\Delta_r H_m^\ominus(T)$

1840 年，盖斯在大量实验结果的基础上总结出了如下的规律：一个化学反应，不论是一步完成还是经数步完成，其反应的热效应总是相同的，这就是<u>盖斯定律</u>（或称为反应热总值守恒定律）。盖斯定律实际上是热力学第一定律的必然结果。

根据盖斯定律，对热化学方程式可以像普通代数方程一样进行加减乘除和移项等运算步骤处理，利用易测定的反应热去计算难以测定的反应热。

【例2-7】已知 298.15K 时，

(1) $C(石墨) + O_2(g) \longrightarrow CO_2(g)$，$\Delta_r H_{m,1}^\ominus = -393.5 kJ \cdot mol^{-1}$；

(2) $CO(g) + \dfrac{1}{2}O_2(g) \longrightarrow CO_2(g)$，$\Delta_r H_{m,2}^\ominus = -283.83 kJ \cdot mol^{-1}$；

求算反应 (3) $C(石墨) + \dfrac{1}{2}O_2(g) \longrightarrow CO(g)$ 的 $\Delta_r H_{m,3}^\ominus$。

解：因为反应 (3) = 反应 (1) - 反应 (2)，所以

$$\Delta_r H_{m,3}^\ominus = \Delta_r H_{m,1}^\ominus - \Delta_r H_{m,2}^\ominus$$
$$= -393.5 - (-283.83)$$
$$= -109.67 \ (kJ \cdot mol^{-1})$$

2.7.3 恒压热效应与恒容热效应

由于封闭系统中恒压热等于焓变，所以化学反应的摩尔恒压热效应 $Q_{p,m}$ 等于 $\Delta_r H_m$；恒容热等于热力学能变，所以摩尔恒容热效应 $Q_{V,m}$ 等于 $\Delta_r U_m$。

在恒温恒压且不做非体积功的条件下，化学反应有

$$\Delta_r H_m = \Delta_r U_m + p\Delta_r V_m \tag{2-30}$$

式中，$\Delta_r V_m$ 是恒温恒压下反应系统体积的变化量。

对于反应物和生成物中没有气体的凝聚系统反应，因为反应过程中系统体积变化很小，$p\Delta_r V_m$ 与 $\Delta_r U_m$ 相比可以忽略，所以

$$\Delta_r H_m \approx \Delta_r U_m \tag{2-31}$$

对于反应物和生成物中有气体的反应，由于气体的体积比固体、液体大得多，所以 $\Delta_r V_m$ 可看作是反应过程中气体体积的变化量。将气体视为理想气体，则有

$$\Delta_r H_m = \Delta_r U_m + RT\sum_B \nu(B,g) \tag{2-32}$$

式中，$\sum \nu(B,g)$ 是参加反应的气体物质的化学计量系数的代数和。

通常从各种手册上查到的都是 298.15K 时的 $\Delta_f H_m^\ominus$ 和 $\Delta_c H_m^\ominus$ 的数据，利

> 化学变化过程中由 $\Delta_r H_m$ 推导 $\Delta_r U_m$ 的计算

用这些数据只能计算出 298.15K 时反应的 $\Delta_r H_m^\ominus$。但在实际生产中，许多反应都是在更高的温度下进行的，为了计算其他温度下的反应热，必须知道 $\Delta_r H_m^\ominus$ 与温度 T 的关系。

1858 年基尔霍夫提出基尔霍夫公式，此式主要用于利用已知温度 298K 时的 $\Delta_r H_m^\ominus (298K)$ 计算另一温度 T 时的 $\Delta_r H_m^\ominus (T)$。

> 由 298K 温度下的 $\Delta_r H_m^\ominus$ 计算其他温度下的 $\Delta_r H_m^\ominus$

$$\Delta_r H_m^\ominus (T) = \Delta_r H_m^\ominus (298K) + \int_{T_1}^{T_2} \sum_B [\nu_B C_{p,m}^\ominus (B)] dT \qquad (2-33)$$

式中　　$\Delta_r H_m^\ominus (T)$——恒定温度 T 时标准状态下的摩尔反应焓，J·mol^{-1}；

　　　　$C_{p,m}^\ominus (B)$——反应组分 B 的标准摩尔恒压热容，J·K^{-1}·mol^{-1}；

　　　　ν_B——反应组分 B 的化学计量系数，无量纲；

　　　　T——热力学温度，K。

2.8　热力学第二定律

人类的无数经验已经证实，违背热力学第一定律的过程在自然界中是绝不可能发生的。然而，是否不违背热力学第一定律的过程都能进行呢？例如，热由低温物体流向高温物体也不违背热力学第一定律，但实际上，热总是自动地由高温物体流向低温物体。因此，热力学第一定律不能回答过程进行的方向，也不能回答一个过程将进行到什么程度，过程进行的方向和限度问题是由热力学第二定律解决的。

2.8.1　自发过程

人们从长期的实践经验中发现，自然界中所发生的一切变化过程，在一定的环境条件下总是朝着一定的方向进行的。例如，一般情况下，水总是从高处流向低处，热总是从高温物体流向低温物体，扩散总是从浓度高的地方向浓度低的方向进行。这些在一定条件下，不需要外力帮助就能自动发生的过程，称为*自发过程*。用抽水机可以将水由低处抽到高处，但这需要外力帮助，而不是自动的，所以水由低处流向高处的过程是非自发过程。自发过程的共同特征是：一切自发过程都有一定的变化方向，并且都是不会自动逆向进行的。概言之，自发过程是热力学的不可逆过程。

2.8.2　热力学第二定律的表述

热力学第二定律有多种说法，下面介绍最常用的两种说法。

① 克劳修斯说法（1850 年）：不可能把热从低温物体传到高温物体，而不留下任何其他变化。

② 开尔文说法（1851 年）：不可能从单一热源取热并使之全部变为功，而不留下任何其他变化。

后来，奥斯特瓦尔德又将开尔文表述法简述为：第二类永动机不可能实现（所谓第二类永动机，就是一种能连续不断地从单一热源取热，并使之全部转化为功而不产生其他任何变化的机器)。尽管热力学第二定律的种种叙述形式表面上不同,但是实质是一样的,都是说明过程的方向和限度,都反映了实际宏观过程的单向性,即不可逆性这一自然界的普遍规律。热力学第二定律真实地反映了人类赖以生存的自然界的客观规律。

2.8.3 熵的概念及物理意义

热力学第二定律的提出,为判断一切实际过程的方向提供了理论基础。然而,直接利用热力学第二定律的文字表述形式作为一切过程方向的判据是极不方便的,况且这一判断方法尚不能指示出过程将进行到何种程度为止。为此,科学家们从热力学第二定律导出了若干新的状态函数,并把它们作为判断过程方向和限度的依据。

(1) 熵的概念

在指定的始、终态之间,任意可逆过程的热温商相等,与所经历的途径无关,仅取决于系统的始、终态。这显然代表了某个状态函数的变化,克劳修斯把这个状态函数定义为熵,用符号 S 表示,并令

$$\Delta S = \int_A^B \left(\frac{\delta Q}{T}\right)_r \tag{2-34}$$

式中,ΔS 代表系统自始态 A 至终态 B 的熵变;δQ 为系统的可逆热;T 是可逆热为 δQ 时系统的温度;下标"r"代表可逆过程。

对于微小的变化过程,则

$$dS = \left(\frac{\delta Q}{T}\right)_r \tag{2-35}$$

和热力学能一样,熵也是热力学基本状态函数之一,是系统客观存在的一个宏观性质。对于一个确定的状态,有唯一确定的熵值与其对应。熵属于广度性质,具有加和性,其单位为 $J \cdot K^{-1}$。

(2) 熵的物理意义

热力学所研究的系统是由大量粒子(分子、原子或离子等)组成的宏观系统,系统的宏观性质,如温度、压力、热力学能等无一不是大量粒子微观性质的综合体现。

应用统计力学的方法,从微观运动形态出发进行研究,证明熵值与系统混乱程度之间存在如下函数关系:

$$S = k \ln \Omega \tag{2-36}$$

式(2-36)称为玻尔兹曼公式。式中,k 是玻尔兹曼常数;Ω 为混乱度。该定量关系表明,熵与系统内粒子热运动(包括移动、转动、振动等)的混乱程度有着密切的联系,随着混乱度的增大熵增大。

当一个系统的熵值增大,则表明该系统的混乱度增大,即系统的无序化程度增大。一切自发过程总的结果都是向着混乱度增加的方向进行,这就是热力学第二定律的本质,而作为系统混乱度量度的热力学函数——熵,正是反映了这种本质。

2.8.4 克劳修斯不等式及熵判据

（1）克劳修斯不等式

数学表达式

$$dS \geqslant \frac{\delta Q}{T} \quad \begin{pmatrix} > 不可逆 \\ = 可逆 \end{pmatrix} \quad (2\text{-}37a)$$

或

$$\Delta S \geqslant \int_A^B \frac{\delta Q}{T} \quad \begin{pmatrix} > 不可逆 \\ = 可逆 \end{pmatrix} \quad (2\text{-}37b)$$

式(2-37) 称为 克劳修斯不等式，它描述了封闭系统中任意过程的熵变与热温商之和在数值上的相互关系。克劳修斯不等式表明，一个封闭系统自始态 A 经历一个变化过程到达终态 B，若该过程的熵变等于该过程的热温商之和，则此过程为可逆过程；若该过程的熵变大于该过程的热温商之和，则此过程为不可逆过程。因此，当系统经历一个过程发生状态变化时，只要设法求得该过程的熵变与热温商之和，通过比较二者的大小，就能够知道该过程是否可逆或是否按指定的方向进行。故克劳修斯不等式可以看作是热力学第二定律的数学表达式。

（2）熵判据

将克劳修斯不等式应用于隔离系统，由于隔离系统与环境之间没有能量交换，即无功与热的交换。也就是说，在隔离系统中进行的任何过程，热均为零。另外，对于一个隔离系统来说，外界无法进行任何干扰，在这种任其自然的情况下系统发生的不可逆过程必定是自发过程。通常所说的过程的方向，就是指在一定条件下自发过程进行的方向；可逆意味着平衡，也就是过程的限度。因此，将克劳修斯不等式应用于隔离系统后，就最终解决了对过程的方向与限度的判别。即对于隔离系统有

$$\Delta S_{隔离} \geqslant 0 \begin{pmatrix} > 自发过程 \\ = 平衡 \end{pmatrix} \quad (2\text{-}38)$$

式(2-38) 称为 熵判据。它表明：在隔离系统中一切可能自发进行的过程必然是向着熵值增大的方向进行，直至系统的熵值达到最大，即系统达到平衡状态为止。在平衡状态时，系统的任何变化都一定是可逆过程，其熵值不再改变。隔离系统中绝不可能发生熵值减少的过程，此亦称为 熵增加原理。

2.8.5 熵变的计算

对于可逆过程的熵变，可以直接利用式(2-34) 进行计算；对于不可逆过程的熵变，根据熵 S 是状态函数，熵变 ΔS 与途径无关，在始态 A 与终态 B 之间设计一可逆过程，只要求出该可逆过程的热温商，即可求出熵变 ΔS。下面讨论几种具体过程中 ΔS 的计算方法。

2.8.5.1 单纯 pVT 变化过程

（1）恒温过程

① 理想气体恒温可逆过程：利用式(2-34) 有

$$\Delta S_T = \int_A^B \left(\frac{\delta Q}{T}\right)_r = \left(\frac{Q}{T}\right)_r \quad (2\text{-}39)$$

因理想气体恒温可逆过程中，$Q=-W$，则

$$Q=-W=nRT\ln\frac{V_2}{V_1}=nRT\ln\frac{p_1}{p_2}$$

于是式(2-39)可化为

$$\Delta S_T=nR\ln\frac{V_2}{V_1}=nR\ln\frac{p_1}{p_2} \tag{2-40}$$

② 理想气体恒温不可逆过程：对于理想气体来说，由同一始态出发，经恒温可逆过程和恒温不可逆过程能达到相同的终态，因此两过程的熵变 ΔS 相等。

【例2-8】2mol 理想气体 $N_2(g)$ 由 300K、10×10^5Pa 分别经下列过程膨胀到 300K、2×10^5Pa：（1）恒温可逆膨胀；（2）自由膨胀。计算这两个过程的 ΔS 并判断这两过程是否可逆。

解：根据题意，将系统的始、终状态及具体过程图示如下：

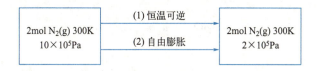

（1）恒温可逆过程，利用式(2-40)结合题给的具体条件进行计算

$$\Delta S_1=nR\ln\frac{p_1}{p_2}=2\times8.314\times\ln\frac{10\times10^5}{2\times10^5}=26.76\ (\text{J}\cdot\text{K}^{-1})$$

（2）自由膨胀外压等于 0，是一个不可逆过程，不能用过程的热温商计算熵变。由于其始、终态与过程（1）相同，故

$$\Delta S_2=\Delta S_1=26.76\ (\text{J}\cdot\text{K}^{-1})$$

在过程（1）中，由于系统与环境之间有功和热的交换，是非隔离系统，所以不能只根据该系统的熵变来判断过程是否可逆。在过程（2）中，由于理想气体自由膨胀时，$W=0$，$Q=0$，可以看作是隔离系统，又因该过程的 $\Delta S>0$，因此该过程是可以自发进行的不可逆过程。

③ 液体、固体恒温变化过程：T 一定时，当 p、V 变化不大时，液体、固体的熵变很小，其变化值可忽略，即 $\Delta S\approx0$。

（2）恒压过程

在恒压过程中，只要 $W'=0$，无论过程是否可逆，均可用下式计算过程的热，即

$$\delta Q_p=nC_{p,m}dT$$

代入式(2-34)得

$$\Delta S_p=\int_A^B\left(\frac{\delta Q}{T}\right)_r=n\int_{T_1}^{T_2}\frac{C_{p,m}dT}{T} \tag{2-41}$$

若 $C_{p,m}$ 可视为常量，则式(2-41)可化为

$$\Delta S_p=nC_{p,m}\ln\frac{T_2}{T_1} \tag{2-42}$$

式(2-42)对气体、液体、固体恒压下单纯温度变化过程均适用。

【例2-9】 2mol $H_2(g)$ 于恒压 101.325kPa 下向 300K 的大气散热，由 500K 降温至平衡。已知 $H_2(g)$ 的 $C_{p,m}=29.1 J\cdot K^{-1}\cdot mol^{-1}$，求此过程中 $H_2(g)$ 的 ΔS。

解：系统的始、终态图示如下

$$\Delta S = nC_{p,m}\ln\frac{T_2}{T_1} = 2\times 29.1\times \ln\frac{300}{500} = -29.73 \ (J\cdot K^{-1})$$

（3）恒容过程

在恒容过程中，只要 $W'=0$，无论过程是否可逆，均可用下式计算过程的热：

$$\delta Q_V = nC_{V,m}dT$$

代入式(2-34) 得

$$\Delta S_V = \int_A^B\left(\frac{\delta Q}{T}\right)_r = n\int_{T_1}^{T_2}\frac{C_{V,m}dT}{T} \tag{2-43}$$

若 $C_{V,m}$ 可视为常量，则式(2-43) 可化为

$$\Delta S_V = nC_{V,m}\ln\frac{T_2}{T_1} \tag{2-44}$$

式(2-44) 对气体、液体、固体恒容下的单纯温度变化过程均适用。

（4）理想气体 p、V、T 同时改变的过程

对于理想气体 p、V、T 同时改变的过程，可根据实际条件将恒温、恒压、恒容三个过程中的任意两个过程相组合，即可求出整个过程的 ΔS。若理想气体的 $C_{p,m}$、$C_{V,m}$ 可视为常量：

① 如恒温过程和恒容过程相组合，则

$$\Delta S = nC_{V,m}\ln(T_2/T_1) + nR\ln(V_2/V_1) \tag{2-45}$$

② 如恒温过程和恒压过程相组合，则

$$\Delta S = nC_{p,m}\ln(T_2/T_1) + nR\ln(p_1/p_2) \tag{2-46}$$

③ 如恒压过程和恒容过程相组合，则

$$\Delta S = nC_{p,m}\ln(V_2/V_1) + nC_{V,m}\ln(p_2/p_1) \tag{2-47}$$

（5）绝热过程

① 绝热可逆过程（又称为恒熵过程），

$$\Delta S = 0 \tag{2-48}$$

② 绝热不可逆过程，$\delta Q=0$，热温商 $\dfrac{\delta Q}{T}=0$，$\Delta S>0$，要计算 ΔS 的数值就必须在确定的始、终态之间设计一个可逆过程。由同一始态出发，经绝热可逆过程和绝热不可逆过程，达不到相同的终态。因此不可能在绝热不可逆过程的始、终态之间设计一个绝热可逆过程，而必须另找其他可逆过程加

以组合。通常将恒温、恒压、恒容三个过程中的任意两个过程组合在一起即可构成一个可逆过程。

【例2-10】 5mol $H_2(g)$ 由 25℃、10^5Pa 绝热压缩到 325℃、10^6Pa。已知 $H_2(g)$ 的 $C_{p,m}=29.1$ J·K^{-1}·mol^{-1}，求此过程中 $H_2(g)$ 的 ΔS。

解： 已知 $H_2(g)$ 的始态和终态，不知过程是否可逆，因此不能作为可逆过程处理。现设计恒压和恒温两个可逆过程加以组合，图示如下：

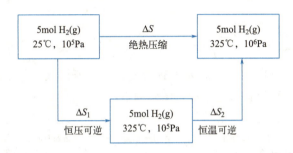

根据式(2-42)
$$\Delta S_1 = nC_{p,m}\ln\frac{T_2}{T_1} = 5\times29.1\times\ln\frac{598.15}{298.15} = 101.30 \text{ (J·K}^{-1}\text{)}$$

根据式(2-40)
$$\Delta S_2 = nR\ln\frac{p_1}{p_2} = 5\times8.314\times\ln\frac{10^5}{10^6} = -95.72 \text{ (J·K}^{-1}\text{)}$$

因此
$$\Delta S = \Delta S_1 + \Delta S_2 = 5.59 \text{ (J·K}^{-1}\text{)}$$

系统在上述绝热压缩过程中熵值增大了，说明该过程是不可逆过程。

2.8.5.2 相变化过程

（1）可逆相变过程

在相平衡条件下进行的相变过程是可逆的相变化过程。可逆的相变化过程是在恒温、恒压且 $W'=0$ 的条件下进行的，所以有 $Q_p = \Delta_\alpha^\beta H = n\Delta_\alpha^\beta H_m$，代入式(2-34) 得

$$\Delta_\alpha^\beta S = \frac{n\Delta_\alpha^\beta H_m}{T} \tag{2-49}$$

（2）不可逆相变过程

在非相平衡条件下进行的相变过程是不可逆相变化过程。不可逆相变化过程 ΔS 的计算是通过在指定的始、终态之间设计一个可逆过程，然后计算此可逆过程的 ΔS。由于始、终态确定后，状态函数的变化值 ΔS 与过程无关，故由可逆过程求得的 ΔS 也就是不可逆相变化过程的 ΔS。

【例2-11】 已知 H_2O 在正常凝固点时的摩尔熔化焓 $\Delta_s^l H_m = 6.01$ kJ·mol^{-1}，在 263.15~273.15K 的热容 $C_{p,m}(H_2O,s) = 37.60$ J·K^{-1}·mol^{-1}，$C_{p,m}(H_2O,l) = 75.30$ J·K^{-1}·mol^{-1}。试计算下列两个过程的 ΔS。

①在 273.15K、101.325kPa 下 2mol 水结冰；②在 263.15K、101.325kPa 下

2mol 水结冰。

解：① 过程为可逆相变过程，图示如下：

常压下，273.15K 是水的正常凝固点，所以该结冰过程是可逆相变过程，故

$$\Delta_l^s S = \frac{n\Delta_l^s H_m}{T} = -\frac{n\Delta_s^l H_m}{T} = -\frac{2\times 6.01}{273.15} \text{J}\cdot\text{K}^{-1} = -44.0 \text{ (J}\cdot\text{K}^{-1}\text{)}$$

② 常压下，263.15K 不是水的正常凝固点，所以该条件下的水结冰是不可逆相变过程，要设计可逆过程，图示如下：

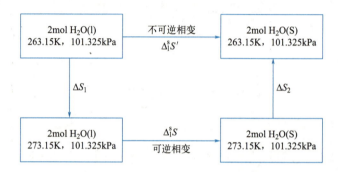

$$\Delta S_1 = nC_{p,m}(H_2O,l)\ln\frac{T_2}{T_1} = 2\times 75.30\times \ln\frac{273.15}{263.15} = 5.62 \text{ (J}\cdot\text{K}^{-1}\text{)}$$

$$\Delta_l^s S = -\frac{n\Delta_s^l H_m}{T} = -44.0 \text{ (J}\cdot\text{K}^{-1}\text{)}$$

$$\Delta S_2 = nC_{p,m}(H_2O,s)\ln\frac{T_2}{T_1} = 2\times 37.60\times \ln\frac{263.15}{273.15} = -2.80 \text{ (J}\cdot\text{K}^{-1}\text{)}$$

$$\Delta_l^s S' = \Delta S_1 + \Delta S_2 + \Delta_l^s S = -41.18 \text{ (J}\cdot\text{K}^{-1}\text{)}$$

特别指出，虽然该过程的 $\Delta S < 0$，但不能说明该过程不可能发生，因为这不是隔离系统，它不适用于熵判据。要对此过程进行判断，还必须重新划定大的隔离系统，另外计算环境的熵变。

2.8.5.3 化学变化过程

（1）标准摩尔熵

在标准状态和温度 T 时，1mol 纯物质的熵称为该物质的**标准摩尔熵**。用符号 $S_m^\ominus(B,\text{相态},298.15\text{K})$ 表示。

可以从附录四中查到部分物质在 25℃ 的标准摩尔熵 $S_m^\ominus(B,\text{相态},298.15\text{K})$。

（2）化学反应熵变的计算

在任意温度 T 时，对于任意的化学反应

$$a\text{A(g)} + b\text{B(s)} \rightleftharpoons y\text{Y(g)} + z\text{Z(s)}$$

$$\Delta_r S_m^{\ominus}(T) = y S_m^{\ominus}(Y,g) + z S_m^{\ominus}(Z,s) - a S_m^{\ominus}(A,g) - b S_m^{\ominus}(B,s) \quad (2-50)$$
$$= \sum_B \nu_B S_m^{\ominus}(B,相态)$$

【例2-12】 计算 25℃ 时反应 $CO(g) + 2H_2(g) \rightleftharpoons CH_3OH(g)$ 的 $\Delta_r S_m^{\ominus}$。已知 $CO(g)$、$H_2(g)$、$CH_3OH(g)$ 的 $S_m^{\ominus}$（298.15K）值分别为 197.67 J·K^{-1}·mol^{-1}、130.68 J·K^{-1}·mol^{-1} 和 239.80 J·K^{-1}·mol^{-1}。

解： $\Delta_r S_m^{\ominus} = S_m^{\ominus}(CH_3OH, g) - S_m^{\ominus}(CO, g) - 2 S_m^{\ominus}(H_2, g)$
$= 239.80 - 197.67 - 2 \times 130.68 = -219.23 \ (J \cdot K^{-1} \cdot mol^{-1})$

2.9 吉布斯函数

熵函数只适用于隔离系统中作为自发过程方向和限度的判据，但在处理具体问题时允许近似作为隔离系统的情况并不多见。另外，系统与环境的熵变计算也较烦琐。而化学反应和相变化一般是在恒温恒容或恒温恒压的条件下进行的。因此，为了在这两种特殊的条件下能够更方便、更简洁地判断过程的方向和限度，科学家们又定义了吉布斯函数。

2.9.1 吉布斯函数的定义

吉布斯函数是一个复合热力学函数，用符号 G 表示。G 的定义式为
$$G = H - TS = U + pV - TS$$

因为 H、T、S 都是系统的状态函数，故 G 也是状态函数。由于 H 的绝对值无法确定，因此吉布斯函数 G 的绝对值也不可知。T 和 S 的乘积具有能量的量纲，H 的单位是焦耳，故 G 也具有能量的量纲，其单位是焦耳（J）。

如果封闭系统经历一个恒温恒压且没有非体积功（即 $W' = 0$）的过程，封闭系统的吉布斯函数总是自动地从高向低进行，直到达到平衡。即

$$\Delta G_{T, p, W'=0} \leqslant 0 \begin{pmatrix} < 不可逆，自发 \\ = 可逆，平衡 \end{pmatrix} \quad (2-51)$$

2.9.2 吉布斯函数变化值的计算

2.9.2.1 理想气体

（1）理想气体恒温过程

封闭系统的恒温过程，根据定义式 $G = H - TS$，则有
$$\Delta G = \Delta H - T \Delta S \quad (2-52)$$

理想气体恒温过程 $\Delta H = 0$，$\Delta S = nR \ln \dfrac{p_1}{p_2} = nR \ln \dfrac{V_2}{V_1}$，代入式（2-52）得

$$\Delta G = -TnR \ln \dfrac{p_1}{p_2} = nRT \ln \dfrac{p_2}{p_1} = nRT \ln \dfrac{V_1}{V_2} \quad (2-53)$$

（2）理想气体恒压或恒容过程

根据吉布斯函数 G 是状态函数，再结合其定义式，则

$$\Delta G = \Delta H - \Delta(TS) = \Delta H - (T_2 S_2 - T_1 S_1) \qquad (2\text{-}54)$$

2.9.2.2 相变化过程

(1) 可逆相变化过程

由于可逆相变是在恒温恒压且 $W'=0$ 的条件下进行的,根据式(2-51)得

$$\Delta_\alpha^\beta G = 0 \qquad (2\text{-}55)$$

(2) 不可逆相变化过程

与计算不可逆相变过程的 $\Delta_\alpha^\beta S$ 相似,需要设计多步可逆途径计算。

【例2-13】 已知在 263.15K 时,$H_2O(l)$ 和 $H_2O(s)$ 的饱和蒸气压分别为 611Pa 和 552Pa。试计算下列两过程的 ΔG 并判断②过程能否自动发生。

① 273.15K,101.325kPa 下的 2mol 水结冰;

② 263.15K,101.325kPa 下的 2mol 水结冰。

解:① 过程是恒温恒压且不做非体积功的可逆相变过程,故有 $\Delta_l^s G = 0$。

② 该过程为不可逆相变过程,可以设计如下可逆途径:

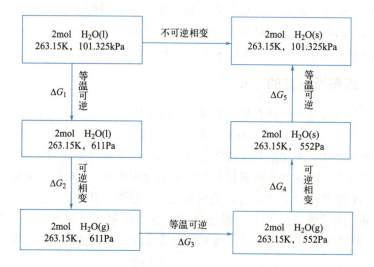

根据状态函数的性质,有

$$\Delta_l^s G' = \Delta G_1 + \Delta G_2 + \Delta G_3 + \Delta G_4 + \Delta G_5$$

ΔG_1 为液体恒温过程的 ΔG。从实验和理论均可证明,凝聚系统(即液体和固体)的 G 受压力的影响是很小的,在压力变化不大时,可被忽略。因此可以认为 $\Delta G_1 = 0$。同理,$\Delta G_5 = 0$。

ΔG_2 的过程为恒温恒压可逆蒸发过程,根据式(2-51),有 $\Delta G_2 = 0$。同理,对于恒温恒压可逆凝华过程,有 $\Delta G_4 = 0$。

ΔG_3 的过程为理想气体恒温可逆过程,根据式(2-53)

$$\Delta G_3 = nRT \ln \frac{p_2}{p_1} = 2 \times 8.314 \times 263.15 \times \ln \frac{552}{611} = -444 \text{ (J)}$$

于是

$$\Delta_l^s G' = \Delta G_3 = -444 \text{ (J)}$$

由于②过程是恒温恒压且 $W'=0$ 的过程,符合吉布斯函数判据的应用条件,故由 $\Delta G < 0$ 可判断,在 263.15K、101.325kPa 下,水可以自动结冰。

化学反应过程的 ΔG 计算详见模块 4 化学平衡。

2.10 节流膨胀与绝热可逆膨胀

2.10.1 节流膨胀

(1) 焦耳-汤姆孙实验

如图 2-6 所示，在一绝热圆筒中有两个绝热活塞，其中间置有一刚性多孔塞。实验前，作为研究对象的气体（T_1、p_1、V_1）全在多孔塞左侧[图 2-6(a)]，在维持左右两侧分压力分别保持 p_1、p_2（$p_1 > p_2$）不变的前提下，将左侧气体通过多孔塞逐渐压入其右侧[图 2-6(b)]，直至气体全部通过多孔塞[图 2-6(c)]。观察此过程系统温度的变化情况。

这种在绝热条件下，气体的始、末态压力分别保持恒定不变情况下的膨胀过程，称为节流膨胀。

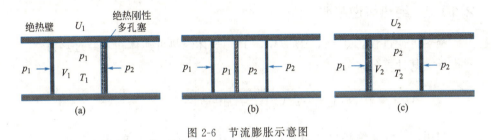

图 2-6 节流膨胀示意图

实际工业生产中，当稳定流动的气体在流动时突然受阻而使压力下降的情况，即可认为是节流膨胀。

上述焦耳-汤姆孙实验结果发现：当始态为室温、常压时，多数气体经节流膨胀后温度下降，产生制冷效应；而氢、氦等少数气体经节流膨胀后温度却升高，产生制热效应。实验还发现，各种气体在压力足够低时，经节流膨胀后温度基本不变。

(2) 节流膨胀的热力学特征

节流膨胀过程因为绝热，$Q=0$，所以 $U_2 - U_1 = \Delta U = W$。

过程的功由两部分组成：①左侧活塞运动至多孔塞处的过程中，环境对系统做功，

$$W_1 = -p_1 \Delta V = p_1 V_1 \quad (\Delta V = 0 - V_1 = -V_1)$$

②气体通过小孔膨胀，对环境作功为：

$$W_2 = -p_2 \Delta V = -p_2 V_2 \quad (\Delta V = V_2 - 0 = V_2)$$

系统净功的变化应该是两个功的代数和。

$$W = W_1 + W_2 = p_1 V_1 - p_2 V_2$$

即 $\qquad U_2 - U_1 = p_1 V_1 - p_2 V_2$

移项 $\qquad U_2 + p_2 V_2 = U_1 + p_1 V_1$

即 $H_2 = H_1$，节流过程的特点是恒焓。

节流膨胀过程

分析节流膨胀的热力学特征

$$\mu_{J\text{-}T} = \left(\frac{\partial T}{\partial p}\right)_H$$

$\mu_{J\text{-}T}$ 称为焦-汤系数，它表示经节流过程后，气体温度随压力的变化率。$\mu_{J\text{-}T}$ 是系统的强度性质。因为节流过程的 $dp<0$，所以当：

$\mu_{J\text{-}T} > 0$，经节流膨胀后，气体温度降低；

$\mu_{J\text{-}T} < 0$，经节流膨胀后，气体温度升高；

$\mu_{J\text{-}T} = 0$，经节流膨胀后，气体温度不变。

$|\mu_{J\text{-}T}|$ 越大，表明其制冷或制热效应能力越强。表 2-1 为几种气体在 0℃、100kPa 下的 $\mu_{J\text{-}T}$ 值。

表 2-1 几种气体在 0℃、100kPa 下的 $\mu_{J\text{-}T}$ 值

气体	He	Ar	N_2	CO	CO_2	空气
$\mu_{J\text{-}T}/10^{-6} K \cdot Pa^{-1}$	-0.62	4.31	2.67	2.95	12.9	2.75

2.10.2 绝热可逆膨胀

分析绝热可逆膨胀的热力学特点

绝热可逆过程：$Q=0$，$\Delta U = W$，理想气体绝热可逆体积功经过热力学公式推导，其计算公式为

$$W = -\int_{V_1}^{V_2} p\,dV = -p_1 V_1^\gamma \int_{V_1}^{V_2} \frac{1}{V^\gamma} dV = \frac{p_1 V_1^\gamma}{\gamma - 1}\int_{V_1}^{V_2}\left(\frac{1}{V_2^{\gamma-1}} - \frac{1}{V_1^{\gamma-1}}\right)$$

利用该式计算绝热可逆过程的体积功比较烦琐，简便的方法如下：因为绝热过程 $W = \Delta U$，故可通过计算过程的 ΔU 计算 W，即有

$$W = \Delta U = nC_{V,m}(T_2 - T_1)$$

因为是可逆过程，根据下式：

$$\Delta S \geqslant \int \frac{\delta Q}{T} \begin{cases} > \text{不可逆} \\ = \text{可逆} \\ < \text{不可能发生} \end{cases}$$

绝热可逆过程的 $\Delta S = 0$，是一个恒熵的过程。

> **拓展知识**
>
> **储能的概念及分类**
>
> 储能，顾名思义就是储存能量，指通过介质或者设备把一种能量形式存储起来，并根据应用需要以特定能量形式释放出来的循环过程。
>
> 习近平总书记在第 75 届联合国大会一般性辩论上作出我国将力争于 2030 年前实现碳达峰，努力争取 2060 年前实现碳中和的重大宣示。党的二十大报告明确提出，实现碳达峰碳中和是一场广泛而深刻的经济社会系统性变革。在"碳达峰、碳中和"目标背景下，清洁能源替代是实现碳排放指标的唯一出路，清洁能源占比逐步提升，储能成为新能源替代的关键，与新能源互补发展，提升能源系统灵活性、安全性。

储能作为重要的新兴产业，突破"即发即用、不能存储"瓶颈，满足生产生活用能需求。根据能量存储形式，储能技术主要分为物理储能、电化学储能、热储能和氢（氨）储能等。物理储能是以蓄水储能、压缩空气储能、飞轮储能等为代表的机械储能，其中蓄水储能和压缩空气储能适用于大规模长周期储能。电化学储能是将电能储存在锂离子电池、铅酸电池、钠硫电池等能源转化装置中，适合短时储能。热储能是将热能储存在隔热容器媒介中，进而实现热能的直接利用或热发电。氢（氨）储能是一种新型储能技术，是将电能以常见化学品（如氢、氨等）的形式存储起来。

储能作为重要的新兴产业，是构建新型电力系统、实现"双碳"目标的支撑力量。相信在国家大力支持下，我国新型储能技术将不断取得新的进步，发挥越来越重要的作用，为提高可再生能源比例、实现能源绿色低碳转型等注入强劲能量，助力高质量发展。

车间课堂

热力学第一定律与第二定律在化工生产中的应用

一、化工生产中的气体做功

（1）气体典型的压缩过程

① 恒温压缩：指压缩过程中，温度保持不变，即 $T=$ 常数。

② 绝热压缩：指压缩过程中，与外界绝热，无热损失存在。

③ 多变压缩：指压缩过程中，与外界有热量交换，有热损失存在。

在多级压缩过程中，气体经过压缩后压力增大，同时由于压缩过程环境对系统做功，系统热力学能增大，气体温度将升高，而在下一级压缩中压缩温度高的气体功耗将增大。从理论上讲，气体恒温压缩功耗较小，因此，对于多级压缩，在分段压缩过程中需要设置中间冷却器来降温，从而使压缩过程气体在接近恒温条件下进行，降低压缩功耗。

（2）气体膨胀做功

① 汽轮机：高温高压蒸气经入口管进入汽轮机内，在机内叶轮处膨胀做功，焓值下降，温度、压力下降，把蒸气的热能、压力能转化为汽轮机转子转动的机械能，通过联轴器带动被动机（空压机、增压机、氮压机）旋转。

② 透平膨胀机：是一种旋转式制冷机械，当具有一定压力的气体进入蜗壳后，被分配到导流器中，导流器上装有可调的喷嘴叶片，气体在喷嘴中将内部的能量转换成流动的动能，压力、焓降低，流速增高；当高速气流冲到叶轮的叶片上时，推动叶轮旋转，将动能转化为机械能，通过转子的轴驱动增压机对外做功。

二、气体液化时的制冷原理

在空气分离过程中，需将空气液化，空分设备的温度一般控制在 $-170 \sim -193$℃。工业上空气液化常用两种方法获得低温，即节流膨胀制冷和绝热膨胀制冷。

(1) 节流膨胀制冷

通过热力学分析可知，节流膨胀过程是恒焓过程，空气经过节流膨胀后温度会降低，出现制冷效应。但是节流膨胀的降温很小，制冷量也很少，所以室温下的空气通过节流膨胀不可能液化，必须在接近液化温度的低温下采用节流膨胀，空气才有可能液化。因此，以节流膨胀为基础的液化循环必须使空气预冷，常采用逆流换热器回收冷量预冷空气。单一的节流膨胀制冷要经过多次节流，回收恒焓节流膨胀制冷量预冷加工空气，使节流膨胀前的温度逐步降低，其制冷量也逐渐增加，直至逼近液化温度，产生液化空气。

(2) 绝热可逆膨胀制冷

由于以节流膨胀为基础的液化循环降温小、制冷量少、节流过程不可逆、能量损失很大并无法回收，而采用恒熵膨胀气体工质对外做功，能够有效地提高循环的经济性，因此，后面提出了膨胀机膨胀和节流膨胀相结合的液化循环过程。

目前，利用膨胀机进行绝热可逆膨胀是空气分离获取冷量的主要方法，它的制冷量占空分整个冷量的80%~90%。其主要原理是利用有一恒压力的气体在透平膨胀机内进行绝热膨胀，并对外做功而消耗气体本身的热力学能，也就是说把气体内部的能量抽出一部分而对外做功，从而使气体温度冷却而达到制冷的目的。气体在膨胀机内膨胀时，气体推动叶轮旋转对外做功，而且膨胀过程进行得很快，没有和外界进行热量交换，是一个绝热膨胀过程。根据能量守恒定律输出的外功只能通过减少气体的能量来维持平衡，使得气体分子运动的动能急剧减少，反映为温度下降。

因此，膨胀机膨胀时，气体温度降低不仅是由于压力降低，分子的位能增加而使分子的动能减少，更重要的是由于对外做功。

绝热可逆过程：$Q=0$，$\Delta S=0$，是一个恒熵的过程。

三、流体的节流过程

在化工生产中还存在高压流体的节流过程。当流体在管道内流过一个缩孔或一个阀门时，流体受到阻碍，在阀门处产生漩涡、碰撞、摩擦。流体要流过阀门，必须克服这些阻力，表现在阀门后的压力比阀门前的压力低得多。这种节流过程，不但使流体的压力大大降低，流体的温度也会下降。

其热力学特点为：节流过程中，由于时间很短，流体既未对外输出功，也没有与外界进行热量交换。根据能量守恒定律，节流前后的流体内部的总能量（焓）应保持不变。焓的组成有三部分能量：分子运动的动能、分子相互作用的位能、流动能。因节流后压力降低，体积增大，分子之间的距离增加，分子相互作用的位能增大。而流动能一般变化不大，所以，只能靠减小分子运动的动能来转换成位能。分子的运动速度减慢，表现出温度降低。在空分设备中，遇到的节流均是这种情况。节流前的温度越低，节流前后压差越大，节流降温效果越好。

要点归纳

1. 热力学第一定律

(1) 热：系统与环境之间由于存在温度差而引起的能量传递形式，以符号 Q 表示。

系统从环境吸热，$Q>0$；系统向环境放热，$Q<0$。

(2) 功：除热以外，系统与环境之间进行的其他形式的能量交换，以符号 W 表示。

系统从环境得功，$W>0$；系统对环境做功，$W<0$。

体积功 W：系统在外压力作用下，体积发生改变时与环境交换的功。

计算体积功的基本公式：$W = -\int_{V_1}^{V_2} p_{外} \, \mathrm{d}V$

① 自由膨胀过程 $W=0$

② 恒容过程 $W=0$

③ 恒压过程 $W=-p(V_2-V_1)$

④ 恒外压过程 $W=-p_{外}(V_2-V_1)$

⑤ 理想气体恒温可逆过程 $W=-nRT\ln\dfrac{V_2}{V_1}=-nRT\ln\dfrac{p_1}{p_2}$

非体积功：除体积功之外的所有其他功（如机械功、电功、表面功等）都称为非体积功，用符号 W' 表示。

(3) 热力学能：系统所有微观粒子的能量总和，以符号 U 表示。

(4) 热力学第一定律：$\Delta U = Q + W$

2. 焓、热熔、热的计算

(1) 焓：$H = U + pV$

(2) $C_{V,m}$ 的定义式：$C_{V,m} = \dfrac{1}{n} \times \dfrac{\delta Q_V}{\mathrm{d}T}$

$C_{p,m}$ 的定义式：$C_{p,m} = \dfrac{1}{n} \times \dfrac{\delta Q_p}{\mathrm{d}T}$

(3) 恒容热 $Q_V = \Delta U$，$\Delta U = Q_V = nC_{V,m}(T_2-T_1)$

恒压热 $Q_p = \Delta H$，$\Delta H = Q_p = nC_{p,m}(T_2-T_1)$

3. 热力学第一定律主要计算类型

(1) 理想气体单纯 pVT 变化过程

$$\Delta U = n\int_{T_1}^{T_2} C_{V,m}\mathrm{d}T = nC_{V,m}(T_2-T_1)$$

$$\Delta H = n\int_{T_1}^{T_2} C_{p,m}\mathrm{d}T = nC_{p,m}(T_2-T_1)$$

① 理想气体恒温恒外压过程

$$\Delta U = \Delta H = 0 \quad Q = -W$$
$$W = -p_{外}(V_2-V_1)$$

② 理想气体恒温可逆过程

$$\Delta U = \Delta H = 0 \quad Q = -W$$

$$W = -nRT\ln\frac{V_2}{V_1} = -nRT\ln\frac{p_1}{p_2}$$

③ 恒容过程

$$W = -\int_{V_1}^{V_2} p_{外}\,dV = 0$$

$$Q_V = nC_{V,m}(T_2 - T_1)$$

$$\Delta U = Q_V$$

$$\Delta H = nC_{p,m}(T_2 - T_1)$$

④ 恒压过程

$$W = -p_{外}(V_2 - V_1) \text{ 或 } W = -nR(T_2 - T_1)$$

$$Q_p = nC_{p,m}(T_2 - T_1)$$

$$\Delta H = Q_p$$

$$\Delta U = Q + W \text{ 或 } \Delta U = nC_{V,m}(T_2 - T_1)$$

⑤ 绝热过程

$$Q = 0 \quad \Delta U = W$$

$$\Delta U = nC_{V,m}(T_2 - T_1)$$

$$\Delta H = nC_{p,m}(T_2 - T_1)$$

(2) 凝聚系统 pVT 变化过程

$$C_{V,m} \approx C_{p,m} \quad W \approx 0$$

$$Q \approx \Delta U \approx \Delta H = nC_{p,m}(T_2 - T_1)$$

(3) 可逆相变化过程

$$Q_p = \Delta_\alpha^\beta H = n\,\Delta_\alpha^\beta H_m$$

① 对于始、终态都是凝聚相的可逆相变过程，$W = 0$；

$$\Delta U = Q = \Delta H = n\Delta_\alpha^\beta H_m$$

② 对于有气体参与的可逆相变过程

$$W = \pm nRT, \Delta U = n\Delta_\alpha^\beta H_m \pm nRT$$

当由气相转变为凝聚相时，取"＋"；当由凝聚相变为气相时，取"－"。

(4) 化学变化过程

① 298.15K 时的化学反应

$$\Delta_r H_m^\ominus(T) = \sum_B \nu_B \Delta_f H_m^\ominus(B,相态,T)$$

$$\Delta_r H_m^\ominus(T) = -\sum_B \nu_B \Delta_c H_m^\ominus(B,相态,T)$$

利用盖斯定律求算 $\Delta_r H_m^\ominus(T)$

② 非 298.15K 时的化学反应

$$\Delta_r H_m^\ominus(T_2) = \Delta_r H_m^\ominus(298K) + \int_{T_1}^{T_2} \sum_B \nu_B C_{p,m}^\ominus(B) dT$$

③ 恒压热效应与恒容热效应关系

$$\Delta_r H_m = \Delta_r U_m + RT \sum_B \nu(B,g)$$

4. 热力学第二定律

(1) 熵的定义式 $\Delta S = \int_A^B \left(\dfrac{\delta Q}{T}\right)_r$ 或 $dS = \left(\dfrac{\delta Q}{T}\right)_r$

(2) 克劳修斯不等式即热力学第二定律的数学表达式

$$dS \geqslant \dfrac{\delta Q}{T} \quad \begin{pmatrix} > 不可逆 \\ = 可逆 \end{pmatrix} \quad 或 \quad \Delta S \geqslant \int_A^B \dfrac{\delta Q}{T} \quad \begin{pmatrix} > 不可逆 \\ = 可逆 \end{pmatrix}$$

5. 过程方向和限度的判据

(1) 熵判据 $\quad \Delta S_{隔离} \geqslant 0 \begin{pmatrix} > 自发过程 \\ = 平衡 \end{pmatrix}$

(2) 吉布斯函数判据

$$\Delta G_{T,p,W'=0} \leqslant 0 \begin{pmatrix} < 不可逆, 自发 \\ = 可逆, 平衡 \end{pmatrix}$$

6. 热力学第二定律主要计算题类型

熵变 ΔS 的计算

(1) 单纯 pVT 变化过程

① 理想气体恒温可逆过程

$$\Delta S_T = nR \ln \dfrac{V_2}{V_1} = nR \ln \dfrac{p_1}{p_2}$$

② 理想气体恒温不可逆过程：对于理想气体来说经恒温可逆过程和恒温不可逆过程能达到相同的终态，因此两过程的熵变 ΔS 相等。

③ 液体、固体恒温变化过程 $\quad \Delta S \approx 0$

④ 恒压过程且 $W' = 0$

$$\Delta S_p = \int_A^B \left(\dfrac{\delta Q}{T}\right)_r = n\int_{T_1}^{T_2} \dfrac{C_{p,m} dT}{T} \quad \Delta S_p = nC_{p,m} \ln \dfrac{T_2}{T_1}$$

⑤ 恒容过程且 $W' = 0$

$$\Delta S_V = \int_A^B \left(\dfrac{\delta Q}{T}\right)_r = n\int_{T_1}^{T_2} \dfrac{C_{V,m} dT}{T}$$

$$\Delta S_V = nC_{V,m} \ln \dfrac{T_2}{T_1}$$

⑥ 理想气体 p、V、T 同时改变的过程

恒温+恒容过程： $\Delta S = nC_{V,m} \ln(T_2/T_1) + nR \ln(V_2/V_1)$

恒温+恒压过程： $\Delta S = nC_{p,m} \ln(T_2/T_1) + nR \ln(p_1/p_2)$

恒压+恒容过程： $\Delta S = nC_{p,m} \ln(V_2/V_1) + nC_{V,m} \ln(p_2/p_1)$

⑦ 绝热过程　绝热可逆过程，$\Delta S = 0$；
　　　　　　绝热不可逆过程，设计可逆过程。

(2) 相变化过程

可逆相变过程：$\Delta_\alpha^\beta S = \dfrac{n\Delta_\alpha^\beta H_m}{T}$；

不可逆相变过程：设计可逆过程。

(3) 化学变化过程

$\Delta_r S_m^\ominus(T) = y S_m^\ominus(Y,g) + z S_m^\ominus(Z,s) - a S_m^\ominus(A,g) - b S_m^\ominus(B,s)$
$\qquad = \sum \nu_B S_m^\ominus(B, 相态)$

吉布斯函数变化值 ΔG 的计算

(1) 理想气体

① 理想气体恒温过程　$\Delta G = nRT \ln \dfrac{p_2}{p_1} = nRT \ln \dfrac{V_1}{V_2}$

② 理想气体恒压或恒容过程　$\Delta G = \Delta H - \Delta(TS) = \Delta H - (T_2 S_2 - T_1 S_1)$

(2) 相变化过程

① 可逆相变化过程，$\Delta_\alpha^\beta G = 0$；

② 不可逆相变化过程，设计可逆过程。

目标检测

一、填空题

1. 根据体系和环境之间_____和_____的交换情况，可将体系分为_____、_____、_____。

2. 系统热力学能增加，ΔU _____ 0；系统热力学能减小，ΔU _____ 0（填>、=或<）。

3. 改变系统热力学能的两种途径分别是_____和_____。

4. 热力学第一定律的数学表达式为 $\Delta U =$ _____。

5. 系统从环境吸热，Q _____ 0；系统向环境放热，Q _____ 0（填>、=或<）。

6. 系统对环境做功，W _____ 0；环境对系统做功，W _____ 0（填>、=或<）。

7. 理想气体自由膨胀过程中 $W =$ _____。

8. 理想气体恒容过程中，$W =$ _____；绝热过程中，$Q =$ _____。

9. 理想气体恒温过程中，$\Delta U =$ _____，$\Delta H =$ _____，$Q =$ _____。

10. 10mol 的 NO_2（g），从始态变化到终态，系统与环境交换了 $Q = -270$ kJ，$W = 120$ kJ，整个过程系统的 $\Delta U =$ _____ kJ。

11. 双原子分子理想气体的 $C_{V,m} =$ _____，则其 $C_{p,m} =$ _____；单原子理想气体 $C_{p,m} =$ _____，$C_{V,m} =$ _____；同种理想气体的 $C_{p,m}$ 与

$C_{V,m}$ 之间的关系为：_____。

12. 某化学反应在恒压、绝热和只做体积功的条件下进行，系统的温度由 T_1 升高至 T_2，则此过程的焓变 ΔH _____ 0；如果这一反应在恒温、恒压和只做体积功的条件下进行，则其焓变 ΔH _____ 0（填>、=或<）。

13. 判断下列过程中的 Q、W、ΔU、ΔH 是正值、负值还是零？（正值填"+"，负值填"-"，等于零填"0"）

过程	Q	W	ΔU	ΔH
理想气体恒温可逆压缩				
理想气体向真空膨胀				
理想气体绝热可逆压缩				
$H_2O(l, p, 373.15K) \longrightarrow H_2O(g, p, 373.15K)$				

14. 气体经绝热不可逆膨胀过程 ΔS _____ 0，气体经绝热不可逆压缩过程的 ΔS _____ 0（填>、=或<）。

15. 下列过程中 ΔU、ΔH、ΔS、ΔG 何者为零？

（1）理想气体自由膨胀过程_____；

（2）$H_2(g)$ 和 $Cl_2(g)$ 在绝热钢瓶中反应生成 $HCl(g)$ 的过程_____；

（3）在 0℃、101.325kPa 下，水结成冰的过程_____。

16. 10mol 液态苯在其指定外压的沸点下，全部蒸发为苯蒸气，此过程的 ΔS _____ 0，ΔG _____ 0（填>、=或<）。

17. 一定量的理想气体在 300K 下由始态恒温变化到终态，此过程吸热 1000J，$\Delta S = 10 J \cdot K^{-1}$。据此可判断此过程为_____（填可逆或不可逆）。

18. 理想气体的恒温可逆膨胀，系统对环境做_____功；理想气体的恒温可逆压缩过程，环境对系统做_____功（填最大或最小）。

19. 纯物质、完美晶体、0K 时的熵值为_____。

20. 在恒温、恒压且 $W' = 0$ 时，任何一个自发的变化过程 ΔG _____ 0（填>、=或<）。

二、选择题

1. 下列关于功和热的说法正确的是（　　）。

A. 都是途径函数，无确定的变化途径就无确定的数值

B. 都是途径函数，对应某一状态有一确定值

C. 都是状态函数，变化量与途径无关

D. 都是状态函数，始、终态确定其值也确定

2. 在一绝热的钢壁容器中，发生化学反应使系统的温度和压力都升高，则（　　）。

A. $Q > 0, W > 0, \Delta U > 0$　　B. $Q = 0, W < 0, \Delta U < 0$

C. $Q > 0, W = 0, \Delta U > 0$　　D. $Q = 0, W = 0, \Delta U = 0$

3. 当理想气体反抗恒定的压力做绝热膨胀时，则（　　）。
   A. 焓保持不变　　　　　　　　B. 热力学能总是减少
   C. 焓总是增加　　　　　　　　D. 热力学能总是增加

4. 一封闭系统，从始态出发经一循环过程后回到始态，则下列函数为零的是（　　）。
   A. Q　　　　B. W　　　　C. $Q+W$　　　　D. $Q-W$

5. 在温度 T 时反应 $C_2H_5OH(l)+3O_2(g) \Longrightarrow 2CO_2(g)+3H_2O(l)$ 的 $\Delta_r H_m$ 与 $\Delta_r U_m$ 的关系为（　　）。
   A. $\Delta_r H_m > \Delta_r U_m$　　　　　B. $\Delta_r H_m < \Delta_r U_m$
   C. $\Delta_r H_m = \Delta_r U_m$　　　　　D. 无法确定

6. 水的三相点附近，其汽化焓和熔化焓分别为 $44.82 kJ \cdot mol^{-1}$ 和 $5.994 kJ \cdot mol^{-1}$。则在三相点附近，冰的升华焓约为（　　）。
   A. $38.83 kJ \cdot mol^{-1}$　　　　　B. $50.81 kJ \cdot mol^{-1}$
   C. $-38.83 kJ \cdot mol^{-1}$　　　　D. $-50.81 kJ \cdot mol^{-1}$

7. 在封闭系统中 $W=0$ 时的恒温恒压化学反应，可用来计算系统熵变的是（　　）。
   A. $\Delta S = \dfrac{Q}{T}$　　　　　　　B. $\Delta S = \dfrac{\Delta_r H}{T}$
   C. $\Delta S = \dfrac{\Delta_r H - \Delta_r G}{T}$　　　D. $\Delta S = nRT \ln \dfrac{V_2}{V_1}$

8. 某一化学反应的 $\Delta_r C_{p,m} < 0$，则该反应的 $\Delta_r H_m^{\ominus}$ 随温度的升高而（　　）。
   A. 增大　　　　B. 减小　　　　C. 不变　　　　D. 无法确定

9. 在 $0^{\circ}C$、$101.325 kPa$ 下，过冷的液体苯凝固成固体苯，则此过程的（　　）。
   A. $\Delta S_{系统} > 0$　　　　　　　B. $\Delta S_{系统} + \Delta S_{环境} > 0$
   C. $\Delta S_{环境} < 0$　　　　　　　D. $\Delta S_{系统} + \Delta S_{环境} < 0$

10. $H_2(g)$ 和 $O_2(g)$ 在绝热钢瓶中反应生成水，系统的温度升高了，此时下列各式正确的是（　　）。
    A. $\Delta_r H = 0$　　B. $\Delta_r S = 0$　　C. $\Delta_r G = 0$　　D. $\Delta_r U = 0$

11. 1mol 300K、100kPa 的理想气体在恒定外压 10kPa 的条件下，恒温膨胀到体积为原来的 10 倍，此过程的 ΔG 为（　　）。
    A. 0　　　　B. 19.1J　　　　C. 5743J　　　　D. $-5743J$

三、计算题

1. 5mol 理想气体由始态 $t_1 = 25^{\circ}C$、$p_1 = 101.325 kPa$、体积为 V_1 恒温反抗恒定的环境压力膨胀至 $V_2 = 2V_1$，$p_{外} = 0.5 p_1$。求此过程系统所做的功。

2. 8mol 理想气体从 $37^{\circ}C$ 恒压加热到 $237^{\circ}C$，求此过程的 Q、W、ΔU 和 ΔH。已知 $C_{p,m} = 30 J \cdot mol^{-1} \cdot K^{-1}$。

3. $5mol N_2$（理想气体）在 300K 时，自 100kPa 恒温可逆膨胀到 10kPa，计算该过程的 ΔU、ΔH、Q、W。

4. 容积为 200dm³ 的容器中某理想气体始态为 20℃、$2.5×10^5$Pa，恒容下加热该气体至 80℃，求此过程 ΔU、ΔH、Q、W（已知该气体的 $C_{p,m}=1.4C_{V,m}$）。

5. 已知 100℃、101.325kPa 时，1mol 水全部蒸发成水蒸气时吸热 40.67kJ。试求 100℃、101.325kPa 下 1mol 水变成同温 40.530kPa 的水蒸气的 ΔU 及 ΔH。

6. 将 298K、101.325kPa 的 1mol 水变成 303.975kPa、406K 的 1mol 饱和蒸汽（可视为理想气体），计算该过程的 ΔU 及 ΔH。已知：$\overline{C}_{p,m}(H_2O,l)=75.31$J·mol⁻¹·K⁻¹，$\overline{C}_{p,m}(H_2O,g)=33.56$J·mol⁻¹·K⁻¹，水在 100℃、101.325kPa 下的 $\Delta_{vap}H_m(H_2O)=40.67$kJ·mol⁻¹。

7. 利用附录四中 $\Delta_f H_m^\ominus$（298.15K）的数据，求下列反应的 $\Delta_r H_m^\ominus$（298.15K）及 $\Delta_r U_m^\ominus$（298.15K）。

(1) $C_2H_4(g)+H_2O(g) \longrightarrow C_2H_5OH(l)$；

(2) $4NH_3(g)+5O_2(g) \longrightarrow 4NO(g)+6H_2O(g)$；

(3) $Fe_2O_3(s)+3CO(g) \longrightarrow 2Fe(s)+3CO_2(g)$。

8. 已知以下各物质在 25℃时的标准摩尔生成焓分别为：$\Delta_f H_m^\ominus(C_2H_4,g)=52.292$kJ·mol⁻¹，$\Delta_f H_m^\ominus(H_2O,g)=-241.825$kJ·mol⁻¹，$\Delta_f H_m^\ominus(C_2H_5OH,g)=-235.31$kJ·mol⁻¹，求反应 $C_2H_4(g)+H_2O(g)\Longrightarrow C_2H_5OH(g)$ 在 25℃时的标准摩尔反应焓 $\Delta_r H_m^\ominus$。

9. 已知 298.15K 及标准状态下 $C_3H_8(g)$、C（石墨）、$H_2(g)$ 的 $\Delta_c H_m^\ominus$ 分别为 -2219.9kJ·mol⁻¹、-393.51kJ·mol⁻¹、-285.83kJ·mol⁻¹，求 298.15K 时 $C_3H_8(g)$ 的标准摩尔生成焓 $\Delta_f H_m^\ominus$。

10. 已知 298.15K 下萘的标准摩尔生成焓 $\Delta_f H_m^\ominus=78.8$kJ·mol⁻¹，求萘在 298.15K 下的标准摩尔燃烧焓 $\Delta_c H_m^\ominus$。其他数据查附录四。

11. 已知 $CH_3COOH(g)$、$CO_2(g)$、$CH_4(g)$ 的平均摩尔定压热容 $\overline{C}_{p,m}$ 分别为 52.3J·mol⁻¹·K⁻¹、31.4J·mol⁻¹·K⁻¹、37.71J·mol⁻¹·K⁻¹，试求反应 $CH_3COOH(g)\longrightarrow CO_2(g)+CH_4(g)$ 的标准摩尔反应焓 $\Delta_r H_m^\ominus$（1000K）。

$$CH_4(g)+CO_2(g) \longrightarrow H_2O(g)+O_2(g)$$

12. 计算 1mol 水经下列相变过程的 ΔG，H_2O(l, 298K, 101.3kPa)→H_2O(g, 298K, 101.3kPa)。在上述条件下水和水蒸气哪个稳定？已知 298K 水的蒸气压为 3.167kPa，水的摩尔体积为 $0.018×10^{-3}$m³，假设水蒸气为理想气体。

13. 将一块重 6kg 的铁从 1150℃的大烘炉中取出，放入 20℃的大气中冷却到常温，计算此过程的 ΔS。已知铁的热容 $\overline{C}_{p,m}=25.1$J·mol⁻¹·K⁻¹，摩尔质量 $M=55.85$g·mol⁻¹。

14. 4.0mol 理想气体从始态（0℃，101325Pa）反抗恒定外压力 101325Pa 恒温膨胀到平衡态，终态气体的体积等于气态始态体积的 10 倍。试求此过程的 Q、W、ΔU、ΔH、ΔS 和 ΔG。

模块 3

多组分系统热力学与相平衡

【学习目标】

❖ **知识目标**

1. 掌握相律公式及其应用。
2. 掌握单组分系统相图及克劳修斯-克拉佩龙方程。
3. 理解并掌握拉乌尔定律和亨利定律。
4. 掌握稀溶液的依数性及其应用。
5. 掌握理想液态混合物的蒸气压、气相组成以及液相组成的有关计算。
6. 掌握理想液态混合物及真实液态混合物的压力-组成图和温度-组成图，学会分析图中线、区的意义。
7. 理解精馏原理。
8. 掌握液态完全不互溶系统的特点与水蒸气蒸馏的应用。
9. 掌握分配定律和萃取原理。

❖ **技能目标**

1. 能够进行单组分系统饱和蒸气压随温度变化的定量计算。
2. 能够分析多组分液体混合物气液两相平衡时饱和蒸气压与组成的关系。
3. 能够利用亨利定律分析化工单元操作中的吸收和解吸过程。
4. 能够利用稀溶液的依数性原理解释生活和生产中的相关问题。
5. 能够运用精馏原理分离液态混合物。
6. 能够运用吸收和解吸原理分离气体混合物。

❖ **素质目标**

1. 树立"厚基础、高标准、严要求"的学习理念。
2. 培养安全生产、清洁生产和经济生产意识。
3. 培养科学思辨、客观理性、求真求实、精益求精的工作精神。

在化工生产中，分析气体混合物和液体混合物时离不开吸收、蒸馏、结晶、萃取等各种单元操作，而这些单元操作过程的理论基础就是多组分系统热力学与相平衡原理。此外，在冶金、材料、采矿、地质等行业的生产过程中，也需要相平衡知识。

生产中常见的系统往往是多组分系统，且其系统状态随组成、温度、压力等变量而变化。多组分系统又分为多组分单相系统和多组分多相系统，要研究其相平衡系统状态的变化，常采用两种方法：一是从热力学的基本原理出发，推导系统的温度、压力与各组成之间的关系，用数学公式表示；二是用相图来表示系统的温度、压力、组成之间的关系。

本模块主要讨论单组分系统及其相图、多组分单相系统及其相图和多组分多相系统的特点及应用。

【案例导入】

化工生产中，许多原料、中间产品等都是气体混合物，要从气体混合物中分离出来其中一个或多个组分，就要用到吸收操作，而吸收操作的原理就是亨利定律。例如用稀氨水脱除合成氨原料气中的硫化氢，用丙酮脱除裂解气中的乙炔；用硫酸处理焦炉气以回收其中的氨，用洗油处理焦炉气以回收其中的芳烃，用液态烃处理裂解气以回收其中的乙烯、丙烯等。

而反应器中出来的产物大多是混合物，混合物中包括未反应的原料和反应产物、副产物。想要得到较高纯度的物质，就需要进行分离和精制，例如石油分离为汽油、煤油、柴油及重油；又如粗甲醇的精制等。

精馏是化工生产的重要操作单元，是分离液体混合物的重要方法之一，精馏操作的理论基础就是马拉尔定律。

萃取也是分离液体混合物的一种方法，在化工生产中常用于化工厂废水处理、中草药的提取及各种有机物的提取分离等。例如用 CCl_4 萃取碘水中的碘，用磷酸三丁酯（TBP）从发酵液中萃取柠檬酸，超临界萃取色素、啤酒花，用二甘油从石脑油裂解副产汽油或重油中萃取芳烃等等。

【基础知识】

3.1 相律

3.1.1 基本概念

（1）组分

系统中能被单独分离出来，并能独立存在的物质的数目称为物种数，用

符号 S 表示。例如，盐酸水溶液，物种数 $S=2$，2 指 HCl 和 H_2O，而 H^+、Cl^- 不是独立物质。同一种物质存在于不同相中只能算一个物种。例如，水、水蒸气与冰共存时，$S=1$。

因为同一相平衡系统中各物质浓度之间有一定的关系，知道其中几个物质的浓度就能够确定相中所有物质的浓度，因此在处理相平衡系统时经常用到组分数。

为确定平衡系统中各相组成所需要的最少数目的独立物质，称为"独立组分"，简称"组分"，其数目称为"组分数"，用符号 C 表示。组分数与系统中物种数有所区别，组分数往往小于或等于物种数，具体关系如下：

① 如果没有限制条件，组分数等于物种数，$C=S$。

② 有化学反应并达平衡时的组分数小于物种数。例如，O_2、H_2 和 H_2O 三种气体间存在化学反应

$$2H_2(g)+O_2(g) \rightleftharpoons 2H_2O(g)$$

该反应达化学平衡时，O_2、H_2 和 H_2O 三种气体浓度之间有平衡限制，三种气体指出其中两种气体的浓度，另外一种气体的浓度就可由平衡关系计算得到，所以物种数 $S=3$，组分数 $C=2$。

得到 $C=S-R$，R 是平衡关系的数目。如果相平衡系统中存在多个化学平衡关系，R 必须是独立的化学反应平衡关系数。

③ 如果两种物质处于同一相，且它们之间有浓度比例关系时（指的是条件变化时，浓度关系也不变），组分的数目还可以减少。例如，O_2、H_2 和 H_2O 三种气体混合并处于化学反应平衡。

$$2H_2(g)+O_2(g) \rightleftharpoons 2H_2O(g)$$

若开始时 O_2 和 H_2 按反应计量比投放，或在密闭抽真空的容器中投入水蒸气使其分解达到平衡，这时，知道其中任一组分浓度，便能计算其他两种组分浓度，于是组分数为 1。说明系统中有浓度限制条件就可使组分数减少。浓度限制条件的数目用 R' 表示。

浓度限制条件只能适用于同一相，因为只有同一相才有浓度的意义。如将碳酸钙投入真空容器，加热分解达到平衡时物种数 $S=3$，化学平衡关系数 $R=1$，但浓度限制条件数 R' 不等于 1 而等于 0。因为产生的气体 CO_2 和固体 CaO 两者各处不同的相中，其数量比不代表浓度比，故不能作为浓度限制条件。

$$CaCO_3(s) \rightleftharpoons CaO(s)+CO_2(g)$$

这样就得到了计算一个相平衡系统组分数 C 的公式：

$$C=S-R-R' \tag{3-1}$$

式中 S——系统中的物种数；

R——系统中的独立化学平衡关系数；

R'——系统中的浓度限制条件数。

（2）相

系统中物理和化学性质完全相同的均匀部分称为相。对于多组分系

统，均匀的含义是指分散成分子、原子或离子级别。相与相间有明显的界面，在界面处性质突变。例如同一物质的固态和液态物理性质不同，所以看作两相，固态和液态间有相界面。系统中相的数目称为相数，用符号 Φ 表示。

系统中相数的判断分析如下：①对于气体混合物，不论有多少种气体混合在一起，因为混合达到了分子级别，所以为一个相。②对于液体混合物，按其互溶程度，完全互溶为一相，不能互溶可以为两相或多相。例如，乙醇和水的混合物，能混合到分子的程度，所以为一相，$\Phi=1$；四氯化碳和水的混合物，不能混合到分子的程度，所以两相，$\Phi=2$。③对于固体混合物，一般有几种物质的固体便有几个相。两种固体粉末无论混合得多么均匀，仍是两个相（固体溶液除外）；同一物质不同晶型也各成一相。

（3）自由度

在不引起旧相消失和新相产生的前提下，系统中可自由变动的独立强度性质的数目，称为系统在指定条件下的自由度，用符号 f 表示。强度性质包括温度、压力、浓度等。

例如某液态物质，若保持其液相存在，温度、压力可以在一定范围内任意改变，而不会发生汽化和凝固现象，这说明它有两个独立可变的强度性质，自由度 $f=2$。而对于液态与蒸气两相平衡系统，若保持系统始终为气液两相平衡，则温度、压力两变量中只能有一个可以独立变动。如水在 100℃ 时压力必须保持在 100℃ 的蒸气压 101.325kPa，压力如小于 101.325kPa 就全部变成了水蒸气，液相消失；水在 90℃ 时压力要保持在 90℃ 的蒸气压 70.117kPa，于是 $f=1$。理解为温度和压力只有一个是自由的。温度确定以后，压力就不能随意变动，必须保持在该温度下的蒸气压；反之，指定平衡压力，温度就不能随意选择，必须保持在该压力下的沸点温度，否则必将导致两相平衡状态被破坏而产生新相或有旧相消失。

对于复杂的相平衡系统可以用相律来求得自由度。

3.1.2 相律数学表达式

对一个相平衡的系统，在只考虑温度和压力（不考虑重力场、磁场、表面能等外界因素）两个条件影响的情况下，通过推导可得到相数 Φ、组分数 C 及自由度 f 之间的关系：

$$f=C-\Phi+2 \tag{3-2}$$

式中，2 是指温度和压力两个独立强度性质，如果指定了其中的一个性质或系统为凝聚系统（压力影响小，可忽略），公式改为 $f=C-\Phi+1$；两个性质都被指定则改为 $f=C-\Phi$。

这个关系是 1876 年由吉布斯推导出来的，称为"相律"。相律是物理化学中最具有普遍性的定律之一，只适用于相平衡系统。由相律可以确定相、自由度等的数目，能得到定性的结论，而不能确定是哪几个物质、相或强度性质。

【例3-1】求二氧化碳三相平衡共存时的自由度。

解：二氧化碳为单组分系统，在气、液、固三相平衡时有

$S=1$，$C=S=1$，$\Phi=3$

代入公式(3-2) 得 $f=C-\Phi+2=1-3+2=0$

单组分系统都会得到相同的结果。

自由度 $f=0$，说明单组分系统在气、液、固三相平衡时，温度、压力具有固定数值，都不能发生变化。

【例3-2】计算下面反应相平衡系统的自由度

$$NH_4HS(s) \Longleftrightarrow NH_3(g) + H_2S(g)$$

(1) 将 $NH_3(g)$ 和 $H_2S(g)$ 按 1：1 的比例投放到真空容器中，达成平衡；

(2) 将 $NH_3(g)$ 和 $H_2S(g)$ 按 1：2 的比例投放到真空容器中，达成平衡；

(3) 以任意量的 $NH_4HS(s)$、$NH_3(g)$ 和 $H_2S(g)$ 反应开始，达到平衡；

(4) 在真空容器中，只投入 $NH_4HS(s)$ 并达到平衡。

解：反应平衡系统中，$S=3$，$\Phi=2$

(1) 由 $R=1$，$R'=1$，得到 $C=3-1-1=1$，
所以 $f=C-\Phi+2=1-2+2=1$

(2) 由 $R=1$，$R'=0$，得到 $C=3-1-0=2$，
所以 $f=C-\Phi+2=2-2+2=2$

(3) 由 $R=1$，$R'=0$，得到 $C=3-1-0=2$，
所以 $f=C-\Phi+2=2-2+2=2$

(4) 由 $R=1$，$R'=1$，得到 $C=3-1-1=1$，
所以 $f=C-\Phi+2=1-2+2=1$

3.2 单组分系统

在某一温度下，纯物质的液体处于密闭真空容器中时，液体分子会从表面挥发成蒸气分子，同时蒸气分子也会因碰撞而凝结成液相，当两者的速率相等时，就达到了动态平衡。因此，在一定温度下，纯物质的液相与其气相达平衡时蒸气的压力称为该温度下液体的饱和蒸气压。这里的平衡是两相平衡，也是动态平衡。

在一定外压下纯物质的蒸气压与外界压力相等时液体便沸腾，相应的沸腾温度称为液体的沸点。液体的沸点与所受的外界压力有关，外压加大则沸点升高，外压减小则沸点下降。外压为 101.3kPa 时的沸腾温度称为液体的正常沸点。

饱和蒸气压是由物质的本质决定的，是表示挥发能力大小的属性。液体的饱和蒸气压与温度是对应的，随温度的升高而增大。另外，不但液体有饱和蒸气压，固体同样也有饱和蒸气压，其数值也是由固体本质和温度决定的。

对于单组分系统，研究其饱和蒸气压与温度的关系就能知道系统的状态等信息。

3.2.1 水的相图

单组分系统相图

对于单组分平衡系统，$C=1$，由相律得 $f=C-\Phi+2=3-\Phi$。若 $\Phi=1$，则 $f=2$；若 $\Phi=2$，则 $f=1$；若 $\Phi=3$，则 $f=0$。

上述结果表明，对单组分系统，自由度数最多为 2，即最多有两个独立的强度变量，也就是温度和压力两个强度性质。因此可用平面图以温度和压力为坐标，画出单组分系统的相图。单组分系统最多只能三相平衡共存。下面以水为例，介绍单组分系统相图。

以水的相图为例介绍单组分系统相图

（1）水的相图绘制

水在一定的温度、压力下可以形成两相平衡，即水-冰、冰-水蒸气、水-水蒸气，在特定条件下还可以建立冰-水-水蒸气的三相平衡系统。表 3-1 的实验数据表明了水在各种平衡条件下温度和压力的对应关系，水的相图就是根据这些数据绘制而成的。

表 3-1 水的压力-温度平衡关系

温度/℃	系统的水蒸气压力/kPa		水-冰/kPa	温度/℃	系统的水蒸气压力/kPa		水-冰/kPa
	水-水蒸气	冰-水蒸气			水-水蒸气	冰-水蒸气	
-20	—	0.103	$1.996×10^5$	0.00989	0.610	0.610	0.610
-15	0.191	0.165	$1.611×10^5$	20	2.338	—	—
-10	0.286	0.259	$1.145×10^4$	100	101.3		
-5	0.421	0.401	$6.18×10^4$	374	$2.204×10^4$		

水的相图如图 3-1 所示，OA、OB、OC 三条线将平面分成三个区，点 O 是三条线的交点。

（2）水的相图分析

两相线：图中三条曲线 OA、OB、OC 分别代表水-水蒸气、冰-水蒸气、水-冰三种两相平衡状态，线上的点代表两相平衡的必要条件，即平衡时系统温度与压力的对应关系。$\Phi=2$，$f=1$。

① OA 线是气液两相平衡线，它代表气液平衡时温度与蒸气压的对应关系，称为"蒸气压曲线"。显然，水的饱和蒸气压随温度的升高而增大。OA 线不能向上无限延伸，只能到水的临界点即 374℃、22.3×1000kPa 为止，因为在临界温度以上，气、液处于连续状态。

② OB 线是冰与水蒸气两相平衡共存的曲线，它表示冰的饱和蒸气压与温度的对应关系，称为"升华压曲线"。由图 3-1 可见，冰的饱和蒸气压是随温度的升高而升高的。OB 线在理论上可向左下方延伸到绝对零点附近，但向右上方不得越过交点 O，因为事实上不存在升温时该熔化而不熔化的过热冰。

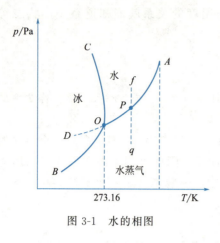

图 3-1 水的相图

③ OC 线是固液两相平衡线，它表示冰的熔点随外压的变化关系，故称为冰的"熔化曲线"。熔化的逆过程就是凝固，因此它又表示水的凝固点随外压的变化关系，故也可称为水的"凝固曲线"。该线略向左倾，斜率呈负值，意味着外压剧增而冰的熔点略有降低，大约是每增加 1 个标准压力 $p^{\ominus}=100\text{kPa}$，冰的熔点仅下降 0.0075℃。大多数物质的熔点随压力增加而稍有升高，只有水等几种物质的这条线斜率呈负值。OC 线向左上方延伸可达 2000 个标准压力左右，若再向上，会出现多种晶型的冰，称为"同质多晶现象"，情况较复杂。

④ OD 线是 AO 线的延长线，是未结冰的过冷水与水蒸气共存的曲线，是一种不稳定的状态，称为"亚稳状态"。OD 线在 OB 线之上，表示过冷水的蒸气压比同温度下处于稳定状态的冰蒸气压大，其稳定性较低，稍受扰动或投入晶种将有冰析出。

单相区：如图 3-1 所示，三条两相线将平面分成三个区域，每个区域代表一个单相区，其中 AOB 为气相区，COB 为固相区，AOC 为液相区。它们都满足 $\Phi=1$，$f=2$，说明这些区域内 T、p 均可在一定范围内自由变动而不会引起新相形成或旧相消失。换句话说要同时指定 T、p 两个变量才能确定系统的状态。

三相点：三条两相线的交点 O 是水蒸气、水、冰三相平衡共存的点，称为"三相点"。在三相点上 $\Phi=3$，$f=0$，故系统的温度、压力皆恒定，不能变动，否则会破坏三相平衡。三相点的压力 $p=0.610\text{kPa}$，温度 $T=0.00989℃$，这一温度已被规定为 273.16K。

（3）水的三相点与冰点

三相点温度与平时所说的水的冰点不相等。水的冰点是指敞露于空气中的冰-水两相平衡时的温度，这时，冰-水已被空气中的组分（CO_2、N_2、O_2 等）所饱和，成了多组分系统。因为溶解了其他组分造成原来单组分系统水的冰点下降约 0.00242℃；另外，压力从 0.610kPa 增大到 101.325kPa，根据克拉佩龙方程式可计算其相应冰点温度又将降低 0.00747℃，这两种效应之和就是 0.00989℃≈0.01℃。而三相点是纯水单组分系统三相平衡共存。以上两种原因使得水的冰点从原来的三相点处即 0.00989℃（或 273.16K）下降到通常的 0℃（或 273.15K）。

3.2.2 克劳修斯-克拉佩龙方程

单组分两相平衡时，如水的相图中的三条线，表示的是温度和压力两个变量之间的关系。这种关系还可用克劳修斯-克拉佩龙方程来表示：

$$\frac{\mathrm{d}p}{\mathrm{d}T} = \frac{\Delta_\alpha^\beta H_\mathrm{m}}{T\Delta_\alpha^\beta V_\mathrm{m}} \tag{3-3}$$

克劳修斯-
克拉佩龙方程

式中 $\Delta_\alpha^\beta V_\mathrm{m}$ ——系统由 α 相变到 β 相时摩尔体积的变化，$\Delta_\alpha^\beta V_\mathrm{m} = V_\mathrm{m}^\beta - V_\mathrm{m}^\alpha$；

T ——相变温度；

$\Delta_\alpha^\beta H_\mathrm{m}$ ——摩尔相变焓；

$\dfrac{\mathrm{d}p}{\mathrm{d}T}$ ——饱和蒸气压（或升华压）随温度的变化率。

式(3-3)可应用于单组分系统任何两相平衡，如蒸发、熔化、升华、晶型转变过程。下面进一步进行讨论。

（1）固-液平衡

对于固-液平衡系统，由式(3-3) 可得压力随温度的变化率为

$$\frac{\mathrm{d}p}{\mathrm{d}T} = \frac{\Delta_\mathrm{s}^\mathrm{l} H_\mathrm{m}}{T\Delta_\mathrm{s}^\mathrm{l} V_\mathrm{m}}$$

上式也可以转变为

$$\frac{\mathrm{d}T}{\mathrm{d}p} = \frac{T\Delta_\mathrm{s}^\mathrm{l} V_\mathrm{m}}{\Delta_\mathrm{s}^\mathrm{l} H_\mathrm{m}} \tag{3-4}$$

式中 $\dfrac{\mathrm{d}T}{\mathrm{d}p}$ ——熔点随压力的变化率；

$\Delta_\mathrm{s}^\mathrm{l} V_\mathrm{m} = V_\mathrm{m}^\mathrm{l} - V_\mathrm{m}^\mathrm{s}$ ——熔化时体积的变化；

T ——熔点；

$\Delta_\mathrm{s}^\mathrm{l} H_\mathrm{m}$ ——固体熔化时的摩尔相变焓。

固-液平衡的温度即为固体的熔点，因此 $\dfrac{\mathrm{d}T}{\mathrm{d}p}$ 表示固体的熔点随压力的变化率。

【例3-3】 醋酸的熔点为 16℃，压力每增加 1kPa 其熔点上升 2.9×10^{-4}K，已知醋酸的熔化热为 194.2J·g^{-1}，试求 1g 醋酸熔化时体积的变化。

解： 已知 $\Delta_\mathrm{s}^\mathrm{l} H_\mathrm{m} = 194.2 \mathrm{J} \cdot \mathrm{g}^{-1}$，$\dfrac{\mathrm{d}T}{\mathrm{d}p} = 2.9 \times 10^{-4} \mathrm{K} \cdot \mathrm{kPa}^{-1} = 2.9 \times 10^{-7} \mathrm{K} \cdot \mathrm{Pa}^{-1}$，代入克劳修斯-克拉佩龙方程 ［式(3-4)］，得

$$\frac{\mathrm{d}T}{\mathrm{d}p} = \frac{T\Delta_\mathrm{s}^\mathrm{l} V_\mathrm{m}}{\Delta_\mathrm{s}^\mathrm{l} H_\mathrm{m}}$$

$$2.9 \times 10^{-7} = \frac{(16 + 273.15)\Delta_\mathrm{s}^\mathrm{l} V_\mathrm{m}}{194.2}$$

$$\Delta_\mathrm{s}^\mathrm{l} V_\mathrm{m} = 1.95 \times 10^{-7} \mathrm{m}^3 \cdot \mathrm{g}^{-1}$$

（2）液-气平衡与固-气平衡

克劳修斯-克拉佩龙方程也可用于液-气平衡和固-气平衡，以液-气平衡为例进行分析。

$$\frac{\mathrm{d}p}{\mathrm{d}T} = \frac{\Delta_\mathrm{l}^\mathrm{g} H_\mathrm{m}}{T\Delta_\mathrm{l}^\mathrm{g} V_\mathrm{m}} = \frac{\Delta_\mathrm{l}^\mathrm{g} H_\mathrm{m}}{T(V_\mathrm{m}^\mathrm{g} - V_\mathrm{m}^\mathrm{l})} \tag{3-5}$$

克拉佩龙方程在固-液平衡、液-气平衡和固-气平衡中的不同表达式

由于 $V_m^g \gg V_m^l$，故 V_m^l 可略而不计，$\Delta_l^g V_m$ 可用 V_m^g 代替。又因液体的饱和蒸气压一般不太高，可将蒸气看作理想气体，即 $V_m^g = \dfrac{RT}{p}$。代入公式(3-5)中，得

$$\frac{dp}{dT} = \frac{\Delta_l^g H_m \, p}{RT^2} \quad \text{即} \quad d\ln p = \frac{\Delta_l^g H_m}{RT^2} dT$$

在温度变化不大时 $\Delta_l^g H_m$ 可认为是常数，将上式不定积分，得：

$$\ln p = -\frac{\Delta_l^g H_m}{RT} + C \tag{3-6a}$$

$$\lg p = -\frac{\Delta_l^g H_m}{2.303RT} + C' \tag{3-6b}$$

式中，C、C' 为积分常数。

若将克劳修斯-克拉佩龙方程在 $[T_1, T_2]$ 区间积分，得定积分式：

$$\ln \frac{p_2}{p_1} = -\frac{\Delta_l^g H_m}{R}\left(\frac{1}{T_2} - \frac{1}{T_1}\right) \tag{3-7a}$$

$$\lg \frac{p_2}{p_1} = -\frac{\Delta_l^g H_m}{2.303R}\left(\frac{1}{T_2} - \frac{1}{T_1}\right) \tag{3-7b}$$

以上各式对固-气平衡同样适用。

【例3-4】求苯甲酸乙酯（$C_9H_{10}O_2$）在 26.6kPa 时的沸点。已知苯甲酸乙酯的正常沸点为 213℃，苯甲酸乙酯汽化时的摩尔相变焓为 $\Delta_l^g H_m = 44.20\text{kJ} \cdot \text{mol}^{-1}$。

解：根据题中条件已知 $T_1 = 273 + 213 = 486\text{K}$，$p_1 = 101.3\text{kPa}$，$p_2 = 26.6\text{kPa}$，$\Delta_l^g H_m = 44.20\text{kJ} \cdot \text{mol}^{-1}$，求 T_2。

代入式(3-7b)有

$$\ln \frac{p_2}{p_1} = -\frac{\Delta_l^g H_m}{R}\left(\frac{1}{T_2} - \frac{1}{T_1}\right)$$

$$\ln \frac{26.6}{101.3} = -\frac{44200}{8.314}\left(\frac{1}{T_2} - \frac{1}{486}\right)$$

$$T_2 = 433\text{K}$$

3.2.3 单组分系统相图的应用

（1）水的相图应用

从水的相图（图3-1）中蒸气压曲线看到，液体沸点随着外压的增大而升高，这个规律在日常生活和生产中都起着很大的作用。例如，做饭用的压力锅就是利用这个原理，加大平衡外压，使水的沸点升高，大大缩短煮饭的时间。化工生产中为了提纯那些在沸点前就分解的物质，常采用减压蒸馏的方法，依靠减压降低沸点，达到提纯的目的。

从水的相图（图3-1）上看，使温度低于三相点，再将压力降至OB线以下，冰可以不经过熔化而直接蒸发成气体，这就是升华。三相点的压力是确

定升华提纯的重要数据。在精细化工、医药化工、食品加工中可以通过升华从冻结的样品中去除水分或溶剂，达到冷冻干燥的目的。这样可以在较低温度下进行，并可保留样品的化学结构、营养成分、生物活性，使产品脱水彻底，利于长时间保存和运输。

（2）碳的相图应用

由碳的相图（图3-2）看到，曲线OA是石墨与金刚石的关系曲线，OB是石墨的蒸馏压曲线，OC是金刚石的蒸馏压曲线，点O是石墨、碳液体与金刚石三相平衡点。碳在室温及101.325kPa下，以石墨为稳定状态。在2000K时，增加压力，将石墨变为金刚石需要8.0×10^9Pa的压力。合成工业用钻石主要采用静压法中的静压催化法，通过液压机产生$4.5\times10^{12}\sim9.0\times10^{12}$Pa的压力，以电流加热到1000~2000℃的高温，利用金属催化剂实现石墨向钻石的转化。

（3）CO_2的相图应用

由CO_2的相图（图3-3）看到，与水的相图对比，液固平衡线的斜率不同，凝固点随压力增大而升高。根据相图知道，高压钢瓶内在298K时压力超过6.7MPa，CO_2为液态；而将液态CO_2从钢瓶口快速喷至空气中，在喷口上套一水泥袋，液态CO_2会降压变为气体喷出，同时吸收大量热量，使另一部分液态CO_2降温而在袋内得到固态CO_2（干冰），而不能得到液态CO_2。

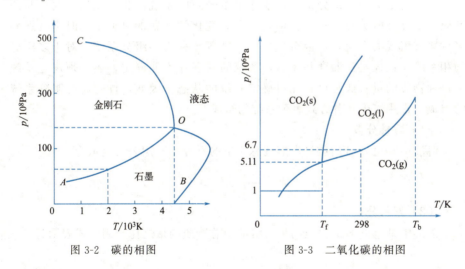

图3-2 碳的相图　　　　图3-3 二氧化碳的相图

（4）硫的相图应用

固态的硫在常温、常压下以两种晶体结构存在：单斜硫和正交硫，加上液态硫和气态硫，共有四种相态。但由单组分系统相律$f=C-\Phi+2=3-\Phi$知，系统的最大相数只能为3，即系统最多只能三相共存。图3-4是硫（S）的相图。相图中有四个相区，分别对应四种相态；两个相区通过两相平衡线（共6条）接界；三相的交汇点即为三相点，图中共有3个三相点：O_1、O_2和O_3。相图中的虚线为亚稳平衡线，可看成两相平衡线的延长线，三条虚线

的交汇点 O 点也是一个三相点，它对应的是处于亚稳态的正交硫、液态硫和气态硫的三相共存点。

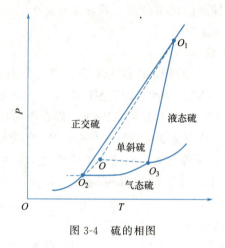

图 3-4　硫的相图

3.3　稀溶液

3.3.1　溶液组成的表示方法

前面讨论的是单组分系统，描述单组分封闭系统的状态，只需两个状态性质（如 T 和 p）就可以了。但是，在研究化学问题的过程中，时常会遇到多种物质组成的系统，如混合气体、溶液等，称为多组分系统。对于多组分均相系统，仅仅规定温度和压力，系统的状态并不能确定，还必须规定系统中每种物质的量（或浓度）才可确定系统的状态。因此，首先需要明确系统的组成。常用以下几种方式表示系统的组成。

（1）质量分数

溶液中某组分 B 的质量占溶液总质量的百分比。用公式表示为

$$\omega_B = \frac{m_B}{m_{总}} \times 100\%$$

（2）摩尔分数

溶液中某组分 B 的物质的量与溶液中总物质的量之比。用公式表示为

$$x_B = \frac{n_B}{n_{总}} \times 100\%$$

液体混合物的摩尔分数通常用 x_B 表示，气体混合物的摩尔分数通常用 y_B 表示。

（3）物质的量浓度

溶液中某组分 B 的物质的量与溶液体积之比，单位为 $mol \cdot L^{-1}$。用公式表示为

$$c_B = \frac{n_B}{V}$$

（4）质量摩尔浓度

溶液中某组分 B 的物质的量与溶剂的质量之比，单位为 $mol \cdot kg^{-1}$。用公式表示为

$$b_B = \frac{n_B}{m_A}$$

上述各种浓度的表示方法可以相互换算。

在化工生产中经常涉及液体混合物的分离提纯，或者是液体对气体的吸收和解吸等操作过程。这些过程都利用了气液两相原理，因此对于稀溶液，可以从气液两相平衡，以及蒸气压的计算入手，去分析其在工业生产中的应用。

3.3.2 拉乌尔定律

在 1.4 节中，提到液体饱和蒸气压的影响因素为物质的本性和温度，而对于溶液来说，除了以上两个因素还需要考虑该液体在溶液中的浓度。

法国物理学家拉乌尔于 1887 年在实验基础上发现，稀溶液中溶剂的蒸气压与纯溶剂的饱和蒸气压之间存在比例关系，经研究提出了**拉乌尔定律**：在一定温度下，稀溶液中溶剂的蒸气压等于纯溶剂的饱和蒸气压与溶液中溶剂的摩尔分数之积。

其数学表达式为：

$$p_A = p_A^* x_A \tag{3-8}$$

式中　　p_A——气相中溶剂的蒸气分压；

p_A^*——在相同温度下纯溶剂的饱和蒸气压；

x_A——溶液中溶剂的摩尔分数。

只要溶液足够稀，任何溶液都能严格遵守拉乌尔定律。不同的溶液，拉乌尔定律适用的浓度范围不同，稀溶液稀到什么程度视溶液情况而定。拉乌尔定律对于不挥发、挥发性非电解质溶质的稀溶液中的溶剂都能适用。若溶质是不挥发的，则 p_A 是溶液的蒸气压；若溶质是挥发性的，则 p_A 是溶剂 A 的蒸气分压。溶液的蒸气压由溶剂的蒸气压和溶质的蒸气压共同组成。

拉乌尔定律的微观解释：当纯溶剂 A 中溶解少量溶质 B 后，溶液中的分子间作用力存在 A-A、A-B 作用力，虽然 A-B 分子间作用力与 A-A 分子间作用力受力情况不同，但是由于 B 的含量很少，对于 A 分子来说，其受力情况并没有太大的变化，所以从纯溶剂变化为稀溶液中的溶剂后，其挥发能力并没有太大变化，仅仅是溶质 B 的溶入使得单位液面上 A 分子数占液面总分子数的分数从纯溶剂时的 1 下降至溶液的 x_A，致使单位液面上溶剂 A 的蒸发速率按比例下降，因此 A 在气相中的平衡分压也相应地按比例下降，即 $p_A \propto x_A$。当 $x_A = 1$（纯溶剂）时，$p_A = p_A^*$，则比例系数就等于纯溶剂在同温度下的饱和蒸气压，所以拉乌尔定律的数学表达式为 $p_A = p_A^* x_A$。

拉乌尔定律的微观解释

【例3-5】50℃时,纯水的蒸气压为 7.94kPa。在该温度下 924g 的 H_2O 中溶解 0.3mol 某种非挥发性有机化合物 B,求该溶液的蒸气压。

解: 把水设为 A。

根据题意有 $n_B = 0.3\text{mol}$ $\quad n_A = 924/18 = 51.3 \text{ (mol)}$

$$x_A = \frac{n_A}{n_A + n_B} = \frac{51.3}{0.3 + 51.3} = 0.994$$

$$p = p_A + p_B = p_A = p_A^* x_A = 7.94 \times 0.994 = 7.89 \text{ (kPa)}$$

3.3.3 亨利定律

拉乌尔定律
与亨利定律

稀溶液中挥发性溶质在气液两相平衡时遵守亨利定律,该定律是亨利于 1803 年研究气体在液体中的溶解度时得出的。

在一定温度下,稀溶液中挥发性溶质与液面上的该溶质气体达到平衡时,溶质在溶液中的浓度与其在液面上的平衡压力成正比,称为**亨利定律**。

$$p_B = k_x x_B \tag{3-9}$$

式中 p_B——所溶解气体在溶液液面上的平衡分压;

x_B——气体溶质溶于溶液中的摩尔分数;

k_x——以摩尔分数表示溶液浓度时的亨利常数,单位为 Pa。

亨利定律的微观解释:当挥发性溶质 B 溶于溶剂 A 中形成稀溶液时,B 分子周围几乎完全被 A 分子包围,其受力情况不再是 B-B 分子作用力,而是完全转变为 A-B 分子间作用力。所以亨利定律中的比例系数 k_x 不同于纯 B 液体的饱和蒸气压 p_B^*。而 B 在气相中的平衡分压同样正比于溶液中 B 的摩尔分数,因此稀溶液中溶质的蒸气压的计算不同于溶剂,需要利用亨利定律计算。

亨利定律的
微观解释

溶质在溶液中的浓度以质量摩尔浓度 b_B 或物质的量浓度 c_B 表示时,则亨利定律数学表达式变为:

$$p_B = k_c c_B \tag{3-10}$$

$$p_B = k_b b_B \tag{3-11}$$

式中 b_B——溶质 B 的质量摩尔浓度,溶液中某组分 B 的物质的量与溶剂的质量之比;

c_B——溶质 B 的物质的量浓度;

k_c——用物质的量浓度表示的亨利常数,单位为 $Pa \cdot m^3 \cdot mol^{-1}$;

k_b——用质量摩尔浓度表示的亨利常数,$Pa \cdot kg \cdot mol^{-1}$。

讨论:

① 亨利定律表达式中,p_B 是物质 B 在液面上的气体分压力。对于混合气体,当总压力不大时,每种气体都可应用亨利定律。如空气中 O_2、N_2 可分别适用亨利定律。

② 溶质服从亨利定律,同时溶剂服从拉乌尔定律的溶液称为理想稀溶液。

③ 溶质分子在溶剂中和气相中的形态应当相同,如果溶质发生电离、缔合,则不能应用亨利定律。但若把在溶液中已电离或缔合的分子除外,只计

算与气相中形态相同的分子，亨利定律仍适用。如氯化氢在水中电离成离子，气相中是分子，不适用亨利定律；而氯化氢溶解于苯等非极性溶剂中则适用亨利定律。

④ 用不同方法表示溶质浓度时，虽然 k 值不同，但平衡分压 p_B 不变。

【例3-6】20℃时，当 HCl 的分压力为 1.013×10^5 Pa 时，它在苯中的摩尔分数为 0.0425。若20℃时纯苯的蒸气压为 1.00×10^4 Pa，问当苯和 HCl 的总压力为 1.013×10^5 Pa 时，苯中最多可溶解 HCl 多少摩尔分数？

解：由式(3-9)可得，HCl 在苯中的亨利常数为

$$k_x = \frac{p_{HCl}}{x_{HCl}} = \frac{101300}{0.0425} = 2.38\times10^6 \text{ (Pa)}$$

苯中 HCl 的分压为：

$$p_{HCl} = 101300 - 10000 = 91300 \text{ (Pa)}$$

所以

$$x_{HCl} = \frac{p_{HCl}}{k_x} = \frac{91300}{2.38\times10^6} = 0.0384$$

表 3-2 是部分气体在25℃时溶解于水和苯中的亨利常数。

表 3-2 25℃时部分气体的亨利常数

气体	亨利常数 k_x/Pa		气体	亨利常数 k_x/Pa	
	水为溶剂	苯为溶剂		水为溶剂	苯为溶剂
H_2	7.12315×10^9	3.66797×10^9	CO	5.78566×10^9	1.63133×10^9
N_2	8.68355×10^9	2.39127×10^9	CO_2	1.66173×10^9	1.14497×10^9
O_2	4.39715×10^9	—	CH_4	4.18472×10^9	5.69447×10^9

亨利定律是化工单元操作"吸收"的理论基础。吸收是利用混合气体中各种气体在溶剂中溶解度的差别，有选择地把溶解度大的气体吸收下来，从而将该气体从混合气体中分离出来的方法。

表 3-3 不同温度下氧气在水中的溶解度（100kPa）

温度/℃	0	20	40	60	80
溶解度(以100g水中溶解氧的质量表示)	0.00694	0.00443	0.00311	0.00221	0.00135

表 3-4 不同压力下氧气在水中的溶解度（25℃）

p/Pa	c/g·m^{-3}	$k=p/c$	p/Pa	c/g·m^{-3}	$k=p/c$
23331	9.5	2456	55195	22.0	2510
26913	10.7	2516	81326	32.5	2501
39997	16.0	2501	101325	40.8	2482

表 3-3、表 3-4 是实验得到的不同温度和不同压力下氧气在水中的溶解度数据。由表 3-3 可知在恒定压力下气体的溶解度随温度的升高而减小；由表 3-4 数据可知，一定温度下气体的溶解度随压力的增加而增大。工业上利用

这一特点选择低温高压的条件进行吸收。

3.3.4 稀溶液的依数性

人们在长期的实践中发现,加入少量溶质引起溶剂性质改变(蒸气压降低、沸点升高、凝固点降低并呈现渗透压力)的大小,仅与溶质的数量有关,而与溶质的本性无关,这一性质称为稀溶液的依数性。

(1)蒸气压降低

由拉乌尔定律可得到

$$\Delta p_A = p_A^* - p_A = p_A^* x_B \tag{3-12}$$

式中 x_B——非挥发性溶质 B 在液相中的摩尔分数;

Δp_A——形成稀溶液后,溶剂的蒸气压下降值。

由式(3-12)看到,溶液蒸气压降低的数值与溶质在液相中的摩尔分数成正比,而比例系数是纯溶剂的饱和蒸气压,说明蒸气压下降值与溶质的本性无关。

式(3-12)适用于只有 A 和 B 两个组分形成的理想液态混合物或稀溶液。

【例3-7】 6.4g 蔗糖($C_{12}H_{22}O_{11}$)溶于 100g H_2O 中,计算该溶液在 100℃时的蒸气压,以及蒸气压下降了多少。

解: 蔗糖是非挥发性溶质,且此溶液较稀,可以用拉乌尔定律计算。

已知 $M_水 = 18 \text{g·mol}^{-1}$,$M_{蔗糖} = 342 \text{g·mol}^{-1}$,100℃时 $p_水^* = 101.3 \text{kPa}$

$$x_{蔗糖} = \frac{n_{蔗糖}}{n_{蔗糖} + n_水} = \frac{6.4/342}{6.4/342 + 100/18} = 0.0034$$

$$p_{溶液} = p_水^* x_水 = 101.3 \times (1 - 0.0034) = 101.0 \text{ (kPa)}$$

$$\Delta p = p_水^* - p_{溶液} = 101.3 - 101.0 = 0.3 \text{ (kPa)}$$

正因为溶剂的饱和蒸气压降低,所以引起了溶液的沸点升高、凝固点降低以及产生渗透压等现象。

(2)沸点升高

含有非挥发性溶质的稀溶液,由于蒸气压降低,加热到原来的沸点温度时蒸气压小于外压,不能沸腾,只有继续升高温度,蒸气压等于外压才能沸腾,所以沸点就升高了。实验证明,其沸点升高值与溶液中溶质 B 的质量摩尔浓度成正比。

$$\Delta T_b = T_b - T_b^* = k_b b_B \tag{3-13}$$

式中 b_B——溶质 B 在液相中的质量摩尔浓度;

ΔT_b——沸点升高值;

k_b——沸点升高常数,它只与溶剂的性质有关。

表 3-5 给出了几种常见溶剂的沸点升高常数的数值。

表 3-5 几种常用溶剂的沸点升高常数

溶剂	水	甲醇	乙醇	丙酮	氯仿	苯	四氯化碳
纯溶剂沸点/℃	100.00	64.51	78.33	56.15	61.20	80.10	76.72
k_b/K·kg·mol^{-1}	0.52	0.83	1.19	1.73	3.85	2.60	5.02

【例3-8】将 0.46×10^{-3} kg 的某不挥发物质溶于 27×10^{-3} kg 乙醇中，测得该溶液的沸点为 78.45℃，试计算该物质的摩尔质量。已知纯乙醇的正常沸点为 78.33℃。

解：根据题意，沸点升高值为

$$\Delta T_b = (78.45+273.15)-(78.33+273.15)=0.12 \text{ (K)}$$

由式(3-13) 得

$$\Delta T_b = k_b b_B = k_b \frac{n_B}{m_A} = k_b \frac{m_B/M_B}{m_A}$$

$$M_B = k_b \frac{m_B}{\Delta T_b m_A} = 1.19\times \frac{0.46\times 10^{-3}}{0.12\times 27\times 10^{-3}} = 0.169 \text{ (kg·mol}^{-1}\text{)}$$

（3）凝固点降低

物质的凝固点是该物质处于固-液两相平衡时的温度。按多相平衡的条件，在凝固点时固相和液相的蒸气压相等。由于溶质溶于溶剂形成稀溶液后溶剂的蒸气压会降低，所以纯溶剂固相蒸气压在较低的情况下就等于稀溶液的蒸气压，即较低的温度开始析出固体。所以稀溶液的凝固点低于纯溶剂的凝固点。与沸点升高一样，经验证明，凝固点降低值与溶液中溶质的质量摩尔浓度成正比，用数学公式表示为

$$\Delta T_f = T_f^* - T_f = k_f b_B \tag{3-14}$$

式中　ΔT_f——凝固点降低值；

　　　k_f——凝固点降低常数，只与溶剂的性质有关。

此式适用于稀溶液且凝固时析出的为纯溶剂 A(s)，即无固溶体生成。此原理可用于测定物质的摩尔质量。因为 k_f 较 k_b 大，测量物质的摩尔质量时凝固点下降法的误差小，且在低温下测量也易于进行，所以凝固点下降法更为准确和方便。表 3-6 为几种常用溶剂的凝固点降低常数。

表 3-6　几种常用溶剂的凝固点降低常数

溶剂	水	醋酸	环己烷	萘	樟脑	苯	环己醇
纯溶剂凝固点/℃	0.00	16.63	6.50	80.25	178.4	5.53	6.544
k_f/K·kg·mol^{-1}	1.86	3.90	20.2	6.9	37.7	5.12	39.3

【例3-9】如果在 100g 环己烷中溶解 2.2g $C_{12}H_{22}O_{11}$（蔗糖）时，$\Delta T_f = 0.770$K，求 $C_{12}H_{22}O_{11}$ 的摩尔质量 M。

解：设环己烷为溶剂 A，蔗糖为溶质 B。查表得环己烷的凝固点降低常数为 20.2K·kg·mol^{-1}。

由式(3-14)，有 $M_B = k_f \dfrac{m_B}{\Delta T m_A} = \dfrac{2.2\times 10^{-3}\times 20.2}{0.770\times 100\times 10^{-3}} = 0.577$ (kg·mol^{-1})

（4）渗透压

半透膜对物质的透过具有选择性，只允许某些小离子或溶剂分子通过，而不允许较大的离子或溶质分子通过。在恒温恒压条件下，用半透膜将纯溶剂与溶液隔开，经过一定时间，发现溶液端的液面会上升至某一高度，而纯

溶剂端液面下降，如图 3-5(a) 所示。

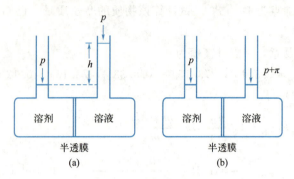

渗透过程

图 3-5 渗透平衡示意图

大量实验结果表明，稀溶液的渗透压数值与溶液中所含溶质的数量成正比。

$$\Pi = c_B RT \tag{3-15}$$

此式称为范特霍夫渗透压公式，适用于在一定温度下稀溶液与纯溶剂之间达到渗透平衡时溶液的渗透压 Π 及溶质的物质的量浓度 c_B 的计算。通过渗透压的测定也可求得溶质的摩尔质量，常用于测定高分子物质的摩尔质量。

【例3-10】求 $4.40\,\text{mol}\cdot\text{L}^{-1}$ 葡萄糖（$C_6H_{12}O_6$）的水溶液，在 300.2K 时的渗透压。

解：$\Pi = c_B RT = 4.40 \times 10^3 \times 8.314 \times 300.2 = 1.10 \times 10^7$ （Pa）

计算结果表明，稀溶液的几个依数性中渗透压是最显著的。利用此原理，可以测定物质的摩尔质量。

3.4 理想液态混合物

在实际生产中经常会处理液态混合物，液态混合物与溶液不同，溶液一般区分溶剂和溶质，而液态混合物只区分其中的各组分即可。

人们为了更好地认识液态混合物，参照理想气体的引入原理，想找到理想情况下的规律，再加以修正研究出真实液态混合物的规律，因此提出了理想液态混合物的概念。

理想液态混合物的定义及特点

从上节中对拉乌尔定律的微观解释可知，该定律之所以成立，在于稀溶液中的溶剂分子 A 所处的环境与其在纯溶剂 A 中所处的环境相同。因此，对于液态混合物，若同一组分分子之间与不同组分分子之间（如 A-A、B-B 及 B-C）的相互作用相同，且各组分分子具有相似的形状和体积，则其中的每个组分均符合拉乌尔定律。

由此定义了理想液态混合物，即任一组分在全部组成范围内都符合拉乌尔定律的液态混合物称为**理想液态混合物**。基于理想液态混合物微观上的特性，在宏观上也会表现出如下特点：①各个组分能以任意比例相互混溶；②混合前后总体积不变；③形成理想液态混合物时没有吸热或放热现象。虽然真正的理想液态混合物并不存在，但是同系物和同分异构体可以看作理想液态混合物。

3.4.1 理想液态混合物的气-液平衡组成

在一定条件下，液体蒸发和凝结同时进行，当蒸发和凝结速率相等时即达到了动态平衡，称为气液两相平衡。气液两相平衡关系是精馏操作的热力学基础和基本依据。

（1）气-液平衡时蒸气总压 p 与液相组成 x_B 的关系

如果溶液中只有两个组分，在温度 T 下当气、液两相平衡时，两个组分都完全遵守拉乌尔定律

$$p_A = p_A^* x_A$$
$$p_B = p_B^* x_B \tag{3-16}$$

平衡蒸气压不高，可作为理想气体，遵守分压定律

$$p = p_A + p_B = p_A^* x_A + p_B^* x_B = p_A^*(1-x_B) + p_B^* x_B$$

因此
$$p = p_A^* + (p_B^* - p_A^*) x_B \tag{3-17}$$

式(3-17)可用来计算理想液态混合物在气-液平衡时液相组成或蒸气总压。

二组分理想气体混合物的气液平衡组成

（2）气-液平衡时气相组成 y 与液相组成 x 的关系

由分压定律有
$$y_B = \frac{p_B}{p} = \frac{p_B^* x_B}{p} = \frac{p_B^* x_B}{p_B^* x_B + p_A^* x_A} \tag{3-18a}$$

$$y_A = \frac{p_A}{p} = \frac{p_A^* x_A}{p} = \frac{p_A^* x_A}{p_B^* x_B + p_A^* x_A} \tag{3-18b}$$

理想液态混合物蒸气总压 p 与液相组成 x_B、气相组成 y_B 之间的关系分析

【例3-11】 已知 413.15K 时，纯 C_6H_5Cl 和纯 C_6H_5Br 的蒸气压分别为 125.2kPa 和 66.1kPa。计算该温度下 C_6H_5Cl 和 C_6H_5Br 摩尔分数分别为 0.4 和 0.6 的混合溶液（当作理想液态混合物），达气液两相平衡时的蒸气总压以及气相组成。

解： 当溶液达气液两相平衡时，蒸发气相量较少，可以认为液相组成变化不大。因此，根据式(3-17)可计算气液两相平衡时的蒸气总压为

$$p = p_{C_6H_5Cl}^* + (p_{C_6H_5Br}^* - p_{C_6H_5Cl}^*) x_{C_6H_5Br}$$
$$= 125.2 + (66.1 - 125.2) \times 0.6 = 89.7 \text{ (kPa)}$$

根据式(3-18b)可以计算气相组成

$$y_{C_6H_5Cl} = \frac{p_{C_6H_5Cl}}{p} = \frac{p_{C_6H_5Cl}^* x_{C_6H_5Cl}}{p} = \frac{125.2 \times 0.4}{89.7} = 0.56$$

$$y_{C_6H_5Br} = 1 - y_{C_6H_5Br} = 1 - 0.56 = 0.44$$

理想液态混合物的气液平衡

（3）气-液平衡时蒸气总压 p 与气相组成 y_B 的关系

结合式(3-17)和式(3-18a)可得

$$p = \frac{p_A^* p_B^*}{p_B^* - (p_B^* - p_A^*) y_B} \tag{3-19}$$

气相组成 y 与液相组成 x 的关系分析

3.4.2 理想液态混合物压力-组成图

由式(3-17)可以看出，理想液态混合物气-液平衡时，气相的总压力随液

相组成的变化而变化。如果以总压 p 对液相组成 x_B 作图可得到一直线,即压力-组成图上的液相线,如图3-6所示。$p_B^* - p_A^*$ 为斜率,p_B^* 为截距。理想液态混合物的液相线为直线。

由式(3-19)可以看出,理想液态混合物气-液平衡时气相的蒸气总压与气相组成之间不是简单的直线关系。如果以 y_B 为横坐标,总压 p 为纵坐标,得到的是条曲线,即压力-组成图上的气相线。

如果 B 比 A 挥发能力强,有 $p_B^* > p_A^*$,又由式(3-17)看到,因为 $0 < x_B < 1$,所以理想液态混合物气液两相平衡时的蒸气总压总是介于两个纯组分的饱和蒸气压之间,即 $p_B^* > p > p_A^*$。

① 液相线:p-x_B 线,表示蒸气总压随液相组成的变化,是直线。

② 气相线:p-y_B 线,表示蒸气总压随气相组成的变化,与液相线不同,气相线不是直线。

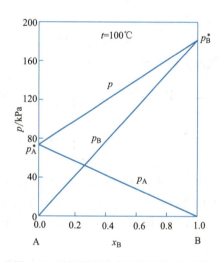

图 3-6　理想液态混合物的压力-组成图　　图 3-7　甲苯(A)-苯(B)溶液的压力-组成图

③ 液相区:液相线以上的区域。当系统的压力和组成处于液相区时,压力大于蒸气压,应全部冷凝为液体。

④ 气相区:气相线以下的区域。当系统的组成和压力处于气相区时,其压力小于蒸气压,全部为气体。

⑤ 气液两相平衡区:液相线与气相线之间的区域。当系统的组成和压力处于这个区内,则处于气液两相平衡状态。

在一定温度下测得苯和甲苯混合溶液的压力-组成数据,并绘制出压力-组成图,如图3-7所示,接近理想液态混合物。

3.4.3　理想液态混合物的沸点-组成图

在化工生产过程中,精馏操作等是在恒压条件下进行的,因此,讨论沸点-组成图更有实际意义。沸点-组成图一般是用实验数据直接绘制。

理想液态混合物的沸点-组成图(t-x-y 图),是恒压下以溶液的温度(t)

为纵坐标，组成 x（或 y）为横坐标制得的相图。通过实验测得甲苯（A）-苯（B）二组分系统在 101.325kPa 下不同组成的沸点，如表 3-7 所示。其中 x_B、y_B 分别为温度 t(℃) 时 B 组分在液相、气相中的摩尔分数。由沸点 t 对气相、液相组成 y_B、x_B 制成沸点-组成图，如图 3-8 所示。

表 3-7 甲苯（A）-苯（B）二组分系统在 101.325kPa 下的气-液平衡数据

x_B	0.000	0.100	0.200	0.400	0.600	0.800	0.900	1.000
y_B	0.000	0.220	0.381	0.625	0.792	0.912	0.960	1.000
t/℃	110.6	105.1	100.8	94.1	88.8	84.4	82.3	80.0
T/K	383.8	378.3	374.0	367.3	362.0	357.6	355.5	353.2

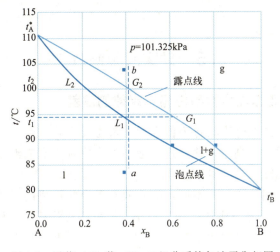

图 3-8 甲苯（A）-苯（B）二组分系统气液平衡相图

理想液态混合物的沸点-组成图分析

二组分理想液态混合物沸点组成相图

沸点-组成图

二组分完全互溶双液系沸点-组成图

分析如下：

① 液相线：t-x_B 线，沸点随液相组成的变化曲线，称为"泡点线"。一定组成的溶液温度升高到线上温度时起泡沸腾。

② 气相线：t-y_B 线，饱和蒸气组成与温度的关系曲线，称为"露点线"。当一定组成的气体降温至线上温度时开始冷凝，如生成露水一样。

③ 液相区：液相线以下的区域。当系统组成和温度处于液相区时，因为温度低于该组成溶液的沸点，所以全部为液体。

④ 气相区：气相线以上的区域。当系统组成和温度处于气相区时，全部为气体。

⑤ 气液两相平衡区：气相线和液相线包围的区域为气液两相平衡区。当系统状态点在此区域时为气液两相平衡。过系统状态点作水平线与气相线和液相线的交点称为相点，各相的组成由相点读出。系统总组成还是系统状态点对应的组成，各相组成只取决于平衡温度，而与总组成无关。两相的数量比则由杠杆规则确定。

参照 p-x、p-y 图看到溶液中蒸气压愈高的组分其沸点愈低。由于苯比甲苯容易挥发，因此，同一温度下，y_B 恒大于 x_B，说明沸点低的组分在气相中的成分总比在液相中的多。由式(3-18a)、式(3-18b) 也可得到相同结论。

理想液态混合物中，气-液平衡时，易挥发组分和难挥发组分在气、液相中的分配特点若 B 比 A 容易挥发，$p_B^* > p > p_A^*$。

由 $y_B = \dfrac{p_B^* x_B}{p}$ 得 $\dfrac{y_B}{x_B} = \dfrac{p_B^*}{p} > 1$；由 $y_A = \dfrac{p_A^* x_A}{p}$ 得 $\dfrac{y_A}{x_A} = \dfrac{p_A^*}{p} < 1$

即 $y_B > x_B, y_A < x_A$

易挥发组分在气相中的含量高于其在液相中的含量，难挥发组分在气相中的含量低于其在液相中的含量。

此外，对于理想液态混合物，由于 $p_B^* > p > p_A^*$，则 $T_A^* < T < T_B^*$。即理想液态混合物的压力低于易挥发组分的压力，高于难挥发组分的压力；理想液态混合物的沸点低于难挥发组分的沸点，高于易挥发组分的沸点。

气液两相平衡时组成变化

3.5 真实液态混合物

3.5.1 真实液态混合物与拉乌尔定律的偏差

绝大多数液态混合物其行为偏离理想液态混合物，蒸气压与组成之间的关系并不完全服从拉乌尔定律，这类液态混合物称为真实液态混合物。真实液态混合物的相图完全由实验得出。

因为分子间相互作用的不同，随着液态混合物组成的变化，真实液态混合物蒸气压-组成关系不服从拉乌尔定律。当系统的总蒸气压和蒸气分压的实验值均大于拉乌尔定律的计算值时，称发生了"正偏差"；若小于拉乌尔定律的计算值，称发生了"负偏差"。产生偏差的原因大致有如下三方面：

① 分子间作用力改变而引起挥发性的改变。当同类分子间引力大于异类分子间引力时，混合后分子间作用力降低，挥发性增强，产生正偏差，反之则产生负偏差。

真实液体混合物及气液相平衡相图

② 混合后分子发生缔合或解离现象引起挥发性改变。若解离度增加或缔合度减少，液态混合物中分子数目增加，蒸气压增大，产生正偏差。如乙醇溶解到苯中，缔合的乙醇分子发生解离，分子数目增加，蒸气压增大而产生正偏差。反之，出现负偏差。

③ 二组分混合后生成化合物，蒸气压降低，产生负偏差。

3.5.2 真实液态混合物的相图

真实液态混合物的 p-x 图及 T-x 图按正负偏差大小，大致可分成以下几种类型。

（1）正常类型的真实液态混合物

这一类真实液态混合物对拉乌尔定律产生的偏差不大，液态混合物的蒸气总压介于两纯组分蒸气压之间，系统的沸点也介于两个纯组分沸点之间。例如氯仿-乙醚、甲醇-水、苯-丙酮等系统。这种真实液态混合物的相图称为正常类型的真实液态混合物相图。

图 3-9(a) 是苯与丙酮二组分液态混合物的蒸气压-组成图（p-x 图），图中

虚线表示理想液态混合物情况，为直线；实线表示实测的总蒸气压、蒸气分压随组成变化，对拉乌尔定律产生的是正偏差。图 3-9(b) 为相应的 p-$x(y)$ 图，图 3-9(c) 为相应的 T-$x(y)$ 图。

图 3-10(a) 为氯仿-乙醚二组分系统的 p-x 图，系统蒸气压对拉乌尔定律产生负偏差。图 3-10(b) 为相应的 p-$x(y)$ 图，而图 3-10(c) 为相应的 T-$x(y)$ 图。

真实液态混合物的相图类型

（2）具有最大正偏差的真实液态混合物

这类真实液态混合物对拉乌尔定律产生的偏差很大，液态混合物的蒸气总压超过每一个组分的蒸气压，在 p-$x(y)$ 相图上出现了最高点（即最大值），而在 T-$x(y)$ 图上出现最低点（即极小值），如图 3-11 所示。例水-乙醇、水-氯仿、甲醇-氯仿、环己烷-乙醇、甲醛-苯、乙醇-苯、二硫化碳-丙酮等系统。

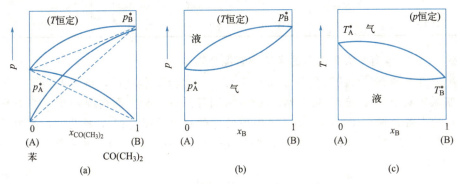

图 3-9　产生正偏差且偏差不大的真实液态混合物的相图

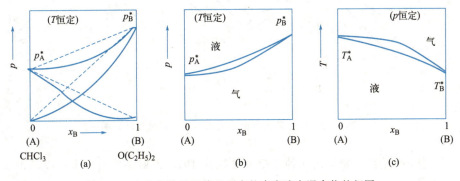

图 3-10　产生负偏差且偏差不大的真实液态混合物的相图

从图 3-11(b) 的蒸气压-组成图上可以看到总蒸气压最大值即曲线上的 H 点，相应的在图 3-11(c) 的 T-$x(y)$ 图中的 E 点，称为"**最低恒沸点**"（温度 T'），在该点上液相和气相组成相等（x'），这一混合物称为"**最低恒沸混合物**"。

表 3-8 给出了部分具有最低恒沸点的二组分系统在 101.325 kPa 下的恒沸点和对应组成。

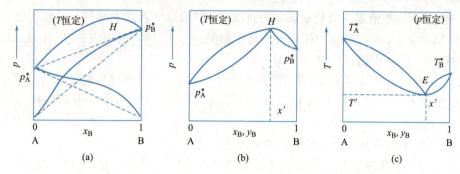

图 3-11 产生最大正偏差的真实液态混合物的相图

表 3-8 在 101.325kPa 下二组分系统的最低恒沸点混合物

组分 A	沸点/K	组分 B	沸点/K	恒沸点/K	恒沸点组成 ω_B
H_2O	373.15	$CHCl_3$	334.2	329.12	0.972
H_2O	373.15	C_2H_5OH	351.46	351.29	0.956
$CHCl_3$	334.2	CH_3OH	337.7	326.43	0.126

（3）具有最大负偏差的真实液态混合物

这类液态混合物的蒸气总压小于每一个组分的蒸气压，负偏差很大。例如氯化氢-水、氯仿-乙酸甲酯、氯仿-丙酮等系统。与上面情况相反，这类真实液态混合物在 T-$x(y)$ 图上将出现最高点 H（见图 3-12），称为"最高恒沸点"（温度 T'），在此点上气、液两相具有相同的组成（x'），这一混合物称为"最高恒沸混合物"。

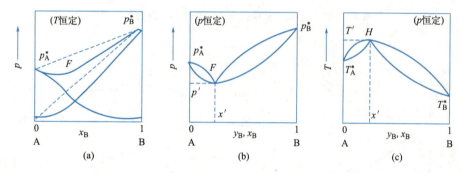

图 3-12 产生最大负偏差的真实液态混合物的相图

表 3-9 给出了常见的几种二组分系统在 101.325kPa 下的恒沸点以及恒沸混合物的组成。

表 3-9 在 101.325kPa 下部分二组分系统的最高恒沸点混合物

组分 A	沸点/K	组分 B	沸点/K	恒沸点/K	恒沸点组成 ($\omega_B \times 100$)
H_2O	373.15	HCl	253.16	481.58	20.24
CH_3COCH_3	329.5	$CHCl_3$	334.2	337.7	80
CH_3CO_2CH	330	$CHCl_3$	334.2	337.7	77

表 3-10　H_2O-HCl 系统恒沸点组成随压力变化关系

外压/kPa	102.7	101.3	99.99	98.66	97.32
恒沸点组成（$\omega_{HCl}\times 100$）	20.218	20.242	20.266	20.290	20.314

由表 3-10 看到水-氯化氢系统的恒沸点混合物组成随压力变化而改变，说明对于混合物，外压改变时，沸点发生变化同时组成也会发生变化，而不是像化合物的纯物质一样，外压改变组成不会发生变化。

3.5.3　杠杆规则

当二组分液态混合物系统处于两相平衡时，其气液两相在质量上存在一定关系，符合杠杆规则。

如图 3-13 所示，当系统处于 o 点时总的物质的量为 n，总组成为 x_o；其气相的物质的量为 n_g，组成为 y_g；液相的物质的量为 n_l，组成为 x_l。则对于系统中的某一组分，其在气相和液相的物质的量之和等于系统的总物质的量。

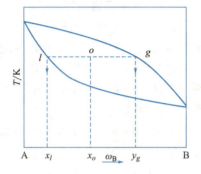

图 3-13　杠杆规则示意图

$$nx_o = n_l x_l + n_g y_g$$
$$(n_l + n_g)x_0 = n_l x_l + n_g y_g$$
$$n_l(x_o - x_l) = n_g(y_g - x_o)$$

所以
$$n_l(\overline{lo}) = n_g(\overline{og})$$

式中　$\overline{lo}$——图 3-13 中液相点 l 到系统状态点 o 的线段长度；

$\overline{og}$——图 3-13 中系统状态点 o 到气相点 g 的线段长度。

上述结论与物理学中的杠杆原理类似因此称为杠杆规则，杠杆规则适用于任何两相平衡系统。如果相图中横坐标为质量分数，则公式中组成用质量分数，把物质的量换成质量，公式同样成立。由杠杆规则可求出平衡的两个相的物质的量（或质量）之比或两个相具体的物质的量（或质量），进一步可求得两个相中各组分的物质的量（或质量）。

【例3-12】在 100kPa 下，把 10mol 组成 $x_B = 0.64$ 的甲苯（A）和苯（B）的液态混合物加热，至 362.0K 时达到气-液平衡。参照图 3-8 计算气、液两相中甲苯和苯的物质的量分别是多少。

解：甲苯和苯分别为 A 和 B。

由图 3-8 得，362.0K 时气相组成为 $y_B = 0.79$，液相组成为 $x_B = 0.60$。

根据杠杆规则有

$$\frac{n_l}{n_g} = \frac{0.79 - 0.64}{0.64 - 0.60} = 3.75$$

由于　　　　　　$n_l + n_g = 10$

所以　　　　　　$n_g = 10 - n_l = 10 - 3.75 n_g$

$$n_g = 2.11 \text{（mol）}$$

$$n_l = 10 - 2.11 = 7.89 \text{ (mol)}$$

气相中含甲苯

$$n_A = n_g y_A = n_g (1 - y_B) = 2.11 \times (1 - 0.79) = 0.44 \text{ (mol)}$$

气相中含苯　　$n_B = n_g y_B = 2.11 \times 0.79 = 1.67 \text{ (mol)}$

或　　　　　　$n_B = n_g - n_A = 2.11 - 0.44 = 1.67 \text{ (mol)}$

液相中含甲苯

$$n_A = n_l x_A = n_l (1 - x_B) = 7.89 \times (1 - 0.60) = 3.16 \text{ (mol)}$$

液相中含苯　　$n_B = n_l x_B = 7.89 \times 0.60 = 4.73 \text{ (mol)}$

3.5.4　蒸馏和精馏

在实验室或工业生产中,常用蒸馏或精馏来分离二组分液态混合物。

(1) 简单蒸馏原理

对于正常类型二组分液态混合物,加热达气液平衡即沸腾时,沸点低的组分易挥发,气相中就含有较多的该轻组分,可冷却凝结并收集,得到含较多轻组分的液态混合物,这就是蒸馏原理。溶液也可以再进行蒸馏,反复进行,可得到纯度很高或纯的轻组分液态混合物。

精馏分离原理

(2) 精馏原理

如图 3-14 所示。若原始液态混合物的组成为 x_M,加热到 t_3 时处于气液两相平衡,此时气相组成为 y_3,液相组成为 x_3。很显然气相中容易挥发组分 B 的含量比原始液态混合物中高,而液相中难挥发组分 A 的含量比原始液态混合物中高。

利用相图分析精馏过程

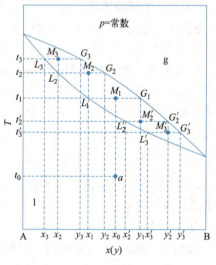

图 3-14　精馏过程的 T-x 图

将气相冷却到温度 t_2,则气相中的一部分冷凝为液体,液相组成为 x_2,可以看到含 B 组分减少,说明 A 组分增加;此时气相组成为 y_2,看到气相中容易挥发组分 B 的含量又有所增加。依次类推,气相经过多次部分冷凝,最后得到的蒸气组成接近纯 B。

将组成为 x_2 的液体加热，温度升高到 t_3，此时又达到了气液两相平衡，液相组成为 x_3，从图中可以看出，液相中难挥发组分 A 的含量升高。依次类推，液相经过多次部分蒸发，最终在液相能得到难挥发组分纯 A。

上述反复进行的过程在相图中表现为气相组成沿气相线下降，最终得到纯的易挥发组分 B；液相组成沿液相线上升，最终得到难挥发的纯组分 A。

工业上精馏过程是在精馏塔里完成的，是连续的过程。图 3-15 为精馏塔的示意图，在塔内，蒸发的气相往上走，液相往下流。在每一层塔板上气相与液相可以进行热、质交换，液相中轻组分得到热量，有部分蒸发；气相温度降低，其中重组分被部分冷凝。经过整个过程达到了分离的目的。

对于具有极值的真实液态混合物，通过精馏不能同时得到两个纯组分，而是得到恒沸混合物和一个纯组分。

例如水-乙醇混合液，在 100kPa 下其最低恒沸点为 78.13℃，恒沸混合物组成（质量分数）含 C_2H_5OH 为 95.6%。若所取的混合液含 C_2H_5OH 小于此质量分数即介于图 3-11（c）中 $0 \sim x'$ 之间，则精馏结果只能得到纯水和恒沸混合物，而得不到纯乙醇。原则上只有当混合液组成介于 $x' \sim 1$ 之间，

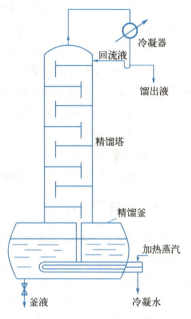

图 3-15 精馏塔示意图

才能用精馏方法分离出乙醇和恒沸混合物，但事实上因乙醇的沸点与恒沸点温度只有 0.17K 的间隔，故难以实现。目前工业上常采用加入适量的苯形成乙醇-水-苯三元系统，进一步精馏以得到无水乙醇。实验室中制备无水乙醇时，在 95.6% 乙醇中加入生石灰（CaO）加热回流，使乙醇中的水跟氧化钙反应，生成不挥发的氢氧化钙来除去水分，然后再蒸馏，这样可得 99.5% 的无水乙醇。如果还要去掉这残留的少量的水，可以加入金属镁来处理，可得 100% 乙醇，叫作绝对酒精。

3.6　二组分液态完全不互溶系统与水蒸气蒸馏

3.6.1　二组分液态完全不互溶系统的特征

如果两种液体彼此之间溶解度非常小，则相互之间溶解度可忽略不计，这时可近似地看作互不相溶系统。如水-油、水-CS_2 所形成的两组分液体，在容器中分为两纯物质液层。

对于这种不互溶的液体，每个组分在气相的分压等于它在纯态时的饱和蒸气压，而与另一组分的存在与否以及数量无关。因此，互不相溶的液体（设为 A、B）混合物的蒸气总压，等于在相同温度下，各纯组分单独存在时

的蒸气压之和

$$p = p_A^* + p_B^* \tag{3-20}$$

即 $p > p_A^*$，$p > p_B^*$；同时有 $T < T_A^*$，$T < T_B^*$。

由式（3-20）看到，在一定温度下，互不相溶液体混合物的蒸气总压恒大于任一纯组分的蒸气压。因此互不相溶液体混合物的沸点也恒低于任一纯组分的沸点。

如图 3-16 所示，同一温度下，水和溴苯混合物的蒸气压是水的饱和蒸气压和溴苯的饱和蒸气压之和。当外压为 101.325kPa 时，水的沸点为 373.15K，溴苯的沸点是 429K，水和溴苯混合物的沸点是 368.15K。这是因为在 368.15K 时，水和溴苯的蒸气压之和已经达到 101.325kPa（等于外压），混合物就沸腾了。

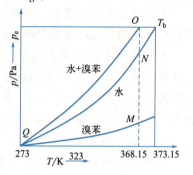

图 3-16　水和溴苯及其混合物蒸气压曲线

3.6.2　水蒸气蒸馏

水蒸气蒸馏

化学工业上用蒸馏方法提纯某些在高温下易分解或聚合的有机化合物时，需要降低蒸馏时的温度。除了可以使用减压蒸馏方法外，还可以利用水蒸气蒸馏的方法。

采用水蒸气蒸馏提纯的有机化合物必须是和水不互溶的。具体操作时，可以使水蒸气以鼓泡的形式通入有机液体，这样能同时起到供给热量和搅拌液体的作用。蒸发出来的蒸气经冷凝后分为水和有机物两层，分离掉水层即可得有机物产品。

进行水蒸气蒸馏时，压力不高，可把蒸气看作理想气体，用分压定律计算。

$$p_{H_2O}^* = p y_{H_2O} = p \times \frac{n_{H_2O}}{n_{H_2O} + n_B} \tag{3-21}$$

$$p_B^* = p y_B = p \times \frac{n_B}{n_{H_2O} + n_B} \tag{3-22}$$

综合式（3-21）和式（3-22）可得

$$\frac{m_{H_2O}}{m_B} = \frac{p_{H_2O}^* M_{H_2O}}{p_B^* M_B} \tag{3-23}$$

式中，m_{H_2O}/m_B 表示蒸馏出单位质量有机物 B 所需的水蒸气质量，称为水蒸气消耗系数。该系数越小，则水蒸气蒸馏效率越高。由式（3-23）可知有机物的蒸气压越高，摩尔质量越大，水蒸气消耗系数越小。

3.7　分配定律和萃取

3.7.1　分配定律

在一定温度下两种互不相溶的液体混合物 α 和 β，溶质 B 在两液层间达到

平衡时,浓度之比为一常数,这种规律称为分配定律。这一定律是在1891年由能斯特发现的,表示为:

$$K = \frac{c_B^\alpha}{c_B^\beta} \tag{3-24}$$

式中 c_B^α ——溶质在 α 相的平衡浓度;

c_B^β ——溶质在 β 相的平衡浓度;

K ——分配系数,它与平衡时的温度及溶质、溶剂的性质有关。

例如,碘在二硫化碳和水的混合系统中达到平衡时,碘在二硫化碳相中的浓度是水相中的418倍。如果保持温度不变,再增加碘,浓度倍数不变,说明碘在二硫化碳和水中的浓度都会增加。

3.7.2 萃取

分配定律在实际中的具体应用是萃取。用一种与溶液不相溶的溶剂,将溶质从溶液中提取出来的过程称为萃取。萃取所用的溶剂称为萃取剂。在溶液中加入一定量的与溶液不相溶的萃取剂,使溶液中的某种溶质在两溶剂中重新分配,达到平衡,这样溶质就在该溶剂中有了一定的浓度,溶解度越大,萃取效果越好。

如果 V_a(mL)溶液中含有某种溶质 m_0(g),用 V_b(mL) 的某溶剂进行萃取,萃取后残留在原溶液中的溶质为 m_1(g),根据式(3-24)整理后得

$$m_1 = m_0 \frac{KV_a}{KV_a + V_b} \tag{3-25}$$

如每次用 V_b(mL) 溶剂萃取,进行 n 次萃取,最后在残液内剩余的溶质的量为 m_n(g),有

$$m_n = m_0 \left(\frac{KV_a}{KV_a + V_b}\right)^n \tag{3-26}$$

式中 m_0——原溶液中含有的溶质质量,g;

V_a——原溶液的体积;

V_b——每次使用的萃取剂的体积;

K——分配系数;

n——萃取次数;

m_n——萃取 n 次后,原溶液中剩余溶质的质量。

萃取过程

【例3-13】以 CCl_4 萃取 20mL 水溶液中的 I_2,水中含有碘 20g,已知碘在水与 CCl_4 体系中的分配系数为 0.012,试比较用 30mL CCl_4 一次萃取及每次用 15mL CCl_4 分两次萃取所萃取出来碘的质量。

解:设水为 a,CCl_4 为 b。

(1) 一次萃取后水中残留 I_2 的质量为 m_1(g)

$$m_1 = m_0 \frac{KV_a}{KV_a + V_b} = 20 \times \frac{0.012 \times 20}{0.012 \times 20 + 30} = 0.16 \text{ (g)}$$

萃取出碘为:20-0.16=19.84(g)

(2) 分两次萃取后水中残留 I_2 的质量为 m_2(g)

$$m_2 = m_0 \left(\frac{KV_a}{KV_a + V_b}\right)^2 = 20 \times \left(\frac{0.012 \times 20}{0.012 \times 20 + 15}\right)^2 = 0.0050 \text{ (g)}$$

萃取出碘为：20 − 0.0050 ≈ 20（g）

通过计算知道，如果用同等量的萃取剂，每次使用的萃取剂量少一些，而萃取次数越多，从溶液中萃取出来的溶质的量也越多。

对沸点靠近或有共沸现象的液体混合物，可以用萃取的方法分离。

萃取剂的选择：

① 选择萃取用的萃取剂应考虑其对被萃取物质有较大的溶解度和较好的选择性；

② 萃取剂与原溶液的互溶度要小，黏度低，界面张力适中，对相的分散和相的分离有利；

③ 萃取剂的化学稳定性高，与原溶液沸点差要大，回收和再生容易；

④ 价格低廉，安全（如无毒、闪点高）。常用的萃取剂有乙酸乙酯、乙酸丁酯、丁醇等。

例如轻油裂解和铂重整产生的芳烃混合物的分离，常用二乙二醇醚为萃取剂，分离极难分离的金属，如锆和铪、钽和铌、铜和铁、钴和镍等。此外可用酯类溶剂萃取乙酸，用丙烷萃取润滑油中的石蜡。青霉素生产时常用玉米发酵得到含青霉素的发酵液，以醋酸丁酯为溶剂，经过多次萃取得到青霉素的浓溶液。

工业上萃取是在塔中进行的，塔内有多层筛板，萃取剂从塔顶加入，混合原料在塔下部输入，它们在上升与下降过程中可以充分混合，反复萃取。萃取方式有单级萃取、多级错流萃取、多级逆流萃取。近 20 年来研究溶剂萃取技术与其他技术相结合从而产生了一系列新的分离技术，如微波辅助萃取、超临界萃取、逆胶束萃取、液膜萃取等。

拓展知识

分子蒸馏技术是一种特殊的液液分离技术，它产生于 20 世纪 20 年代，是伴随着人们对真空状态下气体运动理论的深入研究，以及真空蒸馏技术的不断发展而逐渐兴起的一种新的分离技术。目前，分子蒸馏技术已成为分离技术中的一个重要分支。分子蒸馏（molecular distillation）也称短程蒸馏（short-path distillation），是一种在高真空下（残气分子的压力 < 0.1Pa）进行的连续蒸馏过程。分子蒸馏过程与传统的蒸馏过程不同，传统蒸馏是在沸点温度下进行分离的，蒸发与冷凝过程是可逆的，液相与气相间会形成平衡状态；分子蒸馏过程是一个不可逆的并且在远离物质常压沸点温度下进行的蒸馏过程，更确切地说，它是分子蒸发的过程。

分子蒸馏技术的基本原理是这样的，根据分子运动平均自由程公式知，不同种类的分子，由于其分子有效直径不同，故其平均自由程也不同，即其为不同种类分子。从统计学观点看，其逸出液面后不与其他分子碰撞的飞行距离是不同的。分子蒸馏的分离就是利用液体分子受热后从液面逸出，而不同种类分子逸出后其平均自由程不同这一性质来实现的。轻分子的平均自由程大，重分子的平均自由程小，使得轻分子落在冷凝面上，重分子因达不到冷凝面而返回原来液面，这样混合物就得以分离。

由分子蒸馏的基本原理可以看出，分子蒸馏是一种区别于常规蒸馏的非平衡状态下的特殊蒸馏。与常规蒸馏相比，分子蒸馏有如下无法比拟的特点：

① 操作温度低，可大大节省能耗。常规蒸馏是依靠物料混合物中不同物质的沸点差别进行分离的；而分子蒸馏是靠不同物质的分子运动平均自由程的差别来进行分离的，并不要求物料一定要达到沸腾状态，只要分子从液相中挥发逸出，就可以实现分离。正因为分子蒸馏是在远离沸点温度下进行操作的，因此产品的能耗小。

② 蒸馏压强低，要求在高真空度下操作。分子运动平均自由程与系统压力成反比，只有加大真空度，才能获得足够大的平均自由程。研究指出，分子蒸馏的真空度高达 0.1～100Pa。

③ 受热时间短，降低热敏性物质的热损伤。由于分子蒸馏是利用不同物质分子运动平均自由程的差别而实现分离的，其基本要求是加热面与冷凝面的距离必须小于轻分子的运动平均自由程，这个距离通常很小，因此轻分子由液面逸出后几乎未发生碰撞即射向冷凝面，所以受热时间极短。研究测定指出，分子蒸馏受热时间仅为几秒或几十秒，从而在很大程度上避免了物质的分解或聚合。

④ 分离程度及产品收率高，尤其适合于特定蒸馏。在石油化工生产中，研究者已经成功地利用分子蒸馏技术处理硅油、聚乙二醇、聚乙二醇醚、丙烯腈、胺、双酚类、己内酰胺、过氧化异丙苯、邻苯二甲酸二辛酯、环氧树脂、甘醇、松脂等。

一、低温甲醇洗工段分析

化工生产中甲烷化主要反应为：$CO(g) + 3H_2(g) \rightleftharpoons CH_4(g) + H_2O(g)$，$CO(g)$ 与 $H_2(g)$ 的原料配比应达到 1:3。而水煤浆气化过程主要反应如下：$C + H_2O \rightleftharpoons CO + H_2$，气化工段出来的气体 $CO(g)/H_2(g)$ 不能满足 1/3 的原料气配比要求，因此，需要将部分 $CO(g)$ 经变换反应生成 $H_2(g)$。发生如下反应：

$$CO(g) + H_2O(g) \rightleftharpoons CO_2(g) + H_2(g)$$

此外，在煤的气化、变换过程中，煤中的 S 元素会形成 $H_2S(g)$。

变换气进入甲烷化炉反应前需要将 $CO_2(g)$ 和 $H_2S(g)$ 脱除，所以将气体送入低温甲醇洗装置，用贫甲醇洗涤以脱除酸性气体 H_2S 和 CO_2，使得工艺净化气中 $CO_2 \leqslant 1\%$、总硫 $< 10^{-7}$，之后送往甲烷合成工序。

低温甲醇洗是一种典型的物理吸收过程。物理吸收中，气-液平衡关系符合亨利定律，溶液中被吸收组分的含量基本上与其在气相中的分压成正比。表 3-11 为工艺气中的各气体在 -40℃ 甲醇吸收剂中的相对溶解度。

根据亨利定律：$p_B = k_c c_B$，溶液中被吸收组分的含量与其在气相中的分压成正比，并且温度越低吸收组分的含量越大，因此吸收应选择低温高压。

从表 3-11 中各气体在甲醇中的相对溶解度可以看出，低温下，当甲醇的温度从 20℃ 降到 -40℃ 时，CO_2 的溶解度增加 6 倍，吸收剂的用量大约可以减少到原来的 1/6。低温下，-50～-40℃，H_2S 的溶解度约为 CO_2 的溶解度的 6 倍。低温下，H_2S、CO_2、COS 在甲醇中的溶解度与 H_2、CO 相比，要大约 100 倍，与 CH_4 相比，也大约 50 倍。因此，低温甲醇洗装置是按脱除 CO_2 的要求设计的，溶解度与 CO_2 相当或者比 CO_2 溶解度大的气体，如 H_2S、COS、NH_3 等以及其他硫化物都可以一起脱除，而 H_2、CO、CH_4 等有用气体则损失较少。

表 3-11　-40℃ 时各种气体在甲醇中的相对溶解度

名称	气体的溶解度/H_2 的溶解度	气体的溶解度/CO_2 的溶解度
H_2S	2540	5.9
COS	1555	3.6
CO_2	430	1.0
CH_4	12	
CO	5	
N_2	2.5	
H_2	1.0	

吸收气体后的甲醇，需要进入再生设备内再生，循环使用。甲醇的再生主要利用减压、气提和热再生三个方面的作用。解吸过程是要回收甲醇溶剂中的 CO_2、H_2S 气体，应该采取高温减压操作。

(1) 减压再生

从洗涤塔出来的甲醇减压到 2.0MPa 左右，利用各种气体在甲醇中的溶解度不同，而首先蒸出 CO 和 H_2，并进行回收；闪蒸后的甲醇进入闪蒸塔进一步减压，闪蒸出 CO_2，并回收利用。

(2) N_2 气提再生

在低压（常压，甚至负压）下解吸溶解的 CO_2 气体，压力越低解吸量越大，回收得到的 CO_2 产品越多。但压力太低，CO_2 气体输送困难，负压操作则还需要电耗才能实现。

采用氮气气提可进一步降低甲醇中溶解的 CO_2 分压，使 CO_2 解吸更彻底些，相当于负压（接近真空）操作。通入的气提氮越多，CO_2 分压降低得越多，解吸得越彻底。

(3) 热再生

溶解在甲醇中的 H_2S 和残余的 CO_2 通过加热，使其全部解吸出来。

二、甲醇精馏原理

蒸馏操作是利用液体混合物中各组分挥发性的差异而将其分离的。当液体加热沸腾达到气液两相平衡时，易挥发组分在气相中的含量高于其在液相中的含量，难挥发组分在液相中的含量高于其气液相中的含量。经过多次的蒸馏可以分离液体混合物中的轻组分和重组分。

（1）精馏塔内过程

精馏塔下面由加热釜（再沸器）供热，使塔釜中混合液部分汽化后蒸气逐层塔板上升，塔中各塔板上液体处于沸腾状态。顶部冷凝得到的馏出液部分作回流入塔，从塔顶引入后逐层塔板下流，使各塔板上保持一定液层。上升蒸气和下降液体呈逆向流动，在每块塔板上相互接触进行传热和传质。

粗甲醇液从中部适宜位置处加入精馏塔，其液相部分也逐层塔板向下流入加热釜，气相部分则上升经各塔板至塔顶。由于塔底部几乎是纯难挥发组分，因此塔底部温度最高，而顶部回流液几乎是纯易挥发组分，因此塔顶部温度最低，整个塔内的温度由下向上逐渐降低。由塔内精馏操作分析可知，为实现精馏分离操作，除了具有足够层数塔板的精馏塔以外，还必须从塔顶引入下降液流（即回流液）和从塔底产生上升蒸气流，以建立气液两相体系。因此，塔底上升蒸气流和塔顶下降液流是精馏过程连续进行的必要条件。

（2）气液相平衡

气液平衡影响到甲醇产品的质量和精馏损失等，主要通过调节精馏塔的操作条件（温度、压力、负荷），来调整塔板上面的气液接触情况，以使各塔板上的气液两相组成尽量符合该条件下的相平衡关系，从而达到最佳的经济效果。

对于各组分含量一定的混合物，在一定的温度、压力下，具有一定的气液平衡组成。对于甲醇精馏来说，一般压力已经选定，可将每层塔板上的温度视为该板上的气液组成；其组成随温度改变而改变，产品的质量和损失也随之改变。但是，气液平衡又是通过在每块塔板上气液互相接触进行传质和传热而实现的，显然气液平衡和物料及热量平衡密切相关，塔内温度、压力、物料量的变化都将直接影响气液平衡。

 要点归纳

1. 物种数：系统中能被单独分离出来，并能独立存在的物质的数目称为物种数，用符号 S 表示。

2. 组分数：为确定平衡系统中各相组成所需要的最少的独立物质的数目，用符号 C 表示。$C = S - R - R'$。

3. 相：系统中物理和化学性质完全相同的均匀部分称为相，相数用符号 Φ 表示。

4. 自由度：在不引起旧相消失和新相产生的前提下，系统中可自由变动的独立强度性质的数目，用符号 f 表示。

5. 相律：$f = C - \Phi + 2$

6. 克劳修斯-克拉佩龙方程：

① 固-液平衡系统

$$\frac{dT}{dp} = \frac{T \Delta_s^l V_m}{\Delta_s^l H_m}$$

② 固-液、气-液平衡

$$\ln \frac{p_2}{p_1} = -\frac{\Delta_l^g H_m}{R}\left(\frac{1}{T_2} - \frac{1}{T_1}\right)$$

7. 单组分系统相图（水的相图）

水的相图是由气、液、固三个单相区，三条两相平衡线（水的蒸气压曲线、冰的蒸气压曲线、冰的熔点曲线）和一个三相点（冰、水、水蒸气三相平衡共存）构成的，为 p-T 图。

8. 拉乌尔定律： $p_A = p_A^* x_A$

9. 亨利定律： $p_B = k_x x_B$，$p_B = k_c c_B$，$p_B = k_b b_B$

10. 稀溶液的依数性

① 蒸气压降低 $\quad \Delta p_A = p_A^* - p_A = p_A^* x_B$

② 沸点升高 $\quad \Delta T_b = T_b - T_b^* = k_b b_B$

③ 凝固点降低 $\quad \Delta T_f = T_f^* - T_f = k_f b_B$

④ 渗透压 $\quad \Pi = c_B R T$

11. 理想液态混合物：溶液中所有组分在全部浓度范围内都服从拉乌尔定律的溶液。

12. 理想液态混合物的气-液平衡时，蒸气总压 p 与液相组成 x_B，气相组成 y_B 的关系。

$$p = p_A^* + (p_B^* - p_A^*) x_B$$

$$p = \frac{p_A^* \cdot p_B^*}{p_B^* - (p_B^* - p_A^*) y_B}$$

13. 沸点-组成图：相图分析（液相线、气相线、液相区、气相区）。

14. 真实液态混合物：蒸气压与组成之间的关系并不完全服从拉乌尔定律的溶液。

15. 真实液态混合物相图：正常类型的真实液态混合物、具有最大正偏差的真实液态混合物、具有最大负偏差的真实液态混合物相图。

16. 杠杆规则：任何两相平衡系统物质的数量与组成的关系。

$$n_l \overline{(lo)} = n_g \overline{(og)}$$

17. 蒸馏和精馏：简单蒸馏原理、精馏原理。

18. 水蒸气蒸馏时，水蒸气消耗系数

$$\frac{m_{H_2O}}{m_B} = \frac{p_{H_2O}^* M_{H_2O}}{p_B^* M_B}$$

19. 萃取：用一种与溶液不相溶的溶剂，将溶质从溶液中提取出来的过程称为萃取。

$$m_n = m_0 \left(\frac{KV_a}{KV_a + V_b}\right)^n$$

目标检测

一、填空题

1. 指出下列平衡系统的物种数、组分数、相数及自由度数。

（1）在真空容器中，$MgCO_3(s)$ 部分分解为 $MgO(s)$ 和 $CO_2(g)$ 并达到平衡；

（2）密封容器中 $CaCO_3$ 分解并达到平衡；

（3）$(NH_4)_2SO_4(s)$、$H_2O(s)$ 及溶液在 $p=100kPa$ 下达到平衡；

（4）在 360℃ 时将定量的 C_2H_5OH 放入容器内，发生了分解反应，并建立了平衡系统

$$C_2H_5OH \longrightarrow CH_2=CH_2 + H_2O$$

（5）360℃ 时将任意量的 H_2O 和 C_2H_4 放入容器中，建立 C_2H_4、H_2O 与 C_2H_5OH 的化学平衡系统；

（6）在 360℃ 时把体积比为 1∶1 的 C_2H_4 与 H_2O 放入容器内，建立 C_2H_4、H_2O 与 C_2H_5OH 的化学平衡系统。

2. 填写水的相图中点、线、区的名称。

水的相图

AOC 区：＿＿＿＿＿＿＿

AOB 区：＿＿＿＿＿＿＿

BOC 区：＿＿＿＿＿＿＿

OA 线：＿＿＿＿＿＿＿

OB 线：＿＿＿＿＿＿＿

OC 线：＿＿＿＿＿＿＿

O 点：＿＿＿＿＿＿＿

3. 水的三相点对应的压强是＿＿＿＿kPa，温度是＿＿＿＿℃。

4. 水的冰点温度是＿＿＿＿，压力是＿＿＿＿。

5. 将 0.5g 乙醇溶于 1.0g 的水中，乙醇的质量摩尔浓度为＿＿＿＿ $mol·kg^{-1}$。

6. 稀溶液的依数性分别是＿＿＿＿、＿＿＿＿、＿＿＿＿ 和 ＿＿＿＿。

7. 向纯水中加入少量甘油（甘油不挥发），相对于纯水而言，甘油水溶液会出现：蒸气压＿＿＿＿、沸点＿＿＿＿、凝固点＿＿＿＿，并呈现＿＿＿＿。

8. 理想液态混合物的蒸气总压总是＿＿＿＿易挥发组分的饱和蒸气压，＿＿＿＿难挥发组分的饱和蒸气压；理想液态混合物的沸点总是＿＿＿＿易挥发组分沸点。

9. A 和 B 混合形成理想液态混合物，若 B 比 A 容易挥发，当达到气液两相平衡时，＿＿＿＿在气相中的含量大于其在液相中的含量，＿＿＿＿在气相中的含量小于其在液相中的含量。

10. 工业上提纯沸点高而易分解的有机化合物通常采用的方法有＿＿＿＿和＿＿＿＿。

11. 为了防止高沸点液体在蒸馏时因不稳定而分解,将其与_____一起进行蒸馏,以使混合液体在较_____(高或低)的温度下沸腾,该方法称为_____。

12. _____适用于提纯热稳定性差的有机液体,并应使_____以鼓泡的形式通过有机物液体,可起到_____和_____的作用。

13. 在某一温度下,液体 A 的饱和蒸气压为 50.8kPa,液体 B 的饱和蒸气压为 37.5kPa,若液体 A 与液体 B 不互溶,则将二者混合后总压 $p =$ _____ kPa。

二、选择题

1. 水的三相点附近,其汽化热和熔化热分别为 $44.82 kJ \cdot mol^{-1}$ 和 $5.994 kJ \cdot mol^{-1}$。则在三相点附近,冰的升华热约为( )。

   A. $38.83 kJ \cdot mol^{-1}$　　　　　　B. $50.81 kJ \cdot mol^{-1}$
   C. $-38.83 kJ \cdot mol^{-1}$　　　　　D. $-50.81 kJ \cdot mol^{-1}$

2. 某一固体在 25℃ 和 101325Pa 压力下升华,这意味着( )。

   A. 固体比液体密度大　　　　　B. 三相点压力大于 101325Pa
   C. 三相点温度大于 25℃　　　　D. 三相点的压力小于 101325Pa

3. 在 0~100℃ 的范围内,液态水的蒸气压 p 与 T 的关系为 $\lg(p/Pa) = -2265/T + 11.1$,某高原地区的大气压只有 59995Pa,则该地区水的沸点为( )。

   A. 358.2K　　　B. 85.2K　　　C. 358.2℃　　　D. 373K

4. 在 25℃ 时,某种气体在水和苯中的亨利常数分别为 k_1 和 k_2,并且 $k_1 > k_2$,则在相同平衡分压下,该气体在水中的溶解度( )在苯中的溶解度。

   A. >　　　　　B. <　　　　　C. =　　　　　D. 无关系

5. 亨利常数随温度的升高而( )。

   A. 增大　　　　B. 减小　　　　C. 不变　　　　D. 不一定

6. 在挥发性溶剂中加入非挥发性溶质,不能产生的现象是( )。

   A. 蒸气压升高　　B. 沸点升高　　C. 凝固点降低　　D. 产生渗透压

7. 常压下,纯水可以在 0℃ 完全变成冰,糖水在( )下结冰。

   A. 高于 0℃　　B. 低于 0℃　　C. 等于 0℃　　D. 无法判断

8. 相同温度下,纯水的饱和蒸气压为 p_1,将 0.1mol 蔗糖溶于 80mol 水中,溶液蒸气压为 p_2,将 0.1mol 乙醇溶于 80mol 水中,溶液蒸气压为 p_3,三个压力之间的关系为( )。

   A. $p_3 < p_2 < p_1$　　B. $p_2 < p_3 < p_1$　　C. $p_1 < p_3 < p_2$　　D. $p_2 < p_1 < p_3$

9. 水中加入下列物质,沸点不会升高的是( )。

   A. 氯化钠　　　B. 蔗糖　　　C. 乙醇　　　D. 碳酸钙

10. 两只各装有 1kg 水的烧杯,一只溶有 0.01mol 蔗糖,另一只溶有 0.01mol NaCl,按同样速度降温冷却,则( )。

    A. 溶有蔗糖的杯子先结冰　　　B. 两杯同时结冰
    C. 溶有 NaCl 的杯子先结冰　　D. 视外压而定

11. 两液体的饱和蒸气压分别为 $p_A^* = 30.26 kPa$,$p_B^* = 50.78 kPa$,它们混合形成理想液态混合物,则混合后的蒸气总压 p 为( )。

A. $p>50.78\text{kPa}$ B. $p<30.26\text{kPa}$
C. $30.26\text{kPa}<p<50.78\text{kPa}$ D. 不能确定

12. 两液体的饱和蒸气压分别为 p_A^*、p_B^*，它们混合形成理想液态混合物，液相组成为 x，气相组成为 y，若 $p_A^*>p_B^*$，则（　　）。
A. $y_A>x_A$ B. $y_A>y_B$
C. $x_A>y_A$ D. $y_B>y_A$

13. 对于恒沸混合物，下列说法中错误的是（　　）。
A. 不具有确定组成 B. 平衡时气相和液相组成相同
C. 其沸点随外压的改变而改变 D. 与化合物一样具有确定的组成

14. A、B 两液体混合物在 T-x 图上出现最高点，则该混合物对拉乌尔定律产生（　　）。
A. 正偏差 B. 负偏差
C. 没偏差 D. 无规则

15. 在某一温度下，液体 A 的饱和蒸气压为 46.71kPa，液体 B 的饱和蒸气压为 62.9kPa，若液体 A 与液体 B 不互溶，则将二者混合后总压（　　）。
A. $=109.61\text{kPa}$ B. $<109.61\text{kPa}$
C. $>109.61\text{kPa}$ D. 根据组成而定

16. 水蒸气消耗系数是指单位质量有机物需要的水蒸气质量。下列关于水蒸气消耗系数的说法正确的是（　　）。
A. 系数越小，消耗水蒸气越少 B. 系数越小，消耗水蒸气越多
C. 系数越大，消耗水蒸气越少 D. 不确定

17. 分配系数是一种溶质在两种不互溶的溶剂中溶解达到平衡时（　　）。
A. 溶质在两溶剂中的浓度之比 B. 溶质在两溶剂中的浓度之差
C. 溶质在两溶剂中的浓度之和 D. 不确定

18. 下列与分配系数关系不大的是（　　）。
A. 温度　　B. 溶质性质　　C. 溶剂性质　　D. 大气压

19. 1L 水中溶解 B 20g，现以 300mL 苯萃取，（　　）萃取最有效。
A. 用 100mL 苯分三次萃取 B. 用 300mL 苯分一次萃取
C. 用 50mL 苯分六次萃取 D. 总量一样，故萃取效果一样

20. 下列关于萃取的说法错误的是（　　）。
A. 萃取剂和原溶剂要不互溶
B. 萃取剂和水要不互溶
C. 萃取剂对溶质的溶解能力要远大于原溶剂对溶质的溶解能力
D. 少量多次萃取效果好

三、判断题

1. 在通常情况下，对于二组分系统能平衡共存的最多相为 4。（　　）
2. 粉碎得很细的铜粉和铁粉经过均匀混合后成为一个相。（　　）
3. 当液体的蒸气压大于外界压力时液体便沸腾。（　　）

4. 冰点是指敞露于空气中的冰-水两相平衡时的温度,冰-水是多组分系统。( )

5. 克劳修斯-克拉佩龙方程只表示纯液体的蒸气压随温度变化而变化的关系。( )

6. 温度越高、压力越低(浓度越小)亨利定律越不准确。( )

7. 可以利用渗透压原理用半透膜通过向污水施压从而达到使污水净化的目的。( )

8. 水中溶解少量的乙醇后沸点会升高。( )

9. 给农作物施加过量的肥料会因为存在渗透压而造成农作物失水枯萎。( )

10. 如果两种组分混合成溶液时没有热效应,则此溶液就是理想液态混合物。( )

11. 理想液态混合物与理想气体一样,是为了处理问题简单而假想的模型:分子间没有作用力,分子本身体积为零。( )

12. 二组分理想液态混合物在性质上与单组分系统很相似,沸点都是确定不变的温度。( )

13. 真实液态混合物的压力-组成图上出现极大值,则温度-组成图上必出现极小值。( )

14. 对于二组分真实液态混合物,都可以通过精馏的方法进行分离,从而得到两个纯组分。( )

15. 水蒸气蒸馏时使水蒸气以鼓泡的形式通入体系,可以起到供给热量和搅拌液体的作用。( )

16. 在一定温度下,互不相溶两液体混合物的蒸气总压一定大于任一纯组分的蒸气压。( )

17. 互不相溶两液体混合物的沸点低于任一纯组分的沸点。( )

18. 在同样多的萃取条件下,使用少量多次的萃取可使萃取更有效。( )

四、计算题

1. 3.0℃时冰融化时的摩尔相变焓为 6008J·mol^{-1}。已知在此温度下冰的摩尔体积为 1.9652×10^{-5}m^3,液态水的摩尔体积为 1.8018×10^{-5}m^3,求压力随温度的变化率。

2. 碘乙烷的正常沸点为 72.5℃,求 30℃时碘乙烷的饱和蒸气压。已知碘乙烷汽化时的摩尔相变焓 $\Delta_l^g H_m = 30376$J·mol^{-1}。

3. 光气 $COCl_2$ (l) 在 9.91℃时的蒸气压为 107.8kPa,在 1.35℃时的蒸气压为 77.148kPa,求光气汽化时的摩尔相变焓。

4. 炊事用的高压锅内压力最高可达 230kPa,试计算水在高压锅内能达到的最高温度。已知水汽化时的摩尔相变焓为 40.67kJ·mol^{-1}。

5. 在 298.15K 时,9.47%(质量分数)的硫酸溶液,其密度为 1060.3kg·m^{-3}。求硫酸溶液的:(1) 质量摩尔浓度;(2) 物质的量浓度;(3) 摩尔分数。

6. 在 25℃时,常压下测得空气中氧溶于水中的量为 8.7×10^{-3}kg·m^{-3}。

同温度下，当氧气的压力为 200kPa 时，问每升水中能溶解多少克氧？设空气中氧占 21%。

7. 在 0.0225kg 苯中溶入 0.238g 某未知化合物，测得苯的凝固点下降 0.430K，苯的凝固点降低常数 $k_f = 5.10 \text{K} \cdot \text{kg} \cdot \text{mol}^{-1}$。求此化合物的摩尔质量。

8. 50℃时，有一含甘油 5%（质量分数）的水溶液，求该溶液的蒸气压以及比纯水的蒸气压降低了多少。已知 50℃时，纯水的蒸气压为 7.94kPa。

9. 25℃时，海水的浓度约相当于 $0.7 \text{mol} \cdot \text{L}^{-1}$ 的 NaCl 水溶液。试估算 25℃时海水的渗透压为多少？若要使海水淡化，需要向海水一边施加多大的压力？

10. 50℃时，纯水的饱和蒸气压为 7.94kPa。此温度下，含有不挥发甘油 5%（摩尔分数）的水溶液，求（1）该溶液的蒸气压；（2）该溶液比纯水的蒸气压下降了多少？

11. 20℃时，乙醚（$C_2H_5OC_2H_5$）的蒸气压为 58.4kPa，今在 0.10kg 乙醚中溶解某非挥发性有机物质 5g，乙醚的蒸气压降低到 57.29kPa，试求该有机物的摩尔质量。

12. 已知在 20℃时纯甲醇和纯乙醇的饱和蒸气压分别为 11.83kPa 和 5.93kPa。等质量的甲醇和乙醇混合形成的溶液可看作理想溶液。计算：（1）20℃时该混合溶液的蒸气压；（2）20℃时甲醇在气相中的摩尔分数；（3）20℃时该混合溶液的气相中乙醇的分压力。

13. 已知 100℃时，甲苯和苯的饱和蒸气压分别为 76.08kPa 和 179.1kPa。计算甲苯和苯摩尔分数分别为 0.3 和 0.7 的混合溶液（理想溶液）在 100℃，达气液两相平衡时的气相组成。

14. 在 413.15K 时，纯 C_6H_5Cl 和纯 C_6H_5Br 的饱和蒸气压分别为 125.238kPa 和 66.104kPa。假定两液体组成理想溶液。若它们的混合液在 413.15K、101.325kPa 下沸腾，试求该溶液的组成，以及在此情况下，液面上蒸气的组成。

15. 通过实验测得 25℃时，丙醇-水二组分系统中不同组成时水的分压力和总压力数据如下表所示：

$x_{水}$	0	0.100	0.200	0.400	0.600	0.800	0.950	0.980	1.000
$p_{水}$/kPa	0	1.08	1.79	2.65	2.89	2.91	3.09	3.13	3.17
p/kPa	2.90	3.67	4.16	4.72	4.78	4.72	4.53	3.80	3.17

（1）画出压力-组成图；

（2）组成为 0.4 的丙醇-水混合系统在平衡压力 $p = 4.16 \text{kPa}$ 下达到气液两相平衡，利用相图求相应的气相组成和液相组成分别为多少？

（3）上述系统共 4mol，在 $p = 4.16 \text{kPa}$ 下达到平衡时，气相、液相的量分别为多少？

16. 水和一有机液体构成完全不互溶的混合物系统，在外压为 9.76×

10^4Pa下于90.0℃沸腾，馏出物中有机液的质量分数为0.70。已知90.0℃时，水的饱和蒸气压为7.01×10^4Pa，试求：(1) 90℃时该有机液体的饱和蒸气压；(2) 该有机物的摩尔质量。

17. 在20℃时，某有机酸在水和醚中的分配系数为0.4，若200mL的水溶液中含有机酸10g，试求：(1) 用120mL的醚萃取一次，残留在水中的有机酸为多少克？(2) 每次用40mL的醚连续萃取三次，问水中最后剩余有机酸多少克？

模块 4 化学平衡

【学习目标】

❖ 知识目标

1. 理解可逆反应和化学反应平衡。
2. 理解化学反应进行的方向和限度问题。
3. 掌握平衡常数 $K^{\ominus}$、K_p、K_y、K_n、$K_c^{\ominus}$ 表达式以及它们的相互关系。
4. 理解化学反应等温方程式,并会利用 $\Delta_r G_m$ 判断反应进行的方向。
5. 掌握有关平衡转化率及平衡组成的计算。
6. 理解标准摩尔生成吉布斯函数的概念,掌握标准摩尔反应吉布斯函数 $\Delta_r G_m^{\ominus}$ 的计算。
7. 掌握温度、浓度、压力、惰性气体及反应物配比对化学平衡的影响及其应用。

❖ 技能目标

1. 能够从理论上计算出反应达到平衡时的平衡常数和转化率。
2. 能够在给定条件下判断出反应进行的方向,并能够计算反应限度。
3. 能够根据反应条件确定化学平衡移动的方向。
4. 能够根据平衡原则确定反应的条件。

❖ 素质目标

1. 结合唯物辩证法中的对立统一规律、量变和质变的辩证关系,理解事物发展的根本原因在于事物内部的矛盾性,培养辩证思维。
2. 培养团队合作意识以及严格遵守岗位操作规程、密切关注生产状况的良好职业习惯。

任何一个化学反应在一定温度、压力、组成条件下,可以同时向正、逆两个方向进行。当正、逆两方向的反应速率相等时,反应系统就达到了平衡状态。条件改变，系统原有平衡状态将被打破，并达到新的平衡。

在实际工业生产中，利用化学反应生产某种产品时需要知道该化学反应是否能够进行，如何确定反应的最佳条件、获得反应物的最佳转化率、提高主生成物的收率并进行有关计算，避免设计新合成路线的盲目性等，这些都是生产技术人员应具有的技能。

本模块主要讨论化学反应的方向和化学平衡的特点；平衡常数及平衡转化率的计算；浓度、温度、压力等因素对化学平衡的影响以及热力学在化学工艺中的应用实例。

【案例导入】

氨是化肥工业和基本有机化工的主要原料，目前合成氨是由氮和氢在高温高压和催化剂存在下直接合成的。由于化学平衡的限制，合成气中氨的含量只有10%～20%，因此，必须将合成的氨与未反应的气体分离，得到液氨产品的同时，将未反应气循环回收利用。而合成氨反应具有放热和体积缩小的特点，根据化学平衡移动的原理，化学平衡不仅受温度的影响，还会受到压力、惰性气体、氢氮比的影响。

合成氨的化学反应如下：

$$N_2(g) + 3H_2(g) \xrightleftharpoons[]{\text{催化剂}} 2NH_3(g) \quad \Delta_r H_m^{\ominus}(298K) = -46.22 \text{kJ} \cdot \text{mol}^{-1}$$

在合成氨的生产中，工艺流程的选择和工艺条件的优化很大程度上决定了合成氨能耗高低和效益的大小。

【基础知识】

4.1 化学反应的方向和平衡条件

4.1.1 化学平衡

所有的化学反应既可以正向进行也可以逆向进行，因此称为可逆反应。例如，高温下，$CO_2(g)$ 和 $H_2(g)$ 反应可以生成 $CO(g)$ 和 $H_2O(g)$；同时 $CO(g)$ 和 $H_2O(g)$ 也可以反应生成 $CO_2(g)$ 和 $H_2(g)$。这两个反应可用方程式表示为：

$$CO_2(g) + H_2(g) \rightleftharpoons CO(g) + H_2O(g)$$

有些情况下，逆向反应的程度非常小，可以略去不计，这种反应通常称为单向反应。如常温下，将 2mol $H_2(g)$ 与 1mol $O_2(g)$ 的混合物用电火花引爆，就可以转化为 H_2O，这时普通的方法检测不出有剩余的 H_2 和 O_2。

$$O_2(g) + 2H_2(g) \longrightarrow 2H_2O(l)$$

在一定的条件（温度、压力）下，当化学反应达到平衡状态时，参加反应的各种物质的浓度不再改变。而在微观上，反应并未停止，正逆反应仍在进行，只是正逆反应速率相等，因此化学平衡是一种动态平衡。当外界条件（如温度、浓度等）发生变化，原平衡状态随之被破坏，直至建立新的平衡。

4.1.2　化学反应的方向

自然界中一切自发进行的过程都是有方向的。例如，水可以自发地由高水位流到低水位，水流的方向可以用水位差 $\Delta h<0$ 判断；热可以自发地由高温物体传递到低温物体，热流的方向可以用温度差 $\Delta T<0$ 判断；气体可以自发地从高压流向低压，气流的方向可以用压力差 $\Delta p<0$ 判断。那么化学反应的方向如何判断呢？热力学第二定律用 ΔG 来判断过程进行的方向，如果封闭系统经历一个恒温、恒压且没有非体积功的过程，封闭系统的吉布斯函数总是自动地从高向低进行，直到达到平衡。这是人类长期实践经验总结出来的普遍规律，对于化学反应也不例外。在恒温、恒压且不做非体积功的情况下，化学反应的方向也可以利用反应前后吉布斯函数的变化作为判据，即

$$\Delta G_{T,p,w'=0} \leqslant 0 \quad \begin{matrix} <\text{反应为自发进行} \\ =\text{反应处于平衡态} \end{matrix}$$

那么对于一个化学反应，反应前后的吉布斯函数变化如何表示？这里引入摩尔反应吉布斯函数和标准摩尔反应吉布斯函数的概念。

4.1.3　标准摩尔反应吉布斯函数

在恒温、恒压、不做非体积功和组成不变的条件下，无限大量的反应系统中发生 1mol 化学反应所引起系统的吉布斯函数的变化，称为摩尔反应吉布斯函数，用符号 $\Delta_r G_m$ 表示，单位为 $J \cdot mol^{-1}$。下角标 r 表示反应，m 表示每摩尔。如果化学反应是在标准状态（$p_B=100\text{kPa}$，$c=1.0\text{mol} \cdot L^{-1}$）下进行的，则称为标准摩尔反应吉布斯函数，用符号 $\Delta_r G_m^{\ominus}$ 表示，上角标 ⊖ 表示标准。

$\Delta_r G_m$ 的数值取决于化学反应本身，也与温度、压力及其组成有关。随着反应的进行，$\Delta_r G_m$ 的数值由负值不断增大，当它为零时，化学反应达到平衡。以 $\Delta_r G_m$ 作为化学反应方向的判据，则有：

$$\Delta_r G_m \leqslant 0 \begin{cases} <0 & \text{反应自发进行} \\ =0 & \text{平衡态} \end{cases}$$

4.2　化学反应的等温方程式和平衡常数

4.2.1　化学反应等温方程式

一般情况下，化学反应是在温度不变和不做非体积功的条件下进行的。此时影响化学反应方向及平衡组成的因素主要为反应系统的本性和反应物的配比，这两种因素可以用以下等温方程式进行简单的概括。

对理想气体化学反应 $eE(g)+fF(g) \rightleftharpoons mM(g)+nN(g)$
等温方程为

$$\Delta_r G_m = \Delta_r G_m^\ominus + RT\ln J_p \tag{4-1}$$

式中 $\Delta_r G_m$——摩尔反应吉布斯函数，J·mol^{-1}；

$\Delta_r G_m^\ominus$——标准摩尔反应吉布斯函数，J·mol^{-1}；

T——热力学温度，K；

J_p——压力商，其表达式为

$$J_p = \frac{(p_M/p^\ominus)^m(p_N/p^\ominus)^n}{(p_E/p^\ominus)^e(p_F/p^\ominus)^f} = \prod(p_B/p^\ominus)^{\nu_B} \tag{4-2}$$

即压力商是生成物各组分分压力比标准压力的幂指数积，与反应物各组分的分压力比标准压力的幂指数积的商，压力商无量纲。

已知反应温度 T 时的 $\Delta_r G_m^\ominus$ 及各气体的分压力 p_B，即可求得该温度下反应的 $\Delta_r G_m$，故式(4-1)称为**理想气体反应的等温方程式**。

4.2.2　理想气体反应的热力学平衡常数

随着反应的进行，反应系统中各组分气体的分压不断发生变化，使得式(4-1)中的 J_p 不断改变，反应的 $\Delta_r G_m$ 也不断改变。当反应达到平衡时有

$$\Delta_r G_m = \Delta_r G_m^\ominus + RT\ln J_{p(平衡)} = 0$$

式中，$J_{p(平衡)}$ 为反应的平衡压力商。根据上式，则有

$$\Delta_r G_m^\ominus = -RT\ln J_{p(平衡)} \tag{4-3}$$

对于确定的化学反应，由于 $\Delta_r G_m^\ominus$ 只是温度的函数，故平衡压力商 $J_{p(平衡)}$ 也只是温度的函数，当反应温度确定后，$\Delta_r G_m^\ominus$ 为一确定值，$J_{p(平衡)}$ 也为一确定值，与系统的压力和组成无关。以 $K^\ominus$ 来表示反应平衡时的压力商 $J_{p(平衡)}$，并称为**热力学平衡常数**，$K^\ominus$ 的表达式为

$$K^\ominus = \frac{(p_{M(平衡)}/p^\ominus)^m(p_{N(平衡)}/p^\ominus)^n}{(p_{E(平衡)}/p^\ominus)^e(p_{F(平衡)}/p^\ominus)^f} = \prod(p_{B(平衡)}/p^\ominus)^{\nu_B} \tag{4-4}$$

$K^\ominus$ 也无量纲。热力学平衡常数的表达式与压力商的表达式相同，但物理意义不同，热力学平衡常数是反应达到平衡时的压力商。用 $K^\ominus$ 代替 $J_{p(平衡)}$ 代入式(4-3)中，得

$$\Delta_r G_m^\ominus = -RT\ln K^\ominus \tag{4-5}$$

$$K^\ominus = \exp(-\Delta_r G_m^\ominus/RT) \tag{4-6}$$

将式(4-5)代入式(4-1)得：

$$\Delta_r G_m = -RT\ln K^\ominus + RT\ln J_p \tag{4-7}$$

显然，比较 $K^\ominus$ 与 J_p 的大小也可以判断反应进行的方向和限度：

若 $J_p < K^\ominus$，则 $\Delta_r G_m < 0$，反应正向自发进行；

若 $J_p = K^\ominus$，则 $\Delta_r G_m = 0$，反应达到平衡；

若 $J_p > K^\ominus$，则 $\Delta_r G_m > 0$，反应逆向自发进行。

在一定温度下，化学反应的 $K^\ominus$ 为常数，而 J_p 则可以通过人为改变反应

> 压力商与热力学平衡常数的关系

物与生成物的配比进行调整。因此,在化工生产中,常常通过改变 J_p 来提高反应的产率。

调整反应的 J_p 在一定程度上可以控制和改变反应的方向。但是实际上,对于 $\Delta_r G_m^{\ominus} \ll 0$ 的反应,$K^{\ominus} \gg 1$,平衡时反应物的分压几乎等于 0,可认为反应能进行到底;而 $\Delta_r G_m^{\ominus} \gg 0$ 的反应,$K^{\ominus} \ll 1$,平衡时生成物的分压几乎为 0,可认为反应不能发生;只有 $\Delta_r G_m^{\ominus}$ 接近于 0 的反应,$K^{\ominus}$ 与 1 相差不太大时,才有可能通过调节 J_p 来改变化学反应的方向和影响反应的产率。

需要说明的是,$\Delta_r G_m^{\ominus} = -RT \ln K^{\ominus}$ 是一个普遍公式,不仅适用于理想气体反应,也适用于真实气体、液态混合物及溶液中的化学反应。只不过在其他反应中 $K^{\ominus}$ 不再是平衡压力商,其所代表的意义可根据推导等温方程式时所带入的化学势表达式来确定,真实气体要考虑逸度,溶液和液体混合物要考虑活度、浓度等因素,情况比较复杂,这里不做深入阐述。

【例4-1】 已知 298K 时反应
(1) $CH_4(g) + H_2O(g) \rightleftharpoons CO(g) + 3H_2(g)$　　　　$K_1^{\ominus} = 1.2 \times 10^{-25}$
(2) $CH_4(g) + 2H_2O(g) \rightleftharpoons CO_2(g) + 4H_2(g)$　　　$K_2^{\ominus} = 1.3 \times 10^{-20}$

求反应(3) $CH_4(g) + CO_2(g) \rightleftharpoons 2CO(g) + 2H_2(g)$ 的热力学平衡常数 $K_3^{\ominus}$。

解:因为反应(3)= 2×反应(1)-反应(2),$\Delta_r G_m^{\ominus}$ 为状态函数,只取决于系统的始终态,而与过程所经历的途径无关,所以有

$$\Delta_r G_{m,3}^{\ominus} = 2\Delta_r G_{m,1}^{\ominus} - \Delta_r G_{m,2}^{\ominus}$$

$$-RT \ln K_3^{\ominus} = -2RT \ln K_1^{\ominus} - (-RT \ln K_2^{\ominus})$$

$$K_3^{\ominus} = \frac{(K_1^{\ominus})^2}{K_2^{\ominus}} = \frac{(1.2 \times 10^{-25})^2}{1.3 \times 10^{-20}} = 1.1 \times 10^{-30}$$

4.2.3　理想气体反应平衡常数的不同表示方法

(1) 理想气体反应的其他平衡常数

气体混合物组成可以用分压力 p_B、摩尔分数 y_B、物质的量 n_B 或浓度 c_B 表示,实际计算中,为方便起见,平衡常数也可用上述各种浓度方式表示的 K_p、K_y、K_n 和 $K_c^{\ominus}$ 来表示。仍以上述理想气体化学反应为例:

$$eE(g) + fF(g) \rightleftharpoons mM(g) + nN(g)$$

① K_p 的表达式

$$K_p = \frac{p_M^m p_N^n}{p_E^e p_F^f} = \prod_B p_B^{\nu_B} \tag{4-8}$$

$K^{\ominus}$ 和 K_p 的关系

$$K^{\ominus} = \prod_B (p_B/p^{\ominus})^{\nu_B} = \prod_B p_B^{\nu_B} (p^{\ominus})^{-\Sigma \nu_B}$$

$$= K_p (p^{\ominus})^{-\Sigma \nu_B} \tag{4-9}$$

式中　K_p——用分压表示的平衡常数,单位 $(Pa)^{\Sigma \nu_B}$;

　　　$p^{\ominus}$——标准压力,100kPa 或 10^5Pa;

$K^{\ominus}$——热力学平衡常数,无量纲。

$\sum \nu_B$——反应方程式中计量系数的代数和,无量纲。

② K_y 的表达式

$$K_y = \frac{y_M^m y_N^n}{y_E^e y_F^f} = \prod_B y_B^{\nu_B} \tag{4-10}$$

$K^{\ominus}$ 和 K_y 的关系

$$K^{\ominus} = \prod_B (p_B/p^{\ominus})^{\nu_B} = \prod_B (y_B p/p^{\ominus})^{\nu_B} = \prod_B y_B^{\nu_B} (p/p^{\ominus})^{\sum \nu_B} \tag{4-11}$$

$$= K_y (p/p^{\ominus})^{\sum \nu_B}$$

式中　　K_y——用摩尔分数表示的平衡常数,无量纲;

　　　　p——反应达到平衡时气体的总压力,单位 Pa;

$K^{\ominus}$、$p^{\ominus}$、$\sum \nu_B$——同式(4-9)中表示的量。

③ K_n 的表达式

平衡常数与热力学平衡常数的关系

$$K_n = \frac{n_M^m n_N^n}{n_E^e n_F^f} = \prod_B n_B^{\nu_B} \tag{4-12}$$

$K^{\ominus}$ 和 K_n 的关系

$$K^{\ominus} = \prod_B (p_B/p^{\ominus})^{\nu_B} = \prod_B \left(\frac{n_B}{\sum n_B} \times \frac{p}{p^{\ominus}}\right)^{\nu_B} = \prod_B n_B^{\nu_B} \left(\frac{p}{p^{\ominus} \sum n_B}\right)^{\sum \nu_B} \tag{4-13}$$

$$= K_n \left(\frac{p}{p^{\ominus} \sum n_B}\right)^{\sum \nu_B}$$

式中　　K_n——用物质的量表示的平衡常数,单位 $(mol)^{\sum \nu_B}$;

　　　　$\sum n_B$——平衡时各气体的物质的量之和,单位 mol;

　　　　p——反应达到平衡时气体的总压力,单位 Pa;

$K^{\ominus}$、$p^{\ominus}$、$\sum \nu_B$——同式(4-9)中表示的量。

④ $K_c^{\ominus}$ 的表达式

$$K_c^{\ominus} = \prod_B (c_B/c^{\ominus})^{\nu_B} = \prod_B c_B^{\nu_B} (c^{\ominus})^{-\sum \nu_B} \tag{4-14}$$

$K^{\ominus}$ 和 $K_c^{\ominus}$ 的关系

由于理想气体的 $p_B = \frac{n_B}{V} RT = c_B RT = (c_B/c^{\ominus}) c^{\ominus} RT$,所以

$$K^{\ominus} = \prod_B (p_B/p^{\ominus})^{\nu_B} = \prod_B (c_B/c^{\ominus})^{\nu_B} \times \prod_B (c^{\ominus} RT/p^{\ominus})^{\nu_B} \tag{4-15}$$

$$= K_c^{\ominus} (c^{\ominus} RT/p^{\ominus})^{\sum \nu_B}$$

式中　$K_c^{\ominus}$——用浓度表示的平衡常数,无量纲;

　　　$c^{\ominus}$——标准浓度,$1 mol \cdot L^{-1}$ 或 $1000 mol \cdot m^{-3}$。

(2) 有纯态凝聚相参加的理想气体反应平衡常数

参加化学反应的各物质并不一定都处在同一个相中,这种物质处于不同相中的反应称为多相反应。本模块讨论的多相反应是除有气相外,还有固态

纯物质或液态纯物质等纯态凝聚相参加的反应。如：
$$c\,C(g) + d\,D(l) \rightleftharpoons h\,H(g) + l\,L(s)$$

反应达到平衡时，热力学平衡常数的关系式同样适用，即
$$K^\ominus = \frac{(p_H/p^\ominus)^h (p_L/p^\ominus)^l}{(p_C/p^\ominus)^c (p_D/p^\ominus)^d}$$

对于纯固体或纯液体，在一定温度下反应达到平衡时的平衡分压即为该温度下固体或液体的饱和蒸气压，而纯固体或纯液体的饱和蒸气压在数值上只与温度有关，与纯固体或纯液体的数量无关。因此反应温度恒定时，可以把纯固体或纯液体的饱和蒸气压视为常数，合并到热力学平衡常数中，上述平衡常数表达式可写成

$$K^\ominus = \frac{(p_H/p^\ominus)^h}{(p_C/p^\ominus)^c} = \prod_B [p_{B(\text{气})}/p^\ominus]^{\nu_B} \tag{4-16}$$

因此在常压下，表示多相反应的热力学平衡常数 $K^\ominus$ 时，只用气相各组分的平衡分压表示即可，不涉及纯态凝聚相。

关于平衡常数的三点说明：

① 平衡常数表达式必须与计量方程式相对应。同一个化学反应，以不同的计量方程式表示时，其平衡常数的数值不同。例如：合成氨反应

$$N_2(g) + 3H_2(g) \rightleftharpoons 2NH_3(g)$$

$$K_1^\ominus = \frac{(p_{NH_3}/p^\ominus)^2}{(p_{N_2}/p^\ominus)(p_{H_2}/p^\ominus)^3}$$

$$\frac{1}{2}N_2(g) + \frac{3}{2}H_2(g) \rightleftharpoons NH_3(g)$$

$$K_2^\ominus = \frac{p_{NH_3}/p^\ominus}{(p_{N_2}/p^\ominus)^{\frac{1}{2}}(p_{H_2}/p^\ominus)^{\frac{3}{2}}}$$

显然，$K_1^\ominus = (K_2^\ominus)^2$

② 在上述平衡常数中，只有 $K^\ominus$ 是国标规定的热力学平衡常数。$K^\ominus$、K_p 和 $K_c^\ominus$ 都只是温度的函数，在一定温度下为一常数；K_y 和 K_n 除了是温度的函数外，还是总压力 p 的函数，即温度一定时，它们会随总压力的变化而改变；而 K_n 还与系统中总的物质的量 $\sum n_B$ 有关。

③ 正逆向反应平衡常数互为倒数，即
$$K_{逆} = \frac{1}{K_{正}}$$

4.2.4 关于标准摩尔反应吉布斯函数的计算

（1）由 $\Delta_f G_m^\ominus$ 计算 $\Delta_r G_m^\ominus$

在一定温度和标准压力 $p^\ominus$ 下，由稳定相态单质（包括纯的理想气体、纯固体或液体）生成 1mol 指定相态的化合物时吉布斯函数的变化，称为该物质的标准摩尔生成吉布斯函数，用符号 $\Delta_f G_m^\ominus$ 表示，单位 $J \cdot mol^{-1}$。按照定义可知，标准状态下稳定相态单质的 $\Delta_f G_m^\ominus$ 为零。附录四中列出了一些物质在

298K 时的 $\Delta_f G_m^\ominus$ 值。

对于任意化学反应 $eE(g) + fF(s) \rightleftharpoons mM(g) + nN(s)$

$$\Delta_r G_m^\ominus(T) = m\Delta_f G_m^\ominus(M, g) + n\Delta_f G_m^\ominus(N, s) - e\Delta_f G_m^\ominus(E, g) - f\Delta_f G_m^\ominus(F, s)$$
$$= \sum \nu_B \Delta_f G_m^\ominus(B, 相态)$$

(4-17)

式中 $\Delta_r G_m^\ominus$ ——标准摩尔反应吉布斯函数，$J \cdot mol^{-1}$；

$\Delta_f G_m^\ominus$ ——标准摩尔生成吉布斯函数，$J \cdot mol^{-1}$；

ν_B ——化学反应方程式中生成物和反应物的计量系数，无量纲。

【例4-2】 求算反应：$CO(g) + Cl_2(g) \rightleftharpoons COCl_2(g)$ 在298K及标准压力下的 $\Delta_r G_m^\ominus$ 和 $K^\ominus$。已知 $\Delta_f G_m^\ominus(CO, g) = -137.2 kJ \cdot mol^{-1}$，$\Delta_f G_m^\ominus(COCl_2, g) = -210.5 kJ \cdot mol^{-1}$。

解：$Cl_2(g)$ 是稳定相态单质，其 $\Delta_f G_m^\ominus = 0$。所以

$$\Delta_r G_m^\ominus = (-210.5) - (-137.2) - 0 = -73.3 \text{ (kJ} \cdot mol^{-1}\text{)}$$

由 $\Delta_r G_m^\ominus = -RT \ln K^\ominus$ 得

$$K^\ominus = \exp\left(\frac{-\Delta_r G_m^\ominus}{RT}\right) = \exp\left(\frac{73.3 \times 10^3}{8.314 \times 298}\right)$$
$$= 7.06 \times 10^{12}$$

（2）由 $K^\ominus$ 计算 $\Delta_r G_m^\ominus$

$\Delta_r G_m^\ominus$ 与 $K^\ominus$ 关系为 $\Delta_r G_m^\ominus = -RT \ln K^\ominus$，由 $\Delta_r G_m^\ominus$ 可以计算 $K^\ominus$，反过来由 $K^\ominus$ 也可以计算 $\Delta_r G_m^\ominus$。

【例4-3】 1000K、标准压力下，反应 $2SO_3(g) \rightleftharpoons 2SO_2(g) + O_2(g)$ 的 $K_c^\ominus = 3.54$。求此反应的 $K^\ominus$ 和 $\Delta_r G_m^\ominus$。

解：$K^\ominus = K_c^\ominus (c^\ominus RT/p^\ominus)^{\sum \nu_B}$

$$= 3.54 \times (1 \times 8.314 \times 1000/10^5)^1 = 0.29$$

$$\Delta_r G_m^\ominus = -RT \ln K^\ominus = -8.314 \times 1000 \times \ln 0.29 = 10291.69 \text{ (J} \cdot mol^{-1}\text{)}$$
$$= 10.29 \text{ (kJ} \cdot mol^{-1}\text{)}$$

（3）由 $\Delta_r H_m^\ominus$ 和 $\Delta_r S_m^\ominus$ 计算 $\Delta_r G_m^\ominus$

计算式为 $\Delta_r G_m^\ominus = \Delta_r H_m^\ominus - T\Delta_r S_m^\ominus$ (4-18)

其中 $\Delta_r H_m^\ominus = \sum \nu_B \Delta_f H_{m,B}^\ominus$

$\Delta_r S_m^\ominus = \sum \nu_B S_{m,B}^\ominus$

式中 $\Delta_r G_m^\ominus$ ——标准摩尔反应吉布斯函数，$J \cdot mol^{-1}$；

$\Delta_f H_m^\ominus$ ——标准摩尔生成焓，$J \cdot mol^{-1}$；

$S_m^\ominus$ ——标准摩尔熵，$J \cdot mol^{-1} \cdot K^{-1}$；

$\Delta_r H_m^\ominus$ ——标准摩尔反应焓，$J \cdot mol^{-1}$；

$\Delta_r S_m^\ominus$ ——标准摩尔反应熵，$J \cdot mol^{-1} \cdot K^{-1}$；

T ——热力学温度，K。

【例4-4】反应 $CO_2(g) + 2NH_3(g) \rightleftharpoons (NH_2)_2CO(s) + H_2O(l)$，已知各物质的 $\Delta_f H_m^\ominus$ 和 $S_m^\ominus$ 如表 4-1 所示。

表 4-1 各物质的 $\Delta_f H_m^\ominus$ 和 $S_m^\ominus$ 值

物质	$CO_2(g)$	$NH_3(g)$	$(NH_2)_2CO(s)$	$H_2O(l)$
$\Delta_f H_m^\ominus(B, 298.15K)$ /kJ·mol^{-1}	-393.5	-46.1	-333.5	-285.8
$S_m^\ominus(B, 298.15K)$ /J·mol^{-1}·K^{-1}	213.7	192.4	104.6	69.9

问在 25℃、标准状态下反应能否自发进行？

解： $\Delta_r H_m^\ominus = \sum \nu_B \Delta_f H_{m,B}^\ominus$
$= (-333.5) + (-285.8) - (-393.5) - 2 \times (-46.1)$
$= -133.6 \ (kJ \cdot mol^{-1})$

$\Delta_r S_m^\ominus = \sum \nu_B S_{m,B}^\ominus$
$= 104.6 + 69.9 - 213.7 - 2 \times 192.4$
$= -424.0 \ (J \cdot mol^{-1} \cdot K^{-1})$

$\Delta_r G_m^\ominus = \Delta_r H_m^\ominus - T\Delta_r S_m^\ominus$
$= -133.6 - 298.15 \times (-424.0 \times 10^{-3})$
$= -7.18 \ (kJ \cdot mol^{-1})$

标准状态下，$\Delta_r G_m = \Delta_r G_m^\ominus = -7.18 kJ \cdot mol^{-1} < 0$，反应能够自发进行。

4.3 有关化学平衡的计算

平衡常数是很有用的数据，它不仅能衡量一个化学反应在一定温度下是否达到了平衡，还能进行有关平衡转化率、平衡产率与平衡组成的计算，通过实际产率与理论产率的比较，可以发现生产条件和生产工艺上存在的问题。利用平衡常数还能计算标准摩尔反应吉布斯函数。

（1）平衡常数的计算

【例4-5】在 973K 时，已知反应 $CO_2(g) + C(s) \rightleftharpoons 2CO(g)$ 的 $K_p = 90180Pa$，试计算该反应的 $K^\ominus$ 和 $K_c^\ominus$。

解： $K^\ominus = \dfrac{(p_{CO}/p^\ominus)^2}{p_{CO_2}/p^\ominus} = \dfrac{p_{CO}^2}{p_{CO_2}} \times \dfrac{1}{p^\ominus} = K_p \times \dfrac{1}{p^\ominus} = 90180 \times \dfrac{1}{10^5} = 0.90$

$K^\ominus = K_c^\ominus (c^\ominus RT/p^\ominus)^{\sum \nu_B}$

$0.90 = K_c^\ominus (1 \times 8.314 \times 973/10^5)^1$

$K_c^\ominus = 11.13$

【例4-6】0.5dm^3 的容器内装有 1.588g 的 $N_2O_4(g)$，在 25℃下 $N_2O_4(g)$ 按 $N_2O_4(g) \rightleftharpoons 2NO_2(g)$ 反应部分解离，测得解离达平衡时容器的压

力为 101.325kPa，求上述解离反应的 $K^\ominus$。

解：设 $N_2O_4(g)$ 未解离前的物质的量为 n_0，达平衡时余下的 $N_2O_4(g)$ 的物质的量为 n，根据反应，应有如下关系：

$$N_2O_4(g) \rightleftharpoons 2NO_2(g)$$

开始时　　　　　　n_0　　　　　　0

平衡时　　　　　　n　　　　　　$2(n_0-n)$

而 $\quad n_0 = m_{0(N_2O_4)}/M_{N_2O_4} = 1.588/92 = 0.01726 \text{(mol)}$

平衡时容器内总的物质的量

$$n_{总} = n + 2n_0 - 2n = 2n_0 - n = (0.03452 - n)\text{(mol)}$$

$$pV = n_{总}RT = (0.03452 - n)RT$$

$$0.03452 - n = pV/RT$$

$$n = 0.03452 - pV/RT$$

$$= 0.03452 - 101325 \times 0.5 \times 10^{-3}/(8.314 \times 298.15)$$

$$= 0.01408 \text{ (mol)}$$

$$K^\ominus = K_n [p/(p^\ominus \sum n_B)]^{\sum \nu_B}$$

$$= \frac{[2(n_0 - n)]^2}{n} \times [(p/p^\ominus)/(0.03452 - n)]^{2-1}$$

$$= \frac{(2 \times 0.00318)^2}{0.01408} \times \frac{101.325}{100} \times \frac{1}{0.03452 - 0.01408} = 0.142$$

（2）平衡组成的计算

平衡转化率是指反应达到平衡时已转化的某种反应物的量占该反应物投料量的百分数，即

$$转化率 = \frac{平衡时某反应物消耗掉的量}{该反应物的投料量} \times 100\%$$

产率是指反应达到平衡时转化为指定生成物的某反应物的量占该反应物投料量的百分数，即

$$产率 = \frac{平衡时转化为指定产物的某反应物的量}{该反应物的投料量} \times 100\%$$

对于某些分解反应，也将反应物的平衡转化率称为解离度。若无副反应，则产率等于转化率；若有副反应，则产率小于转化率。

【例4-7】 在 400K、1000kPa 条件下，由 1mol 乙烯与 1mol 水蒸气反应生成乙醇气体，测得热力学平衡常数为 0.099，试求在此条件下乙烯的转化率，并计算平衡时系统中各物质的浓度。（气体可视为理想气体）

解：设 C_2H_4 的转化率为 α，则有

$$C_2H_4(g) + H_2O(g) \rightleftharpoons C_2H_5OH(g)$$

开始时　　　　　　1　　　　　1　　　　　0

平衡时　　　　　$1-\alpha$　　　$1-\alpha$　　　α

平衡后混合物总量 $(1-\alpha) + (1-\alpha) + \alpha = 2-\alpha$

$$K^\ominus = \frac{\left(\dfrac{\alpha}{2-\alpha}\right)\left(\dfrac{p}{p^\ominus}\right)}{\left(\dfrac{1-\alpha}{2-\alpha}\right)^2 \left(\dfrac{p}{p^\ominus}\right)^2} = 0.099$$

由题中所给数据可知，$p = 1000\text{kPa}$，因此求得 $\alpha = 0.291$，即乙烯的转化率为 29.1%。平衡系统中各物质的摩尔分数为：

$$y(\text{C}_2\text{H}_4) = \frac{1-\alpha}{2-\alpha} = \frac{0.709}{1.709} = 0.415$$

$$y(\text{H}_2\text{O}) = \frac{1-\alpha}{2-\alpha} = \frac{0.709}{1.709} = 0.415$$

$$y(\text{C}_2\text{H}_5\text{OH}) = \frac{\alpha}{2-\alpha} = \frac{0.291}{1.709} = 0.170$$

【例4-8】 在 250℃下，$\text{PCl}_5(\text{g})$ 可分解为 $\text{PCl}_3(\text{g})$ 与 $\text{Cl}_2(\text{g})$，将 0.1mol $\text{PCl}_5(\text{g})$ 放入体积为 3dm^3 的瓶内，瓶内原放有压力为 50662.5Pa 的 $\text{Cl}_2(\text{g})$。问在 250℃下，解离达平衡后 PCl_5 的解离度以及各气体的平衡分压。已知 250℃下的 $K^\ominus = 1.801$。

解： 设 Cl_2 初始物质的量为 x，平衡后 PCl_5 的解离度为 α

$$\text{PCl}_5(\text{g}) \rightleftharpoons \text{PCl}_3(\text{g}) + \text{Cl}_2(\text{g})$$

开始时　　　　0.1mol　　　　　0　　　　　x

平衡时　　　$0.1(1-\alpha)$　　　0.1α　　　$0.1\alpha + x$

x 可用理想气体状态方程求得

未反应时　　　　　　　　$pV = xRT$

所以　　$x = pV/RT = 50662.5 \times 3 \times 10^{-3}/(8.314 \times 523.15)$

$\qquad\qquad = 0.035\ (\text{mol})$

平衡时系统总物质的量

$$\sum n_B = 0.1 - 0.1\alpha + 0.1\alpha + 0.1\alpha + x = 0.135 + 0.1\alpha$$

$$K^\ominus = K_y(p/p^\ominus)^{\Sigma\nu_B}$$

$$= \frac{\dfrac{0.1\alpha(0.035 + 0.1\alpha)}{(0.135 + 0.1\alpha)^2}}{\dfrac{0.1 - 0.1\alpha}{0.135 + 0.1\alpha}} \times \left(\frac{p}{p^\ominus}\right)^{2-1}$$

而平衡时 $p = (0.135 + 0.1\alpha)RT/V$，代入上式

$$K^\ominus = \frac{0.1\alpha(0.035 + 0.1\alpha)/(0.135 + 0.1\alpha)^2}{(0.1 - 0.1\alpha)/(0.135 + 0.1\alpha)}(0.135 + 0.1\alpha)RT/(p^\ominus V)$$

$$K^\ominus p^\ominus V/RT = (0.0035\alpha + 0.01\alpha^2)/(0.1 - 0.1\alpha)$$

整理得　　　$0.01\alpha^2 + 0.0159\alpha - 0.0124 = 0$

$$\alpha = 0.573$$

若求平衡时各组分的平衡分压，应先求出系统的总压，即

$$p = \frac{\sum n_B RT}{V} = \frac{(0.135 + 0.1\alpha)RT}{V}$$

$$= \frac{(0.135+0.0573) \times 8.314 \times 523.15}{3 \times 10^{-3}}$$

$$= 278801 \text{ (Pa)} = 278.801 \text{ (kPa)}$$

所以 $\quad p(\text{PCl}_5) = \dfrac{0.1(1-\alpha)}{0.135+0.1\alpha} \times p = 61.91 \text{ (kPa)}$

$$p(\text{PCl}_3) = \dfrac{0.1\alpha}{0.135+0.1\alpha} \times p = 83.07 \text{ (kPa)}$$

$$p(\text{Cl}_2) = p - p(\text{PCl}_5) - p(\text{PCl}_3) = 133.82 \text{ (kPa)}$$

4.4　各种因素对化学平衡移动的影响

化学反应的热力学平衡常数 $K^\ominus$ 只由温度决定,而与浓度、压力等条件无关。但是对于化学反应,在一定温度下其 $K^\ominus$ 不变,化学平衡就不会发生移动了吗?回答是否定的,通过本节的学习,我们将知道,即使在 $K^\ominus$ 不变的情况下,改变反应的起始浓度、压力等因素,平衡也将发生移动,转化率也会发生变化。本节将讨论温度、浓度、压力、惰性气体及反应物配比对化学平衡的影响。

4.4.1　温度对化学平衡的影响

温度对化学平衡的影响主要体现在温度对热力学平衡常数的影响上。通常情况下,可依据热力学数据计算 298K 的热力学平衡常数,而实际的工业生产中,化学反应是在不同温度下进行的。因此,要得到所需温度下的 $K^\ominus(T)$,就要研究温度对 $K^\ominus$ 的影响,找出 $K^\ominus$ 与温度的关系。

在恒压条件下,用热力学方法可以推导出热力学平衡常数与温度的关系式,称为化学反应等压方程,该方程也常称为范特霍夫方程。其表达式为:

$$\left(\frac{\text{dln}K^\ominus}{\text{d}T}\right)_p = \frac{\Delta_r H_m^\ominus}{RT^2} \tag{4-19}$$

式中　$K^\ominus$——热力学平衡常数,无量纲;

$\Delta_r H_m^\ominus$——标准摩尔反应焓,J·mol^{-1};

R——摩尔气体常数,其值为 8.314J·mol^{-1}·K^{-1};

T——热力学温度,K。

此式为任意化学反应的热力学平衡常数随温度变化的微分形式。可以看出,当 $\Delta_r H_m^\ominus > 0$,即为吸热反应时,温度升高将使 $K^\ominus$ 增大,有利于正向反应的进行;当 $\Delta_r H_m^\ominus < 0$,即为放热反应时,温度升高将使 $K^\ominus$ 减小,不利于正向反应的进行。这与以前早已熟悉的化学平衡移动原理相一致,升高温度对吸热反应有利,降低温度对放热反应有利。

当温度变化范围较小时,$\Delta_r H_m^\ominus$ 随温度的变化可以忽略,或者在所讨论的范围内 $\Delta_r H_m^\ominus$ 近似看作常数,即可将式(4-19)进行积分。

定积分:$\quad \ln\dfrac{K_2^\ominus}{K_1^\ominus} = -\dfrac{\Delta_r H_m^\ominus}{R}\left(\dfrac{1}{T_2} - \dfrac{1}{T_1}\right) \tag{4-20a}$

温度对化学平衡的影响

或
$$\lg\frac{K_2^\ominus}{K_1^\ominus} = -\frac{\Delta_r H_m^\ominus}{2.303R}\left(\frac{1}{T_2} - \frac{1}{T_1}\right) \quad (4\text{-}20\text{b})$$

式中 $K_2^\ominus$——温度 T_2 时的热力学平衡常数，无量纲；

$K_1^\ominus$——温度 T_1 时的热力学平衡常数，无量纲。

不定积分
$$\ln K^\ominus = -\frac{\Delta_r H_m^\ominus}{RT} + C \quad (4\text{-}21\text{a})$$

或
$$\lg K^\ominus = -\frac{\Delta_r H_m^\ominus}{2.303RT} + C' \quad (4\text{-}21\text{b})$$

式中 $K^\ominus$——温度 T 时的热力学平衡常数，无量纲；

C——不定积分常数，无量纲；

C'——不定积分常数，无量纲。

通过实验测定不同温度下的 $K^\ominus$，由 $\ln K^\ominus$ 对 $1/T$ 作图，得一直线，直线的斜率为 $-\Delta_r H_m^\ominus/R$，由此可以求得 $\Delta_r H_m^\ominus$。

【例4-9】 在 1137K、101.325kPa 条件下，反应 $Fe(s) + H_2O(g) \rightleftharpoons FeO(s) + H_2(g)$ 达平衡时，$H_2(g)$ 的平衡分压力 $p_{H_2} = 60.0\text{kPa}$；压力不变而将反应温度升高至 1298K 时，平衡分压力 $p'_{H_2} = 56.93\text{kPa}$。求：

(1) 1137~1298K 范围内上述反应的标准摩尔反应焓 $\Delta_r H_m^\ominus$（在此温度范围内为常数）。

(2) 1200K 下上述反应的 $\Delta_r G_m^\ominus$。

解：(1) 反应 $Fe(s) + H_2O(g) \rightleftharpoons FeO(s) + H_2(g)$

平衡时　　1137K　　　　41.325kPa　　　　　　60.0kPa

　　　　　1298K　　　　44.395kPa　　　　　　56.93kPa

1137K 时
$$K_1^\ominus = \frac{p_{H_2}/p^\ominus}{p_{H_2O}/p^\ominus} = \frac{60.0/100}{41.325/100} = 1.452$$

1298K 时
$$K_2^\ominus = \frac{p'_{H_2}/p^\ominus}{p'_{H_2O}/p^\ominus} = \frac{56.93/100}{44.395/100} = 1.282$$

$$\ln\frac{K_2^\ominus}{K_1^\ominus} = -\frac{\Delta_r H_m^\ominus}{R}\left(\frac{1}{T_2} - \frac{1}{T_1}\right)$$

$$\Delta_r H_m^\ominus = \frac{RT_2T_1}{T_2 - T_1}\ln(K_2^\ominus/K_1^\ominus)$$

$$= \left(\frac{8.314 \times 1298 \times 1137}{1298 - 1137}\ln\frac{1.282}{1.452}\right)$$

$$= -9490 \text{ (J·mol}^{-1})$$

(2) $T_3 = 1200\text{K}$，$K_3^\ominus$ 的计算为

$$\ln\frac{K_3^\ominus}{K_1^\ominus} = -\frac{\Delta_r H_m^\ominus}{R}\left(\frac{1}{T_3} - \frac{1}{T_1}\right)$$

$$\ln K_3^\ominus = \ln 1.452 - \frac{-9490}{8.314}\left(\frac{1137 - 1200}{1200 \times 1137}\right)$$

$$= 0.3202$$

则 $K_3^\ominus = 1.377$

所以 $\Delta_r G_m^\ominus (1200K) = -RT\ln K_3^\ominus$
$= -8.314 \times 1200 \times \ln 1.377$
$= -3195 \text{ (J·mol}^{-1})$

4.4.2 浓度对化学平衡的影响

由化学反应的等温方程式为 $\Delta_r G_m = \Delta_r G_m^\ominus + RT\ln J_p$ 可知，减小 J_p，使 $J_p < K^\ominus$，可以使反应向正反应方向进行。

若保持反应系统的温度、压力不变，增加反应物的浓度或将生成物从系统中移出（即降低生成物的浓度），将使得 J_p 减小，而浓度的变化不会引起 $K^\ominus$ 的变化，此时 $J_p < K^\ominus$，原来的平衡受到破坏，系统中的化学反应向正反应方向进行，直到达到新的平衡。反之，若降低反应物的浓度或增加生成物的浓度，使 $J_p > K^\ominus$，化学反应向逆反应方向进行。

例如碳一化工中甲烷转化制氢的反应为

$$CH_4(g) + H_2O(g) \rightleftharpoons CO(g) + H_2(g)$$

为了节约原料气 CH_4，可以通过加入过量廉价水蒸气的办法，减小 J_p，使反应向右移动，以提高 CH_4 的转化率。另外也可以采用在反应过程中把生成物从反应系统中移走的办法，减小 J_p 以提高产率。

4.4.3 压力对化学平衡的影响

压力的变化对固相或液相反应的平衡几乎没有什么影响，因为总压力的变化对固体或液体浓度的影响不大。对于有气体参加的化学反应，若其计量系数代数和 $\sum\nu_B \neq 0$，压力变化将引起化学平衡的移动。

按照公式 $K^\ominus = K_y (p/p^\ominus)^{\sum\nu_B}$，在一定温度下，$K^\ominus$ 不变，改变系统总压力，K_y 将随之变化。

① 对于 $\sum\nu_B < 0$ 的反应（分子数减少），增大系统压力 p，$(p/p^\ominus)^{\sum\nu_B}$ 减小，K_y 增大，平衡向生成物方向移动，即向系统总压减小的方向移动。

② 对于 $\sum\nu_B > 0$ 的反应（分子数增加），增大系统压力 p，$(p/p^\ominus)^{\sum\nu_B}$ 增大，K_y 减小，平衡向反应物方向移动，也是向系统总压减小的方向移动。

由此可知对于有气体参加的化学反应，增大压力，平衡总是向着反应总压力减小的方向移动；减小压力，平衡向反应总压力增大的方向移动。

对于 $\sum\nu_B = 0$ 的反应，$(p/p^\ominus)^{\sum\nu_B} = 1$，$K^\ominus = K_y$，压力的改变对平衡没有影响。

压力对化学平衡的影响

【例4-10】已知合成氨反应 $\frac{1}{2}N_2(g) + \frac{3}{2}H_2(g) \rightleftharpoons NH_3(g)$，在 500K 时的 $K^\ominus = 0.29683$，若反应物 $N_2(g)$ 与 $H_2(g)$ 符合化学计量比，试估算此温度时，100~1000kPa 下的平衡转化率 α。可近似按理想气体计算。

解：

$$\frac{1}{2}N_2(g) + \frac{3}{2}H_2(g) \rightleftharpoons NH_3(g)$$

开始时　　　　　　　　1　　　　　3　　　　　0
平衡时　　　　　　　$1-\alpha$　　$3(1-\alpha)$　　2α

$$\sum n_B = 4-2\alpha$$

$$K^\ominus = K_p(p^\ominus)^{-\Sigma\nu_B} = \frac{\dfrac{2\alpha}{4-2\alpha}p}{\left(\dfrac{1-\alpha}{4-2\alpha}p\right)^{\frac{1}{2}} \times \left[\dfrac{3(1-\alpha)}{4-2\alpha}p\right]^{\frac{3}{2}}}p^\ominus$$

$$= \frac{2^2\alpha(2-\alpha)p^\ominus}{3^{3/2}p(1-\alpha)^2} = K^\ominus$$

将上式整理得

$$\alpha = 1 - \frac{1}{\sqrt{1+1.299K^\ominus(p/p^\ominus)}}$$

代入 $p=100\sim1000$ kPa 数值，可得如下计算结果
$p=100$ kPa 时，$\alpha=0.150$；$p=200$ kPa 时，$\alpha=0.249$；
$p=500$ kPa 时，$\alpha=0.416$；$p=1000$ kPa 时，$\alpha=0.546$。

从结果可以看出，增加压力对体积减小的反应有利。

4.4.4　惰性气体对化学平衡的影响

此处所说的惰性气体是泛指存在于系统中但不参与反应（既不是反应物也不是生成物）的气体。对于气相化学反应来说，当温度和压力都一定时，若向反应系统中充入惰性气体，与恒温降压的作用相同。它不影响热力学平衡常数，但却影响平衡组成，因而使平衡发生移动。

由式 $K^\ominus = K_n\left(\dfrac{p}{p^\ominus n_{总}}\right)^{\Sigma\nu_B}$ 可知，充入惰性气体即增大 $n_{总}$。如果 $\sum\nu_B = 0$，$n_{总}$ 对 K_n 没有影响，惰性气体的存在与否不会影响系统的平衡组成；如果 $\sum\nu_B > 0$，$n_{总}$ 增加，K_n 必然随之增大，即化学平衡向生成物方向移动；如果 $\sum\nu_B < 0$，$n_{总}$ 增加，K_n 必然随之减小，即化学平衡向反应物方向移动。

工业上乙苯脱氢生产苯乙烯是个重要的化学反应，从化学反应方程式

$$C_6H_5C_2H_5(g) \rightleftharpoons C_6H_5C_2H_3(g) + H_2(g)$$

来看，$\sum\nu_B > 0$，故减压有利于生成更多的苯乙烯。但一旦设备漏气，有空气进入系统会有爆炸的危险。通入惰性的水蒸气，与减压作用相同，既经济又安全，所以在实际生产中就采用这一方法。

【例4-11】 上述工业上乙苯脱氢制苯乙烯的化学反应，已知627℃时 $K^\ominus = 1.49$。试求算在此温度及标准压力时乙苯的平衡转化率；若用水蒸气与乙苯的物质的量之比为10的原料气，结果又将如何？

解： 设627℃及标准压力下乙苯的平衡转化率为 α，则

$$C_6H_5C_2H_5(g) \rightleftharpoons C_6H_5C_2H_3(g) + H_2(g)$$

开始时　　　　1　　　　　　　　0　　　　　　0
平衡时　　　$1-\alpha$　　　　　　α　　　　　　α

设系统中水蒸气 $H_2O(g)$ 的物质的量为 n，则

$$n_{总}=1+\alpha+n$$

$$K^{\ominus}=K_n\left(\frac{p}{p^{\ominus}n_{总}}\right)^{\Sigma\nu_B}=\frac{\alpha^2}{1-\alpha}\left[\frac{p}{p^{\ominus}(1+\alpha+n)}\right]$$

标准压力下，$p=p^{\ominus}$，上式整理得：

$$K^{\ominus}=\frac{\alpha^2}{1-\alpha}\times\frac{1}{1+\alpha+n}=1.49$$

不充入水蒸气时，$n=0$，所以

$$\frac{\alpha^2}{1-\alpha^2}=1.49 \qquad \alpha=0.774=77.4\%$$

当充入水蒸气，$n=10\text{mol}$ 时，则

$$\frac{\alpha^2}{(1-\alpha)(11+\alpha)}=1.49 \qquad \alpha=0.949=94.9\%$$

4.4.5 反应物配比对化学平衡的影响

对于气相化学反应

$$e\text{E}(g)+f\text{F}(g)\Longleftrightarrow m\text{M}(g)+n\text{N}(g)$$

若反应开始时只有原料气 E(g) 和 F(g)，没有生成物，两反应物的物质的量之比 $\gamma=n_F/n_E$，则 γ 的变化范围为 $0<\gamma<\infty$。在一定温度和压力下，调整反应物配比，使 γ 从小到大，各组分的转化率以及生成物的含量将如何变化？下面以合成氨反应为例说明：

$$3H_2(g)+N_2(g)\Longleftrightarrow 2NH_3(g)$$

在 773K、30.4MPa 条件下，平衡混合物中氨气的体积分数与原料配比的关系见表 4-2。

表 4-2　氨气的体积分数与原料配比

$\gamma=n_{H_2}/n_{N_2}$	1	2	3	4	5	6
$c_{NH_3}/\%$	18.8	25.0	26.4	25.8	24.2	22.2

从表中数据可以看出，原料平衡组成在 $\gamma=3$ 时，氨在混合物中体积分数达到最大值。由此可以证实，对于气相化学反应，生成物含量最高时所对应的反应物配比等于两种反应物的化学计量数之比，即 $\gamma=\nu_F/\nu_E$。

在化学反应中改变反应物的配比，让一种价廉易得原料适当过量，当反应达平衡时，可以提高另一种原料的转化率。例如水煤气转化反应中，为了尽可能地利用 CO，使水蒸气过量；在 SO_2 氧化生成 SO_3 的反应中，让氧气过量，使 SO_2 充分转化。但是一种原料的过量也应掌握好度。此外，对于气相反应，要注意原料气的性质，防止它们的配比进入爆炸范围，以免引起安全事故。

拓展知识

据中化新网报道，中国科学院上海高等研究院研究员赵虹和姜标团队采

用碳化钡替代电石（碳化钙）作为煤制乙炔的关键中间体，通过碳酸钡-碳化钡-氢氧化钡-碳酸钡的循环，实现低能耗、低排放的乙炔和一氧化碳联产新工艺。该工艺有望从源头解决电石法煤制乙炔工艺存在的问题，实现煤制乙炔绿色低碳工艺流程再造。

目前，电石法煤制乙炔工艺是乙炔化工的龙头工艺。然而，电石合成温度高、废气废渣排放大，是典型的能源密集和高碳排放、高污染的大化工过程，这些限制了电石工业和下游乙炔化工的发展。

该团队设计并实现了基于钡循环的乙炔和一氧化碳联产的新工艺。该工艺可在1450～1550℃的较温和条件下将煤炭、生物质炭等各种碳源物质转化为乙炔并联产高纯度一氧化碳。在此基础上，该团队还进行了实验室规模的钡回收过程，实现了钡资源的循环利用，减少了固体废物排放。同时，该技术可以更加便捷、高效、绿色地将各种固体碳、水、二氧化碳转化为更加高级的乙炔和一氧化碳，为煤炭、生物质碳等各种固体碳资源转化为有用化学品提供了新的技术路线，在煤化工和生物质高效利用中具有良好的应用前景。

车间课堂

煤制天然气工艺中气化、变换、甲烷化反应的化学平衡分析

一、水煤浆的气化反应

煤浆经高压煤浆泵加压，加压后的煤浆和氧气送入气化炉，在6.5MPa、1300℃左右的条件下发生剧烈的部分氧化还原反应，生成以 CO、H_2 为主的煤气。

主要反应如下：

$$C(s) + H_2O(g) \rightleftharpoons CO(g) + H_2(g) - Q$$

$$K_{P_1} = \frac{p_{CO} p_{H_2}}{p_{H_2O}}$$

$$\frac{1}{2}C(s) + H_2O(g) \rightleftharpoons \frac{1}{2}CO_2(g) + H_2(g) - Q$$

$$K_{P_2} = \frac{p_{CO_2}^{\frac{1}{2}} p_{H_2}}{p_{H_2O}}$$

$$\lg K_{P_1} = -\frac{6740.5}{T} + 1.5561\lg T - 0.0001092T - 0.000000371T^2 + 2.554$$

$$\lg K_{P_2} = -\frac{4533.3}{T} + 0.6446\lg T + 0.0003646T + 0.0000001858T^2 + 2.336$$

碳和水蒸气发生的反应是吸热反应，从图4-1中可以看到，平衡常数随温度的升高而增大，升高温度有利于上述反应平衡向生成物方向移动。

在气化炉中，温度的控制还要考虑煤的灰熔点，气化炉中的温度应高于煤的灰熔点温度（表4-3），保证炉渣以液态排出。因此，气化炉温度一般控制在1200～1350℃。

从两个反应的平衡常数随温度的变化曲线上可以看出，高温下 $C + H_2O \rightleftharpoons$

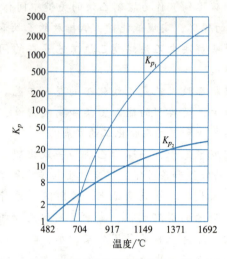

图 4-1 碳与水蒸气反应的平衡常数与温度的关系

$CO+H_2$ 的平衡常数远远大于 $\frac{1}{2}C+H_2O \rightleftharpoons \frac{1}{2}CO_2+H_2$ 的平衡常数，因此在气化炉中反应后生成以 CO 和 H_2 为主的煤气，这也为后续甲烷化反应提供了原料气。

表 4-3　煤的灰熔点温度

灰熔点	变形温度　DT(t_1)/℃	1070
	软化温度　ST(t_2)/℃	1160
	熔化温度　FT(t_3)/℃	1280

二、变换反应

水煤浆气化洗涤塔出口工艺气指标如表 4-4 所示。

表 4-4　水煤浆气化洗涤塔出口工艺气指标

	项目	流量/m³·h⁻¹	温度/℃	压力(G)/MPa	密度/kg·m⁻³
洗涤塔出口工艺气	H_2	83550.62	238	6.27	31.06
	CO	116449.38			
	CO_2	47919.08			
	H_2S	243.04			
	COS	27.42			
	CH_4	223.22			
	N_2	695.34			
	Ar	332.28			
	NH_3	120.62			
	H_2O	360438.32			

从气化炉中出来的工艺气中 CO 和 H_2 的比例约为 1∶0.7，但是

$$CO(g) + 3H_2(g) \rightleftharpoons CH_4(g) + H_2O(g) + Q$$

反应的最佳原料配比应为1∶3,因此需要进行变换反应来提高工艺气中H_2的含量。工艺气中的一部分气体进入变换炉,发生如下反应:

$$CO(g) + H_2O(g) \rightleftharpoons CO_2(g) + H_2(g) + Q$$

此反应的特点是可逆、放热、反应前后体积不变,且反应速率比较慢,只有在催化剂的作用下,才有较快的反应速率。不同温度下变换反应的平衡常数K_p如表4-5所示。

表 4-5 不同温度下变换反应的平衡常数 K_p

温度/℃	K_p	温度/℃	K_p	温度/℃	K_p
180	342.32	310	32.97	440	7.79
190	272.20	320	28.80	450	7.14
200	218.65	330	25.28	460	6.56
210	177.30	340	22.29	470	6.04
220	145.06	350	19.74	480	5.57
230	119.68	360	17.55	490	5.15
240	99.52	370	15.67	500	4.78
250	83.37	380	14.04	510	4.44
260	70.34	390	12.62	520	4.13
270	59.73	400	11.39	530	3.86
280	51.05	410	10.31	540	3.60
290	43.88	420	9.37	550	3.37
300	37.94	430	8.53		

$$K_{p_1} = \frac{p_{CO_2} p_{H_2}}{p_{CO} p_{H_2O}}$$

$$\lg K_p = \frac{2185}{T} - 0.1102 \lg T + 0.6218 \times 10^{-3} T - 1.0604 \times 10^{-7} T^2 - 2.218$$

(1) 温度的控制

从表4-5和图4-2中可以看出平衡常数和转化率都是随着温度的升高而减小,在较高温度下,变换反应具有较快的反应速率,在较低温度下,则可获得较高的变换率。所以,根据这一原则,在操作过程中,气化炉上段温度控制得高些,以加快变换反应的进行;下段温度控制得低些,以进一步控制CO转化率。

(2) 水蒸气的用量

从图4-3中可见,随着$n(H_2O)/n(CO)$的提高,CO的平衡转化率提高;但当$n(H_2O)/n(CO)$超过1.2之后,平衡转化率随$n(H_2O)/n(CO)$的提高变化已经不显著。因此,当$n(H_2O)/n(CO)$超过1.2时,再增加水蒸气用量是不经济的。

(3) 压力

一氧化碳变换反应是等体积反应,压力较低时对反应平衡无影响。

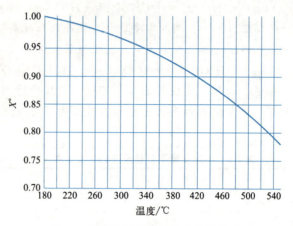

图 4-2 温度和平衡变换率之间的关系

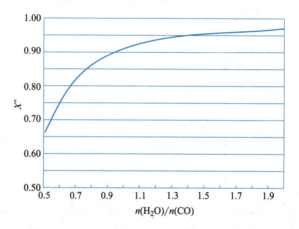

图 4-3 $n(H_2O)/n(CO)$ 与变换率之间的关系

(4) 二氧化碳

CO 变换反应过程中,若能除去生成物 CO_2,则可使平衡向生成 H_2 的方向移动,从而提高 CO 转化率,降低变换气体中 CO 含量。

三、甲烷化反应

甲烷化有以下几种反应类型:

(1) $C(s) + 2H_2(g) \rightleftharpoons CH_4(g) + Q$(反应平衡常数见表 4-6)

表 4-6 碳加氢反应生成甲烷的平衡常数

T/K	K_p	T/K	K_p
298.15	7.902×10^8	800	1.4107
400	7.218×10^5	1000	0.0983
500	2.668×10^3	1500	0.00256
600	1.000×10^2		

(2) $2C(s) + 2H_2O(g) \rightleftharpoons CH_4(g) + CO_2(g) + Q$(反应平衡常数见表 4-7)

表 4-7　$2C(s) + 2H_2O(g) \rightleftharpoons CH_4(g) + CO_2(g) + Q$ 的平衡常数

T/K	K_p	T/K	K_p
298.15	7.850×10^{-4}	800	2.5060×10^{-1}
400	3.580×10^{-2}	1000	3.5450×10^{-1}
500	8.170×10^{-2}	1500	5.8190×10^{-1}
600	1.367×10^{-1}		

（3）$CO_2(g) + 4H_2(g) \rightleftharpoons CH_4(g) + 2H_2O(g) + Q$（反应平衡常数见表 4-8）

表 4-8　$CO_2(g) + 4H_2(g) \rightleftharpoons CH_4(g) + 2H_2O(g) + Q$ 的平衡常数

T/K	K_p	T/K	K_p
298.15	8.578×10^5	800	5.246
400	9.481×10^4	1000	2.727×10^{-2}
500	9.333×10^3	1500	3.712×10^{-8}
600	8.291×10^2		

（4）$CO(g) + 3H_2(g) \rightleftharpoons CH_4(g) + H_2O(g) + Q$（反应平衡常数见表 4-9）

表 4-9　$CO(g) + 3H_2(g) \rightleftharpoons CH_4(g) + H_2O(g) + Q$ 的平衡常数

T/K	K_p	T/K	K_p
298.15	7.870×10^{24}	800	3.206×10^1
400	4.083×10^{15}	1000	3.758×10^{-2}
500	1.145×10^{10}	1500	4.207×10^{-6}
600	1.977×10^6		

以上 4 个反应都能生成 CH_4，都是放热和气体分子数减小的反应，根据化学平衡移动的原理，低温高压有利于平衡向生成物方向移动，提高转化率。但是反应进行过程中放热，反应温度将升高，并且为了保持一定的反应速率，反应温度也不能过低。上述 4 个反应中（2）反应的平衡常数非常小，显然不能作为合成甲烷的反应；（1）反应和（3）反应在低温下平衡常数较大，但是随着温度的升高，平衡常数迅速减小，不利于反应物的转化；只有（4）反应 CO 与 H_2 合成甲烷的反应平衡常数在 500～600K 温度时仍然较大，转化率较高。因此，在选择甲烷合成路线时，显然（4）反应是最优选择。（3）、（4）反应需要在催化剂存在的条件下才能进行。

要点归纳

1. 化学反应的平衡条件　　$\Delta_r G_m = 0$
2. 化学反应方向及限度的判据

① $\Delta_r G_m \leqslant 0 \begin{cases} <0 & \text{反应自发进行} \\ =0 & \text{平衡态} \end{cases}$

② J_p 判据 $\begin{cases} J_p < K^\ominus, & \text{反应正向自发进行} \\ J_p = K^\ominus, & \text{反应达到平衡} \\ J_p > K^\ominus, & \text{反应逆向自发进行} \end{cases}$

3. 化学反应的热力学平衡常数 $K^\ominus$、$K_c^\ominus$ 及其他平衡常数 K_p、K_y、K_n 和 K_c 的表达式

$$K^\ominus = \prod_B (p_B/p^\ominus)^{\nu_B} \qquad K_c^\ominus = \prod_B (c_B/c^\ominus)^{\nu_B}$$

$$K_p = \prod_B p_B^{\nu_B} \qquad K_y = \prod_B y_B^{\nu_B}$$

$$K_n = \prod_B n_B^{\nu_B} \qquad K_c = \prod_B c_B^{\nu_B}$$

4. 化学反应的 $K^\ominus$ 与 K_p、K_y、K_n 和 $K_c^\ominus$ 与 K_c 的关系

$$K^\ominus = K_p (p^\ominus)^{-\Sigma \nu_B} \qquad K^\ominus = K_y (p/p^\ominus)^{\Sigma \nu_B}$$

$$K^\ominus = K_n \left(\frac{p}{p^\ominus \Sigma n_B}\right)^{\Sigma \nu_B} \qquad K_c^\ominus = K_c (c^\ominus)^{-\Sigma \nu_B}$$

5. 有纯凝聚态参加的理想气体化学反应的热力学平衡常数

$$K^\ominus = \prod_B (p_{B,\text{气}}/p^\ominus)^{\nu_B}$$

6. 压力商 J_p：非平衡时，生成物各组分分压力比标准压力的幂指数积与反应物各组分的分压力比标准压力的幂指数积的商，称为压力商。

$$J_p = \prod_B (p_{B,\text{气}}/p^\ominus)^{\nu_B}$$

7. 化学反应等温方程式 $\Delta_r G_m = \Delta_r G_m^\ominus + RT\ln J_p$

或 $\Delta_r G_m = -RT\ln K^\ominus + RT\ln J_p$

8. $\Delta_r G_m^\ominus$ 与 $K^\ominus$ 的关系 $\Delta_r G_m^\ominus = -RT\ln K^\ominus$ $\quad K^\ominus = \exp(-\Delta_r G_m^\ominus/RT)$

9. 平衡转化率：反应达到平衡时已转化的某种反应物的量占该反应物投料量的百分数。

$$\text{转化率} = \frac{\text{平衡时某反应物消耗掉的量}}{\text{该反应物的投料量}} \times 100\%$$

产率：反应达到平衡时转化为指定生成物的某反应物的量占该反应物投料量的百分数。

$$\text{产率} = \frac{\text{平衡时转化为指定产物的某反应物的量}}{\text{该反应物的投料量}} \times 100\%$$

10. 标准摩尔反应吉布斯函数的计算
① 由 $\Delta_f G_m^\ominus$ 计算 $\Delta_r G_m^\ominus$

$$\Delta_r G_m^\ominus(T) = \sum \nu_B \Delta_f G_m^\ominus(B,\text{相态})$$

② 由 $K^\ominus$ 计算 $\Delta_r G_m^\ominus$ $\Delta_r G_m^\ominus = -RT\ln K^\ominus$

③ 由 $\Delta_r H_m^\ominus$ 和 $\Delta_r S_m^\ominus$ 计算 $\Delta_r G_m^\ominus$ $\Delta_r G_m^\ominus = \Delta_r H_m^\ominus - T\Delta_r S_m^\ominus$

其中 $\Delta_r H_m^\ominus = \sum \nu_B \Delta_f H_{m,B}^\ominus$ $\Delta_r S_m^\ominus = \sum \nu_B S_{m,B}^\ominus$

11. 温度对化学平衡的影响

定积分式 $\ln\dfrac{K_2^\ominus}{K_1^\ominus} = -\dfrac{\Delta_r H_m^\ominus}{R}\left(\dfrac{1}{T_2} - \dfrac{1}{T_1}\right)$ $\lg\dfrac{K_2^\ominus}{K_1^\ominus} = -\dfrac{\Delta_r H_m^\ominus}{2.303R}\left(\dfrac{1}{T_2} - \dfrac{1}{T_1}\right)$

升高温度对吸热反应有利，降低温度对放热反应有利。

12. 浓度、压力、惰性气体及反应物配比对化学平衡的影响。

① 增加反应物的浓度或减少生成物的浓度都会使反应向生成物方向移动。

② 增大反应系统的总压力，化学平衡向气体分子数减少的方向移动；反之，减小反应系统的压力，化学平衡向气体分子数增大的方向移动。

③ 在反应系统总压力不变的情况下，加入惰性气体，相当于减小了参加反应物质的总压力，从而化学平衡向气体分子数增大的方向移动。

④ 当反应物配比按反应方程式的计量系数比投入时，生成物的产率最高。让一种价廉易得原料适当过量，当反应达平衡时，可以提高另一种原料的转化率。

13. 本模块计算题类型

① $K^\ominus$、$K_c^\ominus$ 及 K_p、K_y、K_n、K_c 的计算。

② 平衡组成和平衡转化率的计算。

③ $\Delta_r G_m^\ominus$ 和 $\Delta_r G_m$ 的计算及化学反应方向的判断。

④ 温度变化对热力学平衡常数的影响的计算。

⑤ 压力与惰性气体等对平衡常数影响的计算。

目标检测

一、填空题

1. 所有的化学反应既可以正向进行，也可以逆向进行，因此称为_____反应。

2. 作为化学反应方向的判据，$\Delta_r G_m$ _____ 0，反应自发进行；$\Delta_r G_m$ _____ 0，反应达到平衡（填填>、<或=）。

3. 标准状态下，按照化学反应的计量方程式完成一个化学反应所引起的系统吉布斯函数的变化称为_____。

4. 化工生产中，有副反应时转化率_____产率；无副反应时转化率_____产率。

二、选择题

1. 肯定无单位（量纲）的平衡常数是（   ）。

    A. K_p，K_y B. $K^\ominus$，K_p C. $K^\ominus$，K_y D. $K_c^\ominus$，K_n

模块 4   化学平衡

2. 在 T、p 恒定的条件下，某一化学反应 $aA+bB \rightleftharpoons lL+mM$，其 $\Delta_r G_m$ 所代表的意义为（   ）。

   A. $\Delta_r G_m$ 表示该反应达到平衡时生成物与反应物的吉布斯函数之差

   B. $\Delta_r G_m$ 表示反应系统处于标准状态时的反应趋势

   C. $\Delta_r G_m$ 表示 T、p 下且物质的量恒定时，发生一摩尔反应时引起的吉布斯函数变化

   D. $\Delta_r G_m$ 表示反应系统中反应后与反应前吉布斯函数之差

3. 设反应 $A(s) \rightleftharpoons D(g) + G(g)$ 的 $\Delta_r G_m^{\ominus}(J \cdot mol^{-1}) = -4500 + 11T$，要防止反应发生，温度必须（   ）。

   A. 高于 409K   B. 低于 136K

   C. 高于 136K 而低于 409K   D. 低于 409K

4. 某温度下 $N_2(g)+3H_2(g) \rightleftharpoons 2NH_3(g)$ 的热力学平衡常数为 $K_1^{\ominus}$，同温度下 $\frac{1}{2}N_2(g)+\frac{3}{2}H_2(g) \rightleftharpoons NH_3(g)$ 的热力学平衡常数为 $K_2^{\ominus}$，$K_1^{\ominus}$ 与 $K_2^{\ominus}$ 的关系是（   ）。

   A. $K_1^{\ominus} = K_2^{\ominus}$ B. $K_1^{\ominus} = K_2^{\ominus 2}$ C. $K_1^{\ominus} = \sqrt{K_2^{\ominus}}$ D. $K_1^{\ominus}$ 与 $K_2^{\ominus}$ 无关

5. 任何一个化学反应，影响热力学平衡常数数值的因素是（   ）。

   A. 反应物的浓度   B. 催化剂

   C. 反应生成物的浓度   D. 温度

6. 已知 $2NO(g)+O_2(g) \rightleftharpoons 2NO_2(g)$ 为放热反应。反应达平衡后，欲使平衡向右移动以获得更多 NO_2，应采取的措施是（   ）。

   A. 降温和减压   B. 降温和增压

   C. 升温和减压   D. 升温和增压

7. 反应 $CO(g)+H_2O(g) \rightleftharpoons H_2(g)+CO_2(g)$ 在 873K 和 101.325kPa 下达成平衡，今将压力提高到 5066.25kPa，则（   ）。

   A. 平衡转化率提高   B. 平衡转化率下降

   C. 平衡转化率不变   D. 不能确定

8. 合成氨反应 $N_2(g)+3H_2(g) \rightleftharpoons NH_3(g)$，在 25℃ 时为放热反应。温度升高时，反应向_____移动，增大体系总压，反应向_____移动（   ）。

   A. 正向、逆向   B. 正向、正向   C. 逆向、逆向   D. 逆向、正向

9. 石油烃裂解是个气体分子数增加的反应，加入惰性介质对生产（   ）。

   A. 有利   B. 不利   C. 不受影响   D. 不确定

10. 已知反应 $H_2O(g) \rightleftharpoons H_2(g)+\frac{1}{2}O_2(g)$ 的 $\Delta_r H_m^{\ominus} = 242kJ \cdot mol^{-1}$ 该反应是（   ）反应，当温度降低时，此反应的热力学平衡常数将（   ）。

   A. 吸热、增大   B. 吸热、减小

   C. 放热、增大   D. 放热、减小

三、判断题

1. 不需要借助外力就能够自动进行的过程称为自发过程。（   ）
2. 热力学中，只有 $\Delta_r G_m > 0$ 时，反应才能够自发正向进行。（   ）
3. 所有单质的标准摩尔生成吉布斯函数 $\Delta_f G_m^{\ominus}$ 都为零。（   ）
4. 因为 $\Delta_r G_m^{\ominus} = -RT \ln K^{\ominus}$，所以 $\Delta_r G_m^{\ominus}$ 是在平衡状态时吉布斯函数的变化值。（   ）
5. 正逆化学反应平衡常数互为倒数。（   ）
6. 温度一定时，化学反应的热力学平衡常数不随起始浓度而变化，转化率也不随起始浓度变化。（   ）
7. 化学反应的热力学平衡常数数值发生变化时，平衡要发生移动；当化学平衡发生移动时，热力学平衡常数数值也一定要发生变化。（   ）
8. J_p 表示化学反应在任意时刻的压力商，随着反应的不断进行，其数值不断接近热力学平衡常数 $K^{\ominus}$，当反应达到平衡时 J_p 等于 $K^{\ominus}$。（   ）
9. 升高温度对吸热的化学反应有利。（   ）
10. 从反应系统中将生成物移出，可以促使化学平衡向生成物方向移动，提高产率。（   ）
11. 当反应物配比按化学方程式的计量系数比投入时，生成物的产率最高。（   ）

四、计算题

1. 在高温下，水蒸气通过灼热煤层反应生成水煤气：
$$C(s) + H_2O(g) \rightleftharpoons H_2(g) + CO(g)$$
已知在 1000K 及 1200K 时，$K^{\ominus}$ 分别为 2.472 及 37.58。求算（1）该反应在此温度范围内的 $\Delta_r G_m^{\ominus}$；（2）1100K 时该反应的 $K^{\ominus}$。

2. 1500K 时，含 10% CO、90% CO_2 的气体混合物能否将 Ni 氧化成 NiO？已知在此温度下：

$$Ni + \frac{1}{2}O_2 \rightleftharpoons NiO \qquad \Delta_r G_{m,1}^{\ominus} = -112050 \text{ J} \cdot \text{mol}^{-1}$$

$$C + \frac{1}{2}O_2 \rightleftharpoons CO \qquad \Delta_r G_{m,2}^{\ominus} = -242150 \text{ J} \cdot \text{mol}^{-1}$$

$$C + O_2 \rightleftharpoons CO_2 \qquad \Delta_r G_{m,3}^{\ominus} = -395390 \text{ J} \cdot \text{mol}^{-1}$$

3. 有反应 $3C(s) + 2H_2O(g) \rightleftharpoons CH_4(g) + 2CO(g)$，试讨论一定温度时下列情况平衡移动的方向，并简要说明理由。
（1）采用压缩方法使系统压力增大；
（2）充入 N_2 气但保持总体积不变；
（3）充入 N_2 气但保持总压力不变；
（4）充入水蒸气但保持总压力不变。

4. 在 1000K 时，反应 $C(s) + 2H_2(g) \rightleftharpoons CH_4(g)$ 的 $\Delta_r G_m^{\ominus} = 12.288 \text{ kJ} \cdot \text{mol}^{-1}$，当气相压力为 101325Pa，组成为 $CH_4(g)$ 10%、$H_2(g)$ 80%、$N_2(g)$ 10%时，计算上述反应的 $\Delta_r G_m$ 是多少？判断反应的方向。

5. 实验测知 $Ag_2O(s)$ 在 445℃时的分解压为 2.10×10^7 Pa，试求算该温

度时 $Ag_2O(s)$ 的标准摩尔生成吉布斯函数 $\Delta_f G_m^{\ominus}$。

6. $NaHCO_3(s)$ 分解反应为 $2NaHCO_3(s) \rightleftharpoons Na_2CO_3(s) + H_2O(g) + CO_2(g)$，已知：

参数	$NaHCO_3(s)$	$Na_2CO_3(s)$	$H_2O(g)$	$CO_2(g)$
$\Delta_f G_m^{\ominus}(298K)/kJ \cdot mol^{-1}$	−947.4	−1131	−241.8	−393.5
$S_m^{\ominus}(298K)/J \cdot mol^{-1} \cdot K^{-1}$	102.0	136.0	189.0	214.0

在 298~373K 之间，$\Delta_r G_m^{\ominus}(T)$ 及 $\Delta_r S_m^{\ominus}(T)$ 均可视为与 T 无关。求：

(1) 371.0K 时的 $K^{\ominus}$；

(2) 101.325kPa、371.0K 时，系统中 H_2O 的摩尔分数 $y=0.65$ 的 H_2O 和 $CO_2(g)$ 混合气体能否使 $NaHCO_3(s)$ 避免分解？

7. 已知气体反应 $PCl_5(g) \longrightarrow PCl_3(g) + Cl_2(g)$ 在 527K 及 101.3kPa 下，解离度 $\alpha=0.80$，求在该温度下的平衡常数 $K^{\ominus}$。

8. 298K 时，将 $NH_4NH(s)$ 放入抽空瓶中，$NH_4NH(s)$ 依下式分解：
$$NH_4NH(s) \rightleftharpoons NH_3(g) + H_2S(g)$$
平衡时测得压力为 66.66kPa，求 $K^{\ominus}$ 和 K_p 值。若瓶中原来已盛有 $NH_3(g)$，其压力为 40.00kPa，试问此瓶中总压力为多少？

9. 由甲烷制氢的反应为：$CH_4(g) + H_2O(g) \rightleftharpoons CO(g) + 3H_2(g)$，已知 1000K 时的 $K^{\ominus}=26.56$。若平衡时总压为 405.2kPa，反应前系统存在甲烷和水蒸气，其摩尔比为 1∶1，求甲烷的转化率。

模块 5 化学动力学

【学习目标】

❖ 知识目标

1. 掌握化学反应速率的表示方法及特点。
2. 了解化学反应速率的测定方法。
3. 理解基元反应。
4. 正确理解质量作用定律和化学反应速率常数。
5. 掌握简单反应、反应级数、反应分子数以及半衰期、活化能等基本概念。
6. 熟练掌握常见一级反应和二级反应的特点及相关计算。
7. 掌握温度对反应速率的影响。
8. 了解催化剂的特征、催化反应。

❖ 技能目标

1. 能够进行简单反应的动力学相关计算。
2. 能够分析各种因素对化学反应速率的影响。
3. 能够通过化学动力学的研究,知道如何控制化学反应条件。

❖ 素质目标

1. 培养具体问题具体分析、理论联系实际的科学辩证思维能力。
2. 培养追求卓越、守正创新、精益求精的工匠精神。
3. 培养诚实守信、拼搏进取、奉献社会的职业道德。

化学平衡是从热力学的基本原理出发,讨论了化学反应的方向和限度,从而解决了化学反应的可能性问题。然而实际经验表明,在热力学上判断有可能发生的化学反应,实际上却不一定发生。例如,在 298K 时氢和氧化合生成水,其 $\Delta_r G_m^\ominus = -237.20 \text{kJ} \cdot \text{mol}^{-1}$,根据热力学观点,这一反应具有很大的平衡常数，理论上它向右进行的趋势应是很大的，但热力学对于这个反应需要多长时间却不能提供任何启示。实际上在通常情况下，氢和氧的化合反应进行得极慢，以致几年都观察不出来有反应发生的迹象。但是温度升高到1073K，该反应却以爆炸的方式瞬时完成。如果选用适当的催化剂（例如用钯作为催化剂），则即使在常温常压下氢和氧也能以较快的速率化合成水。这些现象单凭化学热力学知识无法圆满地回答，需要结合化学动力学知识解答。

化学动力学主要是研究浓度、压力、温度、催化剂等各种因素对反应速率的影响，以及反应的进行要经过哪些具体的步骤，即所谓反应机理。所以，化学动力学是研究化学反应速率和反应机理的科学。

通过化学动力学的研究，可以知道如何控制化学反应条件、提高主反应的速率、抑制或减慢副反应的速率，以减少原料的消耗、减轻分离操作的负担、提高产品的产量和质量；还可以了解如何避免危险品的爆炸、材料的腐蚀、产品的老化和变质等方面的知识。

本模块主要讨论化学反应速率、简单级数反应的动力学、温度对速率常数的影响以及催化剂与催化作用等化学动力学中的基础知识。

【案例导入】

在模块4中，提到合成氨的化学平衡不仅受温度的影响，还会受到压力、惰性气体、氢氮比的影响。合成氨反应是一个放热和体积缩小的反应，从平衡移动的角度分析，该反应应该在提高压力、降低温度和惰性气体含量的条件下进行，由此可以促使平衡向正反应方向移动，提高平衡时氨的含量。

但是合成氨反应在实际生产中不仅要考虑其平衡移动和转化率，还要考虑反应进行的速率。根据合成氨反应的机理和动力学方程，其反应速率也会受到压力、温度、催化剂等因素的影响，提高压力、升高温度、加入催化剂反应速率增大。对于此反应，热力学上降低温度对该反应有利，而动力学上的升高温度对该反应有利，那么在工艺生产中就会存在一个最佳反应温度。通过研究发现，温度因素比压力因素对氨的转化率的影响更加显著一些。所以，研发出具有良好的低温催化活性的催化剂，降低操作压力和操作温度是提高氨产量、降低氨合成能耗的关键。

【基础知识】

5.1 化学反应速率

5.1.1 化学反应速率的表示方法

化学反应进行的快慢可以从反应物和生成物的物质的量的变化上体现出

来：反应物的物质的量随时间不断减少；生成物的物质的量随时间不断增加。反应一般在恒定的容器中进行，因此化学反应速率可以用单位体积内参与反应物质的物质的量随时间的变化率来表示。即

$$\vartheta = \pm \frac{1}{V} \times \frac{dn}{dt} \tag{5-1}$$

式中 　V——体积；
　　　t——时间；
　　　n——物质的量，mol；
　　　ϑ——反应速率；
　　　$\pm$——随着反应的进行，反应物的量逐渐减少，物质的量随时间的变化值为负值，而反应速率不能用负值表示，因此在表达式前加"$-$"号，使速率转为正值。对于生成物，描述速率用"$+$"号。

对于恒容反应，$dn_B/V = dc_B$，所以反应速率 ϑ 的定义式也可以写成

$$\vartheta_B = \pm \frac{dc_B}{dt} \tag{5-2}$$

式中 　c_B——B 的物质的量浓度，$mol \cdot m^{-3}$ 或 $mol \cdot L^{-1}$；
　　　dc_B/dt——物质 B 的浓度随时间的变化率；
　　　ϑ_B——参与反应的物质 B 的反应速率，单位为 [浓度]·[时间]$^{-1}$。

例如：对于气相反应

$$2NO + Br_2 \longrightarrow 2NOBr$$

在恒温恒容条件下，每一种物质的反应速率分别表示为：

$$\vartheta_{NO} = -\frac{dc_{NO}}{dt} \quad \vartheta_{Br_2} = -\frac{dc_{Br_2}}{dt} \quad \vartheta_{NOBr} = \frac{dc_{NOBr}}{dt}$$

显然，$\vartheta_{NO} \neq \vartheta_{Br_2} \neq \vartheta_{NOBr}$，根据反应的计量系数可知，$-dc_{NO} : (-dc_{Br_2}) : dc_{NOBr} = 2 : 1 : 2$，所以有 $\vartheta_{NO} : \vartheta_{Br_2} : \vartheta_{NOBr} = 2 : 1 : 2$。

即

$$\frac{1}{2}\vartheta_{NO} = \vartheta_{Br_2} = \frac{1}{2}\vartheta_{NOBr}$$

推广到任意化学反应，$\nu_A A + \nu_B B \longrightarrow \nu_R R + \nu_D D$ 有

$$\frac{1}{\nu_A}\vartheta_A = \frac{1}{\nu_B}\vartheta_B = \frac{1}{\nu_R}\vartheta_R = \frac{1}{\nu_D}\vartheta_D \tag{5-3}$$

对于某一个反应，反应速率 ϑ 是唯一确定的值，与物质 B 的选择无关，令化学反应的速率

$$\vartheta = \frac{1}{\nu_B}\vartheta_B \tag{5-4}$$

选用任何一种物质描述该反应的速率都是可以的。在实际工作中，常选择其中浓度比较容易测量的物质来表示反应速率。用反应物表示的速率称为消耗速率，而用生成物表示的速率称为生成速率。

对于气相反应，压力比浓度更容易测定，因此也可以用参加反应的各种

物质的分压力来代替浓度,在 2NO+Br$_2$ ⟶ 2NOBr 反应中,$\vartheta_{NO} = -\dfrac{dp_{NO}}{dt}$,
$\vartheta_{Br_2} = -\dfrac{dp_{Br_2}}{dt}$,$\vartheta_{NOBr} = \dfrac{dp_{NOBr}}{dt}$。

5.1.2　化学反应速率的测定

对于在 T、V 恒定条件下的某均相反应,由实验测出不同时间 t 时反应物 E 的浓度 c_E,或生成物 M 的浓度 c_M,则可绘出如图 5-1 所示的 c-t 曲线。某时间 t 时曲线的斜率 $-dc_E/dt$ 或 dc_M/dt 分别为反应物 E 的消耗速率和生成物 M 的生成速率。所以,测定化学反应速率,就是测定不同反应时间某种反应组分的浓度。

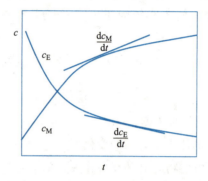

图 5-1　反应物或生成物的浓度随时间变化的曲线

测定反应组分浓度的方法有化学法和物理法。

(1)化学法

在反应进行的某一时刻取出一部分物质,并设法迅速使反应"冻结"(用骤冷、冲稀、加阻化剂或除去催化剂等方法),然后进行化学分析,这样可以直接得到不同时刻某物质的浓度。化学法的优点是设备简单,可直接得到不同时刻的浓度;缺点是操作费时,在没有合适的"冻结"方法时,往往误差很大。

(2)物理法

在反应过程中对某一种与物质浓度有关的物理量进行连续监测,获得一些原位反应的数据。通常利用的物理性质和方法有:测定压力、体积、旋光度、折射率、吸收光谱、电导率、电动势、介电常数、黏度、热导率或进行比色等。由于物理方法不是直接测量浓度的,所以首先需要知道浓度与这些物理量之间的依赖关系,最好是选择与浓度变化呈线性关系的一些物理量。物理法不必中止反应,可以在反应器内进行连续测定,测量方法快速方便、误差小,但需要较昂贵的测试装置。

5.1.3　基元反应与非基元反应

(1)基元反应与非基元反应的定义

化学动力学的研究证明,通常描述的化学反应并不是按化学反应计量方程式表示的那样一步直接反应的,而是经历了一系列单一的步骤。即通常所写的化学方程式绝大多数并不代表反应的真正历程,而仅是代表反应的总结果。

例如,反应 $H_2(g) + I_2(g) \longrightarrow 2HI(g)$,有人认为此反应由下列几个简单反应步骤组成:

① $I_2(g) + M^0 \longrightarrow I \cdot + I \cdot + M_0$

② $H_2(g) + I \cdot + I \cdot \longrightarrow HI + HI$

③ $I \cdot + I \cdot + M_0 \longrightarrow I_2(g) + M^0$

式中,M^0 代表气相中高能量的 H_2、I_2 等分子;M_0 代表气相中低能量的 H_2、I_2 等分子;$I \cdot$ 代表自由原子碘,旁边的黑点"$\cdot$"表示未配对的价电子。

如果一个化学反应的反应物微粒(分子、原子、离子或自由基)在碰撞中相互作用直接转化成生成物微粒,这种化学反应称为基元反应,否则就是非基元反应,或称复合反应。所以反应①~③都是基元反应。一个非基元反应要经过若干个基元反应才能完成,这些基元反应代表了反应所经过的途径,动力学上就称为反应机理或反应历程。故反应①~③就是 $I_2(g)$ 与 $H_2(g)$ 反应生成 $HI(g)$ 的反应历程。

基元反应中,反应物微粒数目称为反应分子数。根据反应分子数可以将基元反应分为单分子反应、双分子反应、三分子反应。基元反应多是单分子反应和双分子反应,三分子反应较少,而四分子反应几乎不可能发生,因为四个反应物分子同时碰撞接触的概率非常小。如上述 HI 合成反应中,基元反应①是双分子反应,②和③是三分子反应。显然,反应分子数只能是正整数,而且只有基元反应才有反应分子数,非基元反应无反应分子数可言。

常见的化学反应方程式,如不特别指明,一般都属于化学计量方程,而不是基元反应。

(2)基元反应的速率方程——质量作用定律

影响化学反应速率的因素有浓度、温度、催化剂等。在温度、催化剂等因素不变的条件下,表示浓度对反应速率影响的数学方程,简称速率方程,又称动力学方程。

实验证明,基元反应的速率与各反应物浓度的幂函数的乘积成正比,其中各反应物浓度的幂指数为基元反应中各反应物化学计量数的绝对值。基元反应的这个规律称为质量作用定律,根据质量作用定律可以直接写出基元反应的速率方程,例如:

对于任意一个基元反应

$$a\text{A} + b\text{B} \longrightarrow c\text{C} + d\text{D}$$

其速率方程为 $\vartheta = k c_A^a c_B^b$

基元反应分为单分子反应、双分子反应、三分子反应三种类型,其对应的速率方程分别是:

单分子反应: $\qquad \text{A} \longrightarrow \text{P}, \vartheta = k c_A \qquad (5-5)$

双分子反应：A+B⟶P, A+A⟶P
$$\vartheta = kc_A c_B \qquad \vartheta = kc_A^2 \tag{5-6}$$
三分子反应：A+B+C⟶P, 2A+B⟶P, 3A⟶P
$$\vartheta = kc_A c_B c_C \qquad \vartheta = kc_A^2 c_B \qquad \vartheta = kc_A^3 \tag{5-7}$$

（3）非基元反应的速率方程

质量作用定律不适用于非基元反应。也就是说，只知道非基元反应的计量方程式是不能预言其速率方程式的。非基元反应的速率方程的形式通常只能通过实验确定。例如，H_2 与三种不同卤素的气相反应，其化学计量方程式是类似的：

$$H_2 + Cl_2 \longrightarrow 2HCl$$
$$H_2 + Br_2 \longrightarrow 2HBr$$
$$H_2 + I_2 \longrightarrow 2HI$$

但实验证明，它们的速率方程的形式却完全不同，分别为

$$\vartheta = kc_{H_2} c_{Cl_2}^{1/2}$$
$$\vartheta = \frac{kc_{H_2} c_{Br_2}^{1/2}}{1 + k' c_{HBr}/c_{Br_2}}$$
$$\vartheta = kc_{H_2} c_{I_2}$$

这三个反应的速率方程之所以不同，是由于它们的反应机理不同。因此，非基元反应的速率方程是经过实验研究确定的。由实验确立的速率方程虽然是经验性的，却有着很重要的作用。一方面知道哪些组分以怎样的关系影响反应速率，为化学合成有效控制反应提供依据；另一方面也可以为研究反应机理提供线索。

5.1.4 反应的速率常数和反应级数

化学反应的速率常数和级数

经验表明，许多化学反应的速率与反应中的各物质的浓度 c_A, c_B, c_C … 间的关系可表示为下列幂函数形式

$$\vartheta = kc_A^\alpha c_B^\beta c_C^\gamma \cdots \tag{5-8}$$

式中，A，B，C，…一般为反应物和催化剂，也可以是生成物或其他物质。

速率方程中的 k 称为 速率常数，数值上相当于速率方程中各物质浓度均为单位浓度时的反应速率，故也称为 比速率。不同反应的 k 不同。对于指定反应，k 与温度、反应介质（溶剂）和催化剂有关，甚至随反应器的形状、性质而变。反应的速率常数是有单位的，其单位与反应的级数有关，并不是固定不变的。

式(5-8) 中的 α, β, γ, … 分别是相应物质浓度的幂指数，也分别称为物质 A，B，C，…的分级数。如令 $n = \alpha + \beta + \gamma + \cdots$，则 n 称为反应的总级数，简称反应级数。反应级数的大小反映了浓度对反应速率的影响程度，级数越大，浓度对反应速率的影响越大。

对于复合反应，无论是 α, β, γ, … 或是 n，都是由实验确定的常数，

可以是整数、分数、负数或者是零,但是 n 一般不大于 3。对于基元反应来说,反应分子数与反应级数是相同的,如单分子反应就是一级反应,双分子反应就是二级反应,三分子反应就是三级反应。

当一个化学反应的速率方程确定了,该反应的速率常数的单位才能够确定。k 的单位随着反应级数的改变而改变,其单位为 [浓度]$^{1-n}$ · [时间]$^{-1}$。

5.2　简单级数反应的动力学

凡是反应速率只与反应物浓度有关,而且反应级数,无论是分级数 α,β,γ,…或是总级数 n 都只是零或正整数的反应,称为具有简单级数的反应。

基元反应都是具有简单级数的反应,但具有简单级数的反应不一定是基元反应。前面提到的 HI 气相合成反应就是一例。具有相同级数的简单级数反应的速率遵循某些简单规律,本节主要讨论一级反应和二级反应速率方程的微分形式、积分形式及其特征,以及一级反应、二级反应的有关计算。

5.2.1　一级反应

(1) 一级反应的速率方程

反应速率与某一反应物浓度的一次方成正比的反应,称为一级反应。例如,某一级反应的计量方程为

$$\begin{array}{cc} & A \longrightarrow P \\ t=0 & c_{A,0} \\ t=t & c_A \end{array}$$

其速率方程为

$$\vartheta_A = -\frac{\mathrm{d}c_A}{\mathrm{d}t} = kc_A \tag{5-9}$$

对上式进行定积分

$$-\int_{c_{A,0}}^{c_A} \frac{\mathrm{d}c_A}{c_A} = k\int_0^t \mathrm{d}t$$

得

$$\ln\frac{c_{A,0}}{c_A} = kt \tag{5-10}$$

式中　t——反应进行的时间;

　　　k——反应速率常数,[时间]$^{-1}$;

　　　$c_{A,0}$——A 的初始浓度,mol·m^{-3} 或 mol·L^{-1};

　　　c_A——t 时刻 A 的浓度,mol·m^{-3} 或 mol·L^{-1}。

式(5-10) 表达了反应物浓度 c_A 与反应时间 t 的关系。

如果用 x_A 表示 t 时刻 A 消耗的浓度,即 $x_A = c_{A,0} - c_A$,则一级反应速率方程的积分式为

$$\ln\frac{c_{A,0}}{c_{A,0}-x_A} = kt \tag{5-11}$$

式(5-11) 表达了反应物消耗的浓度 x_A 与反应时间 t 的关系。

一级反应

一级反应速率方程的推导

如果用 y_A 表示 t 时刻反应物 A 的转化率,即 $y_A = \dfrac{x_A}{c_{A,0}}$,则一级反应速率方程的积分式为

$$\ln \dfrac{1}{1-y_A} = kt \tag{5-12}$$

式(5-12)表达了反应物的转化率 y_A 与反应时间 t 的关系。

(2)一级反应的特点

从上述一级反应计算式可以看出,一级反应主要有以下几个方面的特征:

① 一级反应的速率常数 k 的单位为[时间]$^{-1}$,说明 k 的数值与时间单位有关,而与浓度单位无关。

② 反应物浓度消耗掉一半所需要的时间称为该反应的半衰期,用符号 $t_{1/2}$ 表示。将 $c_A = c_{A,0}/2$ 代入式(5-10)可得

$$t_{1/2} = \dfrac{\ln 2}{k} = \dfrac{0.693}{k} \tag{5-13}$$

由此可见反应物的半衰期 $t_{1/2}$ 与速率常数 k 成反比,与反应物的初始浓度 $c_{A,0}$ 无关。这就是说对于一级反应,不管反应物 A 的初始浓度是多少,减少到原来浓度的一半所需要的时间是相同的。

例如:反应物初始浓度为 $4 \text{mol} \cdot \text{L}^{-1}$,降至 $2 \text{mol} \cdot \text{L}^{-1}$,或是从 $2 \text{mol} \cdot \text{L}^{-1}$ 降至 $1 \text{mol} \cdot \text{L}^{-1}$,所需的时间是相同的。

③ 将式(5-10)改写为 $\ln c_A = -kt + \ln c_{A,0}$,可以看出这是直线方程。以 $\ln c_A$ 对 t 作图应得一条直线(如图 5-2 所示),其斜率为 $-k$,截距为 $\ln c_{A,0}$。

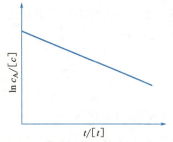

图 5-2 一级反应的 $\ln c_A$-t 图

根据这些特征,可以判断一个反应是否为一级反应。属于一级反应的实例有很多,如放射性元素的蜕变过程(如 $R_a \longrightarrow R_n + \alpha$);大多数热分解反应[如 $2N_2O_5(g) \longrightarrow 2N_2O_4(g) + O_2(g)$];分子重排反应;异构化反应等。一些药物分解反应、糖的水解反应也服从一级反应。如:

$$C_{12}H_{22}O_{11}(aq) + H_2O(l) \longrightarrow C_6H_{12}O_6(aq) + C_6H_{12}O_6(aq)$$
蔗糖   葡萄糖   果糖

速率方程 $\vartheta = k c_{水} c_{蔗糖}$

该式表明它是二级反应,但是由于该反应是在水溶液中进行的,水的浓度在反应过程中近似为常数,所以该反应可看成一级反应。

速率方程 $\vartheta = k' c_{蔗糖}$

速率常数 k' 中包含了水的浓度。这样一种反应物浓度大大过量于另一种反应物浓度,而使反应降为一级的反应称为准一级反应。

【例5-1】二甲醚的气相分解反应是一级反应

$$CH_3OCH_3(g) \longrightarrow CH_4(g) + H_2(g) + CO(g)$$

504℃时，把二甲醚充入真空反应器中，反应到777s时，测得容器内压力为65.1kPa；反应经无限长时间，容器内压力为124.1kPa。计算504℃时该反应的速率常数。

解：假设反应气体为理想气体，则根据理想气体状态方程式 $p_A V = n_A RT$ 可知

$$c_A = \frac{n_A}{V} = \frac{p_A}{RT} \qquad c_{A,0} = \frac{n_{A,0}}{V} = \frac{p_{A,0}}{RT}$$

因此一级反应动力学方程的积分式为

$$k = \frac{1}{t}\ln\frac{c_{A,0}}{c_A} = \frac{1}{t}\ln\frac{p_{A,0}}{p_A}$$

	$CH_3OCH_3(g) \longrightarrow$	$CH_4(g)$	$+ \quad H_2(g)$	$+ \quad CO(g)$
$t=0$s 时	$p_{A,0}$	0	0	0
$t=777$s 时	p_A	$(p_{A,0}-p_A)$	$(p_{A,0}-p_A)$	$(p_{A,0}-p_A)$
$t=\infty$ 时	0	$p_{A,0}$	$p_{A,0}$	$p_{A,0}$

由上述分析可知

$$3p_{A,0} = 124.1$$
$$p_{A,0} = 41.37 \,(kPa)$$
$$3(p_{A,0}-p_A) + p_A = 65.1$$
$$p_A = 29.5 \,(kPa)$$

因此 $\quad k = \frac{1}{t}\ln\frac{c_{A,0}}{c_A} = \frac{1}{t}\ln\frac{p_{A,0}}{p_A} = \frac{1}{777}\ln\frac{41.37}{29.5} = 4.35 \times 10^{-4}\,(s^{-1})$

504℃时该反应的速率常数为 $4.35 \times 10^{-4}\,s^{-1}$。

【例5-2】 金属钚（Pu）的同位素进行α放射，经14天后，同位素的活性降低6.85%。试求此同位素的蜕变速率常数和半衰期；分解90%需多长时间？

解：因同位素蜕变为一级反应，设反应开始时物质的量为100%，14天后分解6.85%，则由一级的反应速率方程的积分式可得：

$$\ln\frac{1}{1-y} = kt$$

速率常数 $\quad k = \frac{1}{t}\ln\frac{1}{1-y} = \frac{1}{14}\ln\frac{1}{1-0.0685}$
$\qquad\qquad = 0.00507\,(\text{天}^{-1})$

半衰期 $\quad t_{\frac{1}{2}} = \frac{0.693}{k} = \frac{0.693}{0.00507} = 136.7\,(\text{天})$

分解90%需时 $t = \frac{1}{k}\ln\frac{1}{1-y} = \frac{1}{0.00507}\ln\frac{1}{1-0.9} = 454.2\,(\text{天})$

二级反应

5.2.2 二级反应

反应速率与反应物浓度的二次方成正比的反应，称为二级反应。比较常见的二级反应有：乙烯、丙烯的二聚，乙酸乙酯皂化，碘化氢、甲醛热分解，以及许多在溶液中进行的有机化学反应等。二级反应有两种类型

类型Ⅰ	A+A ⟶ P		$\vartheta = kc_A^2$
类型Ⅱ	A+B ⟶ P		$\vartheta = kc_A c_B$

下面分别讨论这两种类型反应的速率方程。

(1) 类型Ⅰ

若反应物分子只有一种，则反应速率与反应物浓度的平方成正比：

$$A + A \longrightarrow P$$

开始时	$t = 0$	$c_{A,0}$
反应任意时刻 t	$t = t$	c_A

其速率方程为

$$\vartheta_A = -\frac{dc_A}{dt} = kc_A^2$$

定积分上式

$$-\int_{c_{A,0}}^{c_A} \frac{dc_A}{c_A^2} = k\int_0^t dt$$

得

$$\frac{1}{c_A} - \frac{1}{c_{A,0}} = kt \tag{5-14}$$

或

$$\frac{x_A}{c_{A,0}(c_{A,0} - x_A)} = kt \tag{5-15}$$

$$\frac{y_A}{c_{A,0}(1 - y_A)} = kt \tag{5-16}$$

式中，$c_{A,0}$、c_A、x_A、y_A 的意义与一级反应相同。根据速率方程，可得到此类反应的三个基本特征：

① k 的单位为 [浓度]$^{-1}$·[时间]$^{-1}$。

② 将 $c_A = c_{A,0}/2$ 代入式(5-14)中，得

$$t_{\frac{1}{2}} = \frac{1}{kc_{A,0}} \tag{5-17}$$

即反应物的半衰期与反应物初始浓度和速率常数成反比，反应物的初始浓度越大，反应掉一半所需的时间越短。

③ 将式(5-14)中浓度的倒数 $1/c_A$ 对时间 t 作图，可得一直线，直线的斜率为 k，截距为 $\dfrac{1}{c_{A,0}}$。

(2) 类型Ⅱ

设 A 和 B 的初始浓度分别为 $c_{A,0}$ 和 $c_{B,0}$，反应过程中任一时刻 t 时 A 和 B 的浓度为 c_A 和 c_B，即

	A	+	B	⟶	P
$t=0$	$c_{A,0}$		$c_{B,0}$		0
$t=t$	c_A		c_B		x
或 $t=t$	$c_{A,0}-x$		$c_{B,0}-x$		x

则速率方程为

二级反应速率方程的推导

$$\vartheta_A = -\frac{dc_A}{dt} = kc_A c_B \qquad (5\text{-}18)$$

这里分两种情况讨论：

① 若反应物 A 和 B 的初始浓度相等，$c_{A,0} = c_{B,0}$，那么在反应的任一时刻，A 和 B 的浓度均相等，即 $c_A : c_B = 1 : 1$。则式(5-18)变为

$$\vartheta_A = -\frac{dc_A}{dt} = kc_A^2$$

其形式与类型 I 的情况完全相同，因此积分后也可得到与式(5-14)和式(5-15)相同的形式和结论。其特点也与类型 I 相同。

② 若反应物 A 和 B 的初始浓度不相等，$c_{A,0} \neq c_{B,0}$，速率方程可写成

$$\vartheta = \frac{dx}{dt} = k(c_{A,0} - x)(c_{B,0} - x) \qquad (5\text{-}19)$$

对上式作定积分

$$\int_0^x \frac{dx}{(c_{A,0} - x)(c_{B,0} - x)} = \int_0^t k\, dt$$

得

$$\frac{1}{c_{A,0} - c_{B,0}} \ln \frac{c_{B,0}(c_{A,0} - x)}{c_{A,0}(c_{B,0} - x)} = kt \qquad (5\text{-}20a)$$

或

$$\ln \frac{c_{A,0} - x}{c_{B,0} - x} = (c_{A,0} - c_{B,0})kt + \ln \frac{c_{A,0}}{c_{B,0}} \qquad (5\text{-}20b)$$

由式(5-20b)可以看出以 $\ln \dfrac{c_{A,0} - x}{c_{B,0} - x}$ 对 t 作图，可以得到一条直线，其斜率为 $(c_{A,0} - c_{B,0})k$，截距为 $\ln \dfrac{c_{A,0}}{c_{B,0}}$。由于此类反应 A 和 B 的初始浓度不同，但反应过程中的消耗量相等，因此 A、B 消耗一半所需的时间也不相同，即 A、B 的半衰期不等，对整个反应无半衰期可言。k 的单位为 [浓度]$^{-1}$ · [时间]$^{-1}$。

【例5-3】 由氯乙醇和碳酸氢钠制取乙二醇的反应

$$ClCH_2CH_2OH + NaHCO_3 \longrightarrow HOCH_2CH_2OH + NaCl + CO_2(g)$$

为二级反应。反应在温度恒定为 355K 的条件下进行，反应物的起始浓度 $c_{A,0} = c_{B,0} = 1.20\,\text{mol} \cdot \text{dm}^{-3}$，反应经过 1.60h 取样分析，测得 $c(NaHCO_3) = 0.109\,\text{mol} \cdot \text{dm}^{-3}$。试求此反应的速率常数 k 及氯乙醇的转化率 $y_A = 95.0\%$ 时所需的时间 t。

解： 对于此二级反应，两反应物的初始浓度相同，则

$$\frac{1}{c_A} - \frac{1}{c_{A,0}} = kt$$

$$k = \frac{1}{t} \times \frac{c_{A,0} - c_A}{c_{A,0} c_A} = \frac{1.20 - 0.109}{1.60 \times 1.20 \times 0.109}$$

$$= 5.21\,(\text{mol}^{-1} \cdot \text{dm}^3 \cdot \text{h}^{-1})$$

由式 $\dfrac{y_A}{c_{A,0}(1 - y_A)} = kt$ 可知

$$t = \frac{y_A}{kc_{A,0}(1-y_A)} = \frac{0.95}{5.21 \times 1.20 \times (1-0.95)}$$
$$= 3.04 \text{ (h)}$$

【例5-4】 在 298K 时,乙酸乙酯皂化反应为简单二级反应,其速率常数 $k = 6.36 \text{L} \cdot \text{mol}^{-1} \cdot \text{min}^{-1}$。

(1) 若乙酸乙酯和氢氧化钠的起始浓度相同,均为 $0.02 \text{mol} \cdot \text{L}^{-1}$。试求反应的半衰期和反应进行到 10min 时的转化率。

(2) 若乙酸乙酯的起始浓度为 $0.02 \text{mol} \cdot \text{L}^{-1}$,氢氧化钠的起始浓度为 $0.03 \text{mol} \cdot \text{L}^{-1}$,求乙酸乙酯反应 50% 所需要的时间。

解:(1) 两种反应物起始浓度相同

$$t_{1/2} = \frac{1}{kc_{A,0}} = \frac{1}{6.36 \times 0.02} = 7.86 (\text{min})$$

反应进行到 10min 时,

$$\frac{y_A}{c_{A,0}(1-y_A)} = kt$$

即

$$\frac{y_A}{0.02 \times (1-y_A)} = 6.36 \times 10$$

$$y_A = 55.99\%$$

(2) 两种反应物起始浓度不相等则

$$t = \frac{1}{k(c_{A,0}-c_{B,0})} \ln \frac{c_{B,0}(c_{A,0}-x)}{c_{A,0}(c_{B,0}-x)}$$

$$= \frac{1}{6.36 \times (0.02-0.03)} \ln \frac{0.03 \times (0.02-0.01)}{0.02 \times (0.03-0.01)}$$

$$= 4.52 \text{ (min)}$$

从上面计算可以看出,当酯和碱的起始浓度均为 $0.02 \text{mol} \cdot \text{L}^{-1}$ 时,酯转化 50% 需要 7.86min;若碱的浓度增大到 $0.03 \text{mol} \cdot \text{L}^{-1}$ 时,则酯转化 50% 需要 4.52min。这也是工业上提高酯化反应速率的一种方法。

5.3 温度对速率常数的影响

温度对化学反应速率的影响,主要体现在温度对速率常数 k 的影响上。从 19 世纪中叶起,就有人逐渐总结出温度对反应速率影响的各种经验规律。其中由范特霍夫提出的一种半定量的经验规律是:温度每升高 10K,反应速率增加至原速率的 2~4 倍,即

$$\frac{k_{T+10}}{k_T} = 2 \sim 4 \tag{5-21}$$

式中 k_T——温度为 T 时的速率常数;

k_{T+10}——温度为 $(T+10)$K 时的速率常数。

大部分简单级数反应的反应速率受温度的影响是符合这一经验规律的。

如乙酸乙酯的皂化反应,308K 时的反应速率是 298K 时反应速率的 1.82 倍。又如蔗糖水解反应,308K 时的反应速率是 298K 时反应速率的 4.13 倍。

但是各种化学反应的反应速率与温度的关系相当复杂。温度对反应速率常数的影响大体可分为五种类型(图 5-3):第Ⅰ种类型是反应速率常数随温度升高逐渐增大,它们之间呈指数关系,这种类型最常见,称为阿伦尼乌斯型;第Ⅱ种类型是有爆炸极限的反应,其特点是温度升高到某一值后,反应速率常数迅速增大,发生爆炸;第Ⅲ种类型是复相催化反应,只有在某一温度时反应速率常数最大;第Ⅳ种类型是碳的氧化反应,反应速率常数不仅出现极大值,还出现极小值,这可能是由于温度升高时副反应产生较大影响,反应复杂化;第Ⅴ种类型是反应速率常数随温度升高而减小,如 $2NO+O_2 \longrightarrow 2NO_2$ 反应就属于这种情况。

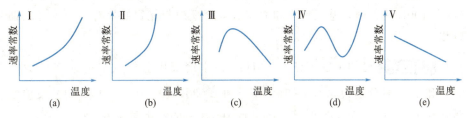

图 5-3 反应速率常数与温度的关系

本节主要讨论常见的第Ⅰ种类型,即阿伦尼乌斯型温度与反应速率常数的关系。

5.3.1 阿伦尼乌斯方程

1889 年阿伦尼乌斯总结了大量实验结果后,提出了一个表示速率常数与温度关系的经验方程:

$$k = A e^{-E_a/RT} \tag{5-22}$$

式中 A ——指前因子,单位与速率常数 k 相同;

E_a ——活化能,$J \cdot mol^{-1}$ 或 $kJ \cdot mol^{-1}$;

R ——摩尔气体常数,$8.314 J \cdot mol^{-1} \cdot K^{-1}$;

T ——热力学温度,K。

当温度变化范围不大时,A 和 E_a 可以看作是与温度无关的经验常数。由于温度 T 和活化能 E_a 是在 e 的指数项中,故它们对速率常数 k 的影响很大,反应温度越高,k 值越大;活化能越小,k 值越大。对于活化能的物理意义,将在后面进行讨论。

将式(5-22)两边取对数,得

$$\ln k = -\frac{E_a}{RT} + \ln A \tag{5-23}$$

以 $\ln k$ 对 $1/T$ 作图,得一直线,直线的斜率为 $-E_a/R$,截距为 $\ln A$。从而可以用多组实验数据求得反应的活化能和指前因子。式(5-23) 称为阿伦尼

乌斯方程的对数形式。将该式对温度求导，得

$$\frac{\mathrm{d}\ln k}{\mathrm{d}T} = \frac{E_a}{RT^2} \tag{5-24}$$

由于 E_a 恒大于零，当温度升高时，速率常数 k 增大。式(5-24) 称为阿伦尼乌斯方程的微分形式。将该式在 T_1 和 T_2 之间作定积分，得

$$\ln\frac{k_2}{k_1} = -\frac{E_a}{R}\left(\frac{1}{T_2} - \frac{1}{T_1}\right) \tag{5-25}$$

式(5-25) 称为阿伦尼乌斯方程的定积分形式。在该式的五个物理量 T_1、T_2、k_1、k_2、E_a 中，已知任意四个物理量，都可以求得第五个物理量。这个定积分式也解决了已知某一温度下的速率常数求算另一温度下的速率常数的问题。

以上四个公式是阿伦尼乌斯方程的不同形式，在温度变化范围不太宽（约在100K内）时，基元反应和大多数复合反应都能很好地符合阿伦尼乌斯方程。

【例5-5】已知 $CO(CH_2COOH)_2$ 在水溶液中分解反应的速率常数在60℃和10℃时分别为 $5.484 \times 10^{-2} \, s^{-1}$ 和 $1.080 \times 10^{-4} \, s^{-1}$。试求（1）反应的活化能 E_a；（2）在30℃时该反应进行 1000s 后的转化率为多少？

解：（1）由式(5-25) $\ln\dfrac{k_2}{k_1} = -\dfrac{E_a}{R}\left(\dfrac{1}{T_2} - \dfrac{1}{T_1}\right)$ 可知，反应活化能

$$E_a = \frac{RT_1T_2\ln(k_2/k_1)}{T_2 - T_1}$$

$$= \frac{8.314 \times 283.15 \times 333.15 \times \ln(5.484 \times 10^{-2}/1.080 \times 10^{-4})}{333.15 - 283.15}$$

$$= 9.7721 \times 10^4 \, (\text{J} \cdot \text{mol}^{-1})$$

（2）首先求出反应在30℃时速率常数 k_3：

$$\ln\frac{k_3}{k_1} = -\frac{E_a}{R}\left(\frac{1}{T_3} - \frac{1}{T_1}\right)$$

$$\ln\frac{k_3}{k_1} = -\frac{9.7721 \times 10^4}{8.314} \times \left(\frac{1}{303.15} - \frac{1}{283.15}\right) = 2.7386$$

$$k_3 = 15.465 k_1 = 15.465 \times 1.080 \times 10^{-4} = 1.670 \times 10^{-3} \, (s^{-1})$$

由题给反应 k 的单位可知该反应为一级反应，故

$$\ln\frac{1}{1-y} = kt$$

$$kt = \ln\frac{1}{1-y} = -\ln(1-y)$$

$$y = 1 - e^{-kt} = 1 - e^{-1.670 \times 10^{-3} \times 1000} = 0.812 = 81.2\%$$

【例5-6】实验测得 N_2O_5 分解反应在不同温度下的速率常数 k 值列于表5-1。

表 5-1　N_2O_5 分解反应速率常数与温度的关系

反应温度 T/K	273	298	308	318	328	338
$k \times 10^5$/s^{-1}	0.0787	3.46	13.5	49.8	150	487

(1) 用作图法求该反应的活化能。

(2) 求 300K 时，N_2O_5 分解率达 80% 所需时间。

解：(1) 根据题给数据算出所需数据列于下表：

反应温度 T/K	273	298	308	318	328	338
$(1/T) \times 10^3$/K^{-1}	3.66	3.36	3.25	3.14	3.05	2.96
$\ln k$	-14.06	-10.27	-8.91	-7.60	-6.50	-5.32

以 $\ln k$ 为纵坐标，$1/T$ 为横坐标作图得一直线，如图 5-4 所示。求得直线斜率 m。

$$m = -12.3 \times 10^3 \text{ K}$$

根据公式 $\ln k = -\dfrac{E_a}{RT} + \ln A$，有 $m = -\dfrac{E_a}{R}$，则

$$E_a = -mR = 12.3 \times 10^3 \times 8.314$$
$$= 1.02 \times 10^5 \text{ (J·mol}^{-1})$$

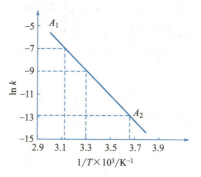

图 5-4　例题 5-6 的附图

(2) 由速率常数 k 的单位可以判断该反应为一级反应。

$T = 300$ K 时，$1/T = 3.3 \times 10^{-3}$ K^{-1}

从图中查得 $\ln k = -9.67$，$k = 6.31 \times 10^{-5}$ s^{-1}

$$t = \frac{1}{k}\ln\frac{1}{1-y} = \frac{1}{6.31 \times 10^{-5}} \times \ln\frac{1}{1-0.8} = 2.55 \times 10^4 \text{ (s)}$$

5.3.2　表观活化能

阿伦尼乌斯经验方程中提出了活化能的概念，活化能的大小对反应速率的影响是非常大的。例如，假设两个反应的指前因子相等，而活化能的差值 $\Delta E_a = 120 - 110 = 10$ kJ·mol^{-1}，则在 300K 时，两反应的速率常数之比

$$k_2/k_1 = e^{-(E_{a,2}-E_{a,1})/RT} = e^{-\Delta E_a/RT} = e^{-10000/(8.314 \times 300)} = 1/55.1$$

即活化能减小 10 kJ·mol^{-1}，速率常数 k 可以提高 55 倍之多。这表明活化能的大小对反应速率的影响很大，活化能越小，反应速率越快。活化能的物理意义是什么？它为什么对化学反应速率有如此大影响？下面进行简单介绍。

阿伦尼乌斯认为，在反应系统中，并非所有互相碰撞的反应物分子都能够发生反应，这是因为反应的发生伴随有旧键的破坏和新键的形成。旧键的破坏需要能量，而形成新键时要放出能量，因此，只有那些能量足够高的反

应物分子间的碰撞,才能使旧键断裂而发生反应。这些能量足够高、通过碰撞能发生反应的反应物分子称为活化分子,活化分子所处的状态称为活化状态。活化分子的能量相比普通分子的能量的超出值即为反应的活化能。对于基元反应来说,活化能是活化分子的平均能量 E^* 与所有反应物分子平均能量 E 之差,可用下式表示

$$E_a = E^* - E$$

也可将活化能视为化学反应所必须克服的能峰,化学反应活化能的大小就代表能峰的高低。能峰愈高,反应的阻力愈大,反应就愈难以进行,即反应速率愈慢。

例如反应:$2HI \longrightarrow H_2 + 2I \cdot$,反应进程中的能量变化如图 5-5 所示。每摩尔普通的 HI 分子至少要吸收 180kJ 的能量,才能达到此反应的活化状态 [I⋯H⋯H⋯I],此能峰的峰值就是活化分子的能量与普通分子的能量差值,即为上述正反应的活化能,$E_{a,1} = 180 \text{kJ} \cdot \text{mol}^{-1}$。由活化状态生成生成物分子 H_2 和 $2I \cdot$,并放出 $21 \text{kJ} \cdot \text{mol}^{-1}$ 的热量,即上述逆反应的活化能 $E_{a,-1} = 21 \text{kJ} \cdot \text{mol}^{-1}$。

在恒容条件下,正、逆反应活化能的差值则为正反应的反应进度为 1mol 时的摩尔反应热力学能,也等于反应的恒容热效应。即

$$Q_V = \Delta_r U_m = E_{a,1} - E_{a,-1} = 180 - 21 = 159 \text{ (kJ} \cdot \text{mol}^{-1})$$

若 $E_{a,1} - E_{a,-1} > 0$,反应为吸热反应;若 $E_{a,1} - E_{a,-1} < 0$,反应为放热反应。

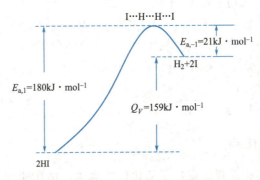

图 5-5 反应进程中的能量变化(能峰示意图)

通过上述讨论可知:

① 一定温度下,反应的活化能越小,具有能够翻越能峰的分子数就越多,反应的速率就越快。

② 对于一定反应,其反应的活化能为定值,当温度升高时,分子运动的平动能增加,活化分子的数目及其碰撞次数就增多,因而使反应速率加快。

③ 通过阿伦尼乌斯方程的微分式 $\dfrac{\text{dln}k}{\text{d}T} = \dfrac{E_a}{RT^2}$ 可知,活化能越大,其速率随温度的变化率越大。也就是说,当几个反应同时进行时,高温对活化能较

大的反应有利,低温对活化能较小的反应有利。工业生产上常利用这些特殊性来加速主反应,抑制副反应。

对于非基元反应,阿伦尼乌斯方程仍然成立,但是由于非基元反应是由两个或两个以上的基元反应构成的,因此活化能没有明确的物理意义,称为表观活化能,其数值一样能反映化学反应速率的相对快慢和温度对反应速率的影响程度。

5.4 催化剂与催化作用

前面分别讨论了浓度和温度对化学反应速率的影响,本节将讨论影响化学反应速率的另一因素——催化剂。催化剂无论在工业生产上还是在科学实验中均应用得非常广泛。目前化工产品的生产有80%以上离不开催化剂的使用,许多熟知的工业反应如氮和氢合成氨、SO_2氧化制SO_3、氨氧化制硝酸、尿素的合成、橡胶的合成、高分子的聚合反应等,都需要在催化剂存在下进行,有机染料、医药、农药的生产等也都离不开催化剂。

5.4.1 催化作用及其特征

一种或几种物质加入某化学反应系统中,可以显著加快反应的速率,而本身的质量和化学性质在反应前后保持不变,这种物质称为催化剂。催化剂能显著加快反应速率的这种作用则称为催化作用。有些物质能明显地延缓或抑制某一反应的速率,这类物质称为阻化剂。阻化剂往往在反应中被消耗掉而不能反复使用,例如防止塑料制品老化的防老剂、减缓金属腐蚀的缓蚀剂等通称为阻化剂。

催化反应可以分为三大类:一是均相催化反应,即催化剂与反应物质处于同一相,如酸对于蔗糖水解的催化;二是多相催化反应,即催化剂与反应物不在同一相中,如V_2O_5对SO_2氧化为SO_3反应的催化;三是酶催化反应,如馒头的发酵、制酒过程中的发酵等。这三类催化反应的机理各不相同,下面将分别进行介绍。但它们具有基本的共同点,即催化剂的基本特征。

催化剂的基本特征有四方面,简述如下:

① 在反应前后,催化剂本身的质量及化学性质均保持不变,但常有物理性质的改变。

例如块状变为粉状或结晶的大小有了变化等。例如催化$KClO_3$分解的MnO_2,作用后MnO_2从块状变为粉状;催化NH_3氧化的铂网,经过几个星期表面就变得比较粗糙。

② 催化剂参与化学反应能改变反应途径,降低反应活化能,从而加速反应进行。

例如HI的分解,在503K、无催化剂时,反应的活化能为$184.1 kJ \cdot mol^{-1}$;当以Au为催化剂时,反应的活化能降低为$104.6 kJ \cdot mol^{-1}$。假定指前因子A大体相同,两反应的速率常数之比为

$$\frac{k(催化)}{k(非催化)} = \frac{A\exp\left[-\dfrac{E(催化)}{RT}\right]}{A\exp\left[-\dfrac{E(非催化)}{RT}\right]} = \frac{\exp[-104.6 \times 10^3/(RT)]}{\exp[-184.1 \times 10^3/(RT)]}$$

$$= \exp[79500/(8.314 \times 503)] = 1.8 \times 10^8$$

计算表明,使用 Au 作为催化剂后,HI 的分解反应速率提高了一亿八千万倍。

③ 催化剂能同时加快正、逆反应的速率,缩短达到化学平衡的时间,而不能改变化学平衡。从热力学的观点来看,催化剂不能改变反应系统的 $\Delta_r G_m^\ominus$。因此,催化剂不能使在热力学上不能进行的反应发生任何变化;对于已经达到平衡的反应,加入催化剂也不能使反应的平衡转化率发生变化;催化剂对反应的正、逆两个方向都产生同样的影响,所以对正反应优良的催化剂也应为逆反应的优良催化剂。这一规律为寻找催化剂实验提供了很多方便。例如由 CO(g) 和 H_2(g) 合成 CH_3OH(g) 需要在高压下进行,研究其反应催化剂时实验操作极为不便,可以在常压下研究 CH_3OH 分解反应的催化剂,就可以作为合成 CH_3OH 的催化剂。

④ 催化剂具有特殊的选择性。催化剂的选择性具有两方面的含义。一方面,不同类型的反应需要选择不同的催化剂。例如氧化反应的催化剂和脱氢反应的催化剂是不同的。即使是同一类型的反应,其催化剂也不一定相同,例如 SO_2 的氧化用 V_2O_5 作催化剂,而乙烯氧化却用 Ag 作催化剂。另一方面,对同样的反应物,选择不同的催化剂,可能得到不同的生成物。例如乙醇的分解反应,不同的催化剂和不同的反应条件,可以得到不同的生成物。

$$C_2H_5OH \begin{cases} \xrightarrow[473\sim573K]{Cu} CH_3CHO + H_2 \\ \xrightarrow[623\sim633K]{Al_2O_3} C_2H_4 + H_2O \\ \xrightarrow[413K]{Al_2O_3} C_2H_5OC_2H_5 + H_2O \\ \xrightarrow[673\sim723K]{ZnO \cdot Cr_2O_3} CH_2=CH-CH=CH_2 + H_2 \end{cases}$$

在化工生产中经常利用催化剂的选择性加速所需的主反应,抑制副反应。催化剂的选择性 S 通常用生成目的生成物的百分数来表示。

S =(原料生成目的产物物质的量 / 已转化的原料物质的量)× 100%

在催化剂或反应系统内存在少量的杂质常可以强烈地影响催化剂的作用,有些杂质可以起到助催化剂的作用,有些杂质会使催化剂中毒,失去催化性能。

一般催化剂中毒分为可逆性中毒和永久性中毒。可逆性中毒是指经过处理,催化剂的活性可恢复的中毒;而永久性中毒则是指催化剂活性无法再恢复的中毒。催化剂的活性降低甚至失活后又能再一次得以部分乃至完全恢复的特性叫作催化剂的再生性。

5.4.2 均相催化反应

均相催化反应的特点是反应物和催化剂同处于一相中,反应物和催化剂能够充分均匀接触，活性及选择性较高，反应条件温和，但催化剂的分离和回收较为困难。

均相催化反应的机理可表示为

$$S+C \underset{k_-}{\overset{k_+}{\rightleftharpoons}} X \overset{k_2}{\longrightarrow} R+C$$

式中，S 和 R 分别表示反应物和生成物；C 是催化剂；X 是不稳定中间化合物。催化剂参与反应，改变了原来的反应途径，致使反应活化能显著降低。

均相催化反应有两类：一类为气相催化反应，如乙醛的气相热分解反应，百分之几的碘蒸气可使分解速率增加几千倍；另一类是液相催化反应，催化反应中最常见的是酸碱催化反应，它在工业中的应用很多。有的反应只受 H^+ 催化，有的反应只受 OH^- 催化，有的反应既受 H^+ 催化也受 OH^- 催化。

例如，蔗糖的转化和酯类的水解是受 H^+ 催化的，其反应式为：

$$C_{12}H_{22}O_{11}(蔗糖)+H_2O \overset{H^+}{\longrightarrow} C_6H_{12}O_6(葡萄糖)+C_6H_{12}O_6(果糖)$$

$$CH_3COOCH_3+H_2O \overset{H^+}{\longrightarrow} CH_3COOH+CH_3OH$$

实验表明，不仅酸和碱有催化作用，而且凡是能够接受质子的物质（称广义碱）或能放出质子的物质（称广义酸），都具有催化作用。如硝酰胺可以在 OH^- 催化下分解：

$$NH_2NO_2+OH^- \longrightarrow H_2O+NHNO_2^- \text{（质子转移）}$$

$$NHNO_2^- \longrightarrow N_2O+OH^-$$

也可以在广义碱 CH_3COO^- 催化下分解：

$$NH_2NO_2+CH_3COO^- \longrightarrow CH_3COOH+NHNO_2^- \text{（质子转移）}$$

$$NHNO_2^- \longrightarrow N_2O+OH^-$$

$$CH_3COOH+OH^- \longrightarrow CH_3COO^-+H_2O$$

在酸碱催化反应中，质子转移的活化能较低，且生成正（或负）离子不稳定，易分解，因而反应速率加快。另外酸碱催化反应的速率与酸和碱的强度有很大关系。

液相催化反应中还有一类是配合催化。近二十年来，配合催化成为均相催化发展的主流，特别是近十年中有很大的进展。所谓配合催化，又称配位催化，就是指催化剂与反应基团构成配键，形成中间配合物，使反应基团活化，从而使反应易于进行。在化学工业的某些过程中，如加氢、脱氢、氧化、异构化、高分子聚合等过程中已成功得到应用。配合催化的机理，一般可表示为：

$$—\overset{|}{\underset{|}{M}}—Y +X \overset{配位}{\rightleftharpoons} —\overset{|}{\underset{\underset{X}{|}}{M}}—Y \overset{插入反应}{\rightleftharpoons} —\overset{|}{\underset{|}{M}}—X—Y$$

空位中心　　　　　　　　　　　　空位中心

其中，M 代表中心金属原子；Y 代表配体；X 代表反应分子。首先反应分子 X 与配位数不饱和的配合物直接配位；然后配位体 X 转移插入相邻的

M—Y 键中，形成 M—X—Y 键；插入反应又使空位恢复，然后又可重新进行配位和插入反应。

下面以乙烯氧化制乙醛为例说明配合催化机理。总反应为

$$C_2H_4 + \frac{1}{2}O_2 \xrightarrow{PdCl_2\text{-}CuCl_2} CH_3CHO$$

其反应机理如下：

① $PdCl_2$ 在足够高的 Cl^- 浓度下，以 $[PdCl_4]^{2-}$ 存在，它能与 C_2H_4 强烈作用形成 π-配合物，即

$$[PdCl_4]^{2-} + C_2H_4 \rightleftharpoons [PdCl_3(C_2H_4)]^- + Cl^-$$

② π-配合物发生水解反应：

$$[PdCl_3(C_2H_4)]^- + H_2O \rightleftharpoons [PdCl_2(OH)(C_2H_4)]^- + H^+ + Cl^-$$

③ 水解生成物发生插入反应，乙烯插入金属氧键（Pd—O）中去，转化为 σ-配合物：

$$\left[\begin{array}{c} Cl \\ | \\ Cl-Pd\cdots \\ | \\ OH \end{array}\begin{array}{c} CH_2 \\ \| \\ CH_2 \end{array}\right]^- \rightleftharpoons \left[\begin{array}{c} Cl \\ | \\ Cl-Pd-CH_2CH_2OH \\ | \\ \Box \end{array}\right]^-$$

④ 所得到的中间体 σ-配合物很不稳定，迅速发生重排而得到生成物乙醛和不稳定的钯氢化合物，后者迅速分解产生金属钯。

$$\left[\begin{array}{c} Cl \\ | \\ Cl-Pd-CH_2CH_2OH \\ | \\ \Box \end{array}\right]^- \xrightarrow{\text{重排}} CH_3CHO + \left[\begin{array}{c} Cl \\ | \\ Cl-Pd-H \\ | \\ \Box \end{array}\right]^-$$

$$\left[\begin{array}{c} Cl \\ | \\ Cl-Pd-H \\ | \\ \Box \end{array}\right]^- \longrightarrow Pd + H^+ + 2Cl^-$$

⑤ 金属 Pd 经 $CuCl_2$ 氧化后得到 $PdCl_2$，再参与反应，而生成的 CuCl 又迅速被氧化为 $CuCl_2$。这样就构成循环，反复使用。

$$Pd + 2CuCl_2 \longrightarrow PdCl_2 + 2CuCl$$

$$2CuCl + 2HCl + \frac{1}{2}O_2 \longrightarrow 2CuCl_2 + H_2O$$

另外还有一些重要的配合催化剂作用，有些已用于工业生产，如烯烃氢甲酰化反应（以钴或铑含膦配位体的羰基化合物为催化剂）、α-烯烃配位聚合[以 $TiCl_4/Al(C_2H_5)_3$ 为催化剂的乙烯聚合反应，以 $TiCl_4/MgCl_2$ 为催化剂的丙烯聚合反应)、烯烃氧化取代反应（以 $PdCl_2/HCl$ 为催化剂的乙烯氧化反应）等。

5.4.3 多相催化反应

多相催化反应，最常见的是固体催化剂催化气相或液相反应。不论是液体反应物或是气体反应物都是在固体催化剂表面进行反应，其中气-固相催化在化工生产中得到广泛的应用。

（1）气-固相催化反应

一般由以下几个步骤构成：

① 反应物分子扩散到固体催化剂表面；
② 反应物分子在固体催化剂表面发生吸附；
③ 吸附分子在固体催化剂表面进行反应；
④ 生成物分子从固体催化剂表面解吸；
⑤ 生成物分子通过扩散离开固体催化剂表面。

这五个步骤是连串步骤，其中①、⑤是物理的扩散过程，②、④是吸附和解吸过程，③是固体表面反应过程。以上各步都会影响催化反应的速率，当各步速率相差很大时，则最慢的一步就决定了总反应速率。若扩散最慢，则①、⑤控制反应速率；若吸附最慢，则②为速率控制步骤；若表面化学反应速率最慢，则③控制整个反应速率。由于吸附、扩散和化学反应各自服从不同规律，因此，不同的控制步骤便有不同的动力学方程。

（2）固体催化剂的分类

目前使用的固体催化剂种类繁多，大体可分为：

① 金属催化剂。如 Fe、Ni、Pt、Pd 等，这些催化剂均为导体。金属容易将氢分子解离为氢原子而吸附在其表面，使氢活性大大提高，所以金属催化剂有利于加氢、脱氢反应。

② 金属氧化物或硫化物。如 CuO、NiO、WS_2 等，主要用于氧化、还原等反应，为半导体催化剂。这一类催化剂热稳定性较差，加热时晶格中能得到或失去氧，使其化学计量关系有偏差。也正是由于晶体中氧的不稳定性，其在氧化、还原反应上有较强的催化性能。

③ 金属氧化物。如 Al_2O_3、MgO 等，主要用于脱水、异构化等反应，该类催化剂都是绝缘体。由于催化剂无 d 电子，与水有较好的亲和力，因而是有效的脱水剂。

（3）固体催化剂的构成与寿命

工业上所用的固体催化剂往往不是单一的物质，而是由主催化剂、助催化剂和载体组成。其中单独存在时具有明显催化活性的成分为主催化剂，如上述金属催化剂、金属氧化物催化剂。助催化剂是指单独存在时不具有或只有很小的催化活性，但与主催化剂组合后，则可明显改善、增强催化剂活性、选择性，或延长催化剂寿命的物质。如合成氨所用的 Fe 催化剂，加入少量 Al_2O_3 和 K_2O（助催化剂），催化性能显著改变。但是如果在合成氨中有 O_2、$H_2O(g)$、CO、CO_2 等杂质，将会使催化剂 Fe 中毒，失去催化活性。工业上还常将催化剂吸附在一些多孔物质上作为催化剂的骨架，这些多孔物质称为载体，起到分散、黏合或支持催化剂的作用，如硅胶、氧化铅、活性炭、分子筛等。载体可增加催化剂的表面积，提高催化性能，同时也能增加催化剂的机械强度，延长催化剂的寿命。

工业催化剂的使用寿命是指在给定操作条件下，催化剂能满足工艺设计指标的活性持续时间。由于实际工业催化反应条件的苛刻程度不一样，故工业催化剂的寿命长短不一。催化剂在使用中，用户可根据生产的具体技术经济条件来终止催化剂的使用寿命。

5.4.4 酶催化反应

在生物体内进行的各种复杂的反应，如蛋白质、脂肪、糖类的合成、分解等基本上都是酶催化反应。目前，已知的各种各样的酶，其本身也都是某种蛋白质，其质点的直径范围在 10～100nm 之间。因此，酶催化反应可以看作是介于均相与多相催化之间，既可以看成反应物（在讨论酶催化作用时常将反应物叫作底物）与酶形成了中间化合物，也可以看成是在酶的表面上首先吸附了底物，而后再进行反应。

酶是一种特殊的生物催化剂，除具有一般催化剂的共性外，酶催化反应还有以下几个特点：

① 有较高的选择性。有些酶对底物的要求不太严格，例如转氨酶、蛋白水解酶、肽酶等，可以催化某一类底物的反应，选择性不是很高。但某些酶对底物的要求则很专一，例如尿素酶只能催化尿素水解为氨和二氧化碳的反应，对其他底物毫无作用。

② 催化效率高。对同一反应来说，酶的催化能力比一般无机或有机催化剂高 $10^8 \sim 10^{12}$ 倍。一个过氧化氢分解酶的分子，能在一秒钟分解 10^5 个 H_2O_2 分子；而石油裂解所使用的硅酸铝催化剂在 773K 条件下，约四秒钟才能分解一个烃分子。

③ 反应条件温和。酶催化反应一般在常温常压下即可进行。例如合成氨工业需高温（770K）高压（$3×10^6 Pa$），且需特殊设备；而某些植物茎中的固氮生成酶，不仅能在常温常压下固定空气中的氮，而且还能将它还原成氨。

④ 酶催化反应的历程复杂，受 pH、温度以及离子强度的影响较大。

酶催化反应用于工业生产中，可以简化工艺过程、降低能耗、节约资源、减少污染等。如生产酒、抗生素、有机酸等的酿造工业已成为一项重要的产业，又如生物过滤法和活性污泥处理污水是环境工程中应用酶催化反应的例证。

 拓展知识

我国催化裂解技术实现新跨越

据中国化工网报道，2023 年 6 月 29 日，全球首套 300 万吨/年重油高效催化裂解装置在安庆石化投产，标志着中国石化完全掌握了大型化快速流化床催化裂解工程技术，实现了我国催化裂解技术的跨越式进步，为炼化企业由传统燃料型炼厂向化工型炼厂转变提供了坚实的技术支撑。

随着我国能源领域电动化和新能源业务快速发展，成品油消费量渐进达峰，市场需求逐渐放缓，生产燃料油的经济效益大幅下降。同时，化工产品市场持续增长，基础化工原料需求旺盛，市场对丙烯、乙烯的需求持续增长，生产化工原料成为炼油结构调整转型的重要方向。

目前在世界范围内市场上 95% 以上的乙烯和 60% 以上的丙烯是通过以石

脑油为原料的蒸汽裂解技术制备而成的。但我国的原油偏重，轻烃和石脑油资源贫乏，原料短缺已成为烯烃产业发展的瓶颈，蒸汽裂解生产丙烯的产能增速减缓，难以满足市场对丙烯的需求。同时，丙烷脱氢和煤制烯烃等技术也由于资源、成本等多种因素影响，生产丙烯的产量有限且市场风险较大。

利用重油资源增产丙烯，解决日益增长的丙烯需求量与相应生产原料短缺的矛盾，成为我国石化工业科技工作者的研发重点。以重质石油烃为原料催化裂解制烯烃技术具有原料适应性好、产品结构易于调节、能耗与碳排放低的特点，符合党的二十大中提出的能源革命要求。催化裂解技术是通过将重质油进行高温催化裂解来生产丙烯、乙烯等低碳烯烃，同时兼顾高辛烷值汽油的生产。同时，石化工业科技工作者基于对催化裂解过程反应化学、过程强化以及加氢渣油分子水平的新认识，以反应器为突破口，自主研发形成了国际首创的新型高效快速流化床反应器，解决了现有劣质重油催化裂解技术传质传热效率差、催化反应选择性低等难题。除此之外，具有独特结构的反应器大幅提高了催化反应的选择性和乙烯、丙烯产率，同时降低了焦炭产率，提升了汽油产品的品质。

在新型高效快速流化床反应器取得突破后，石化工业科技工作者与中国石化工程建设有限公司合作，在工艺与工程技术大型化等方面接连取得突破，最终整合形成了重油高效催化裂解技术。

甲醇合成反应热力学分析和动力学分析

一、甲醇合成反应的热力学分析

甲醇合成反应是一个可逆反应，主反应方程式为：

$$CO(g) + 2H_2(g) \rightleftharpoons CH_3OH(g) + Q$$

$$CO_2(g) + 3H_2(g) \rightleftharpoons H_2O(g) + CH_3OH(g) + Q$$

CO 和 H_2 生成 CH_3OH 的反应不可能完全进行，存在一个动态平衡，当生成物 CH_3OH 的量达到一定程度之后，CH_3OH 分解生成 CO 与 H_2 的反应就发生。对于工业生产甲醇而言，总是希望尽量多地生成甲醇，即使得反应平衡尽量向 CO 与 H_2 生成 CH_3OH 的正反应方向进行，而尽量阻止 CH_3OH 分解生成 CO 与 H_2 的逆反应的发生。

（1）反应温度

反应温度是影响平衡常数的一个重要因素，平衡常数的对数随温度的变化可用下式表示：

$$\lg K = 3921/T - 7.971\lg T + 0.002499T - 2.953 \times 10^{-7}T^2 + 10.2$$

从该式可以看出平衡常数随温度的升高而急剧减小，平衡常数减小意味着反应平衡向逆反应方向移动。因此，从化学平衡的角度讲，甲醇合成适宜在低温下操作。

（2）反应压力

由于甲醇合成是气相反应，故压力对反应起着重要作用。根据方程式可知甲醇合成反应是气体体积数减小的反应，因此压力升高有利于甲醇的生成。

用气体分压表示的平衡常数可用下面的公式表示：

$$K_p = \frac{p_{CH_3OH}}{p_{CO} p_{H_2}^2}$$

式中，K_p 为用压力表示的平衡常数；p_{CH_3OH}、p_{CO}、p_{H_2} 分别表示 CH_3OH、CO、H_2 的平衡气相分压。

二、甲醇合成反应的动力学分析

动力学主要研究反应发生的速率，了解各种因素对反应速率的影响，以寻找反应能迅速进行的条件。甲醇合成反应是一个气-固相催化过程，其特点是反应主要在催化剂内表面上进行，可分为下列五个步骤：

① 扩散：气体自气相主体扩散到气体-催化剂表面；
② 吸附：各种气体组分在催化剂活性表面上进行化学吸附；
③ 表面反应：化学吸附的气体，按照不同的动力学机理进行反应生成生成物；
④ 解吸：反应生成物的脱附；
⑤ 扩散：反应生成物自气体-催化剂界面扩散到气相中去。

甲醇合成反应的速率取决于全过程中最慢步骤的完成速率，上述步骤中①、⑤进行得非常迅速，以至于它们对反应动力学的影响可以忽略不计。过程②、④的进行速率要比过程③在催化剂活性界面的反应速率要快得多。因此，整个反应过程快慢取决于③的反应进行速率，称为动力学控制步骤。影响甲醇合成速率的因素很多，有压力、温度、气体组成、空速、催化剂活性等，其中最主要的因素是反应物料的浓度和反应温度，称为压力效应和温度效应。

（1）温度效应

根据阿伦尼乌斯方程建立了温度与反应速率常数的关系式：

$$k = Ae^{-E_a/RT}$$

催化剂具有降低反应活化能，加速化学反应速率的作用。铜基催化剂 $A = 7.734 \times 10^8$，$E_a = 94.98 kJ \cdot mol^{-1}$；锌基催化剂 $A = 1.95 \times 10^8$，$E_a = 1152.3 kJ \cdot mol^{-1}$。可以看出使用铜基催化剂比使用锌基催化剂的甲醇合成反应容易进行。此外，活化能也表示反应速率对温度变化的敏感度，E_a 越大，温度对反应速率的影响越大，所以提高温度会使锌基催化剂上的反应速率比铜基催化剂上的要提高得更多。从阿伦尼乌斯方程可以看出提高温度可以提高甲醇合成的反应速率常数，即可以加快反应速率。热力学要求降低温度有利于反应向目标生成物的方向进行，可以增加生成物甲醇的平衡浓度；但温度降低会减小反应的速率常数，使反应速率变慢，温度在这两方面的影响是矛盾的。

（2）压力效应

反应速率是由分子之间的碰撞机会的多少来决定的。在高压下，因气体体积缩小了，相当于 H_2 与 CO 的浓度增大，H_2 与 CO 分子间的距离随之缩短，分子之间碰撞的机会和次数就会增多，甲醇合成反应的速率也就会因此而加快。无论从热力学还是从动力学角度考虑，增加压力对反应均有利。

　　甲醇合成反应的特性是甲醇合成催化剂及工艺开发的基础，对于催化剂开发，甲醇合成反应需要选择低温活性好的催化剂，即在较低温度下使得甲醇合成反应能够以较快的反应速率进行，同时又能够获得较高的甲醇产率。低温活性好的催化剂可在较低的反应压力下实现甲醇合成反应，这可以减少设备投资。在选定催化剂和反应压力后，由于温度对甲醇合成反应的热力学和动力学影响存在矛盾，因此就存在一个最佳温度，在此温度下，既可以获得较高的甲醇产率，又可以获得较快的反应速率。

　　因此影响化学反应速率的主要因素有温度、压力、空速、催化剂颗粒尺寸和气体组成等。在具体情况下，针对一定的目标，都可以找到该因素的最佳或较好条件，然而这些因素是相互联系和制约的，在实际生产操作中要综合考虑多方面因素的相互影响。

 要点归纳

1. 反应速率：单位体积内参与反应的物质的物质的量随时间的变化率。

反应速率的定义式 $\vartheta = \pm \dfrac{1}{V} \times \dfrac{\mathrm{d}n}{\mathrm{d}t}$ 　　$\vartheta = \pm \dfrac{\mathrm{d}c_B}{\mathrm{d}t}$

2. 基元反应：反应物微粒（分子、原子、离子或自由基）在碰撞中相互作用直接转化成生成物微粒的反应。

3. 非基元反应：由两个或两个以上基元反应所组成的反应。

4. 反应分子数：基元反应中反应物微粒的数目。根据反应分子数可以将基元反应分为单分子反应、双分子反应、三分子反应。

5. 基元反应的速率方程——质量作用定律

基元反应的速率方程与各物质的浓度的幂函数的乘积成正比。

单分子反应：A $\longrightarrow$ P，$\vartheta = kc_A$

双分子反应：A+B $\longrightarrow$ P，A+A $\longrightarrow$ P

$$\vartheta = kc_A c_B \quad \vartheta = kc_A^2$$

三分子反应：A+B+C $\longrightarrow$ P，2A+B $\longrightarrow$ P，3A $\longrightarrow$ P

$$\vartheta = kc_A c_B c_C \quad \vartheta = kc_A^2 c_B \quad \vartheta = kc_A^3$$

6. 反应速率常数：化学反应速率方程中的比例常数 k。

7. 反应级数：若化学反应的速率方程具有幂函数的形式，如 $\vartheta = kc_A^\alpha c_B^\beta c_C^\gamma \cdots$，式中 $\alpha, \beta, \gamma, \cdots$ 分别是相应物质浓度的幂指数，分别称为物质 A，B，C，$\cdots$ 的分级数。令 $n = \alpha + \beta + \gamma + \cdots$，则 n 称为反应的总级数，简称反应级数。对于基元反应来说，反应分子数等于反应级数。

8. 一级反应：反应速率与反应物浓度的一次方成正比的反应。

A$\longrightarrow$P 速率方程的微分式 $\vartheta_A = -\dfrac{dc_A}{dt} = kc_A$

速率方程的积分式 $\ln\dfrac{c_{A,0}}{c_A} = kt$ 或 $\ln\dfrac{c_{A,0}}{c_{A,0}-x_A} = kt$ 或 $\ln\dfrac{1}{1-y_A} = kt$

一级反应的特点：

① 速率常数 k 的单位为 [时间]$^{-1}$；

② 半衰期 $t_{1/2}$ 与 k 成反比，与反应物的初始浓度无关，$t_{1/2} = \dfrac{\ln 2}{k} = \dfrac{0.693}{k}$；

③ 以 $\ln c_A$ 对 t 作图应得一直线，斜率为 $-k$，截距为 $\ln c_{A,0}$。

9. 二极反应：反应速率与反应物浓度的二次方成正比的反应。

(1) A+A$\longrightarrow$P 速率方程的微分式 $\vartheta_A = -\dfrac{dc_A}{dt} = kc_A^2$

速率方程的积分式 $\dfrac{1}{c_A} - \dfrac{1}{c_{A,0}} = kt$ 或 $\dfrac{x_A}{c_{A,0}(1-x_A)} = kt$

或 $\dfrac{y_A}{c_{A,0}(1-y_A)} = kt$

同种反应物分子的二级反应的特点：

① 速率常数 k 的单位为 [浓度]$^{-1}$ · [时间]$^{-1}$；

② 半衰期 $t_{1/2}$ 与反应物初始浓度和 k 成反比，$t_{\frac{1}{2}} = \dfrac{1}{kc_{A,0}}$；

③ 以 $1/c_A$ 对 t 作图得一直线，直线的斜率为 k，截距为 $\dfrac{1}{c_{A,0}}$。

(2) A+B$\longrightarrow$P

① 若 $c_{A,0} = c_{B,0}$，则其速率方程的微分式、积分式及特点与 A+A$\longrightarrow$P 相同。

② 若 $c_{A,0} \neq c_{B,0}$，则其速率方程的微分式 $\vartheta = \dfrac{dx}{dt} = k(c_{A,0}-x)(c_{B,0}-x)$

速率方程的积分式 $\dfrac{1}{c_{A,0}-c_{B,0}} \ln\dfrac{c_{B,0}(c_{A,0}-x)}{c_{A,0}(c_{B,0}-x)} = kt$

反应物分子不同且 $c_{A,0} \neq c_{B,0}$ 的二级反应的特点：

① 速率常数 k 的单位为 [浓度]$^{-1}$ · [时间]$^{-1}$；

② 对于整个反应无半衰期可言；

③ 以 $\ln\dfrac{c_{A,0}-x}{c_{B,0}-x}$ 对 t 作图，可以得到一条直线，其斜率为 $(c_{A,0}-$

$c_{B,0})k$,截距为 $\ln\dfrac{c_{A,0}}{c_{B,0}}$。

10. 阿伦尼乌斯方程

指数形式 $k = A\mathrm{e}^{-E_a/RT}$

对数形式 $\ln k = -\dfrac{E_a}{RT} + \ln A$

微分形式 $\dfrac{\mathrm{d}\ln k}{\mathrm{d}T} = \dfrac{E_a}{RT^2}$

积分形式 $\ln\dfrac{k_2}{k_1} = -\dfrac{E_a}{R}\left(\dfrac{1}{T_2} - \dfrac{1}{T_1}\right)$

11. 活化能：能量足够高、通过碰撞能发生反应的反应物分子称为活化分子，活化分子所处的状态称为活化状态。活化分子的能量相比普通分子的能量的超出值称为反应的活化能，$E_a = E^* - E$。

12. 催化剂：可以显著加快反应的速率，而本身的质量和化学性质在反应前后保持不变的物质。

催化作用：能显著加快反应速率的作用。

催化剂的主要特征：

① 在反应前后，催化剂本身的质量及化学性质均保持不变，物理性质可能发生改变。

② 能改变反应途径，降低反应活化能，加速反应进行。

③ 只能缩短达到化学平衡的时间，而不能改变化学平衡。

④ 催化剂具有特殊的选择性。

催化反应：有催化剂参加的反应，分为均相催化反应、多相催化反应和酶催化反应。

13. 本模块计算题类型

① 一级反应和二级反应有关 c、t、k 和 ϑ 的计算。

② 阿伦尼乌斯方程有关 k、T 和 E_a 的计算。

 目标检测

一、填空题

1. 化学反应速率的定义式是_____。
2. 反应物的速率称为_____，生成物的速率称为_____。
3. 测定反应系统中某一组分的浓度的方法有_____和_____。
4. 反应物微粒在碰撞中相互作用直接转化为生成物微粒，这个化学反应即为_____，经过两步或多步发生的反应称为_____。
5. 基元反应中按照反应分子数可以分为_____、_____和_____。

6. 化学反应速率的单位是_____。

7. 化学反应的速率常数相当于反应体系中各物质的浓度均为_____时的反应速率，又称为_____。

二、选择题

1. $2H_2(g)+O_2(g)\longrightarrow 2H_2O(g)$化学反应，反应速率$\vartheta(H_2):\vartheta(O_2):\vartheta(H_2O)$之比是（　　）。

  A. 1:1:1 B. 1:2:1 C. 2:1:2 D. 不确定

2. 基元反应 $H+Cl_2\longrightarrow HCl+Cl$ 是（　　）。

  A. 单分子反应   B. 双分子反应

  C. 三分子反应   D. 四分子反应

3. 某化学反应的方程式为 $2A\longrightarrow P$，则该反应为（　　）。

  A. 二级反应   B. 基元反应

  C. 双分子反应   D. 无法确定

4. 基元反应中（　　）。

  A. 反应级数与反应分子数一定一致

  B. 反应级数一定大于反应分子数

  C. 反应级数一定小于反应分子数

  D. 反应级数与反应分子数不一定总一致。

5. 实验确定 $2A\longrightarrow B$ 为双分子基元反应，该反应的级数为（　　）。

  A. 一级 B. 二级 C. 三级 D. 零级

6. 一级反应的速率常数的单位是（　　）。

  A. $mol \cdot L^{-1} \cdot min^{-1}$ B. min^{-1}

  C. $mol^{-1} \cdot L \cdot min^{-1}$ D. 不能确定

7. 下面关于一级反应的特征描述错误的是（　　）。

  A. $\ln c$ 对时间 t 作图为一条直线

  B. 半衰期与反应物起始浓度成反比

  C. 同一反应，当反应物消耗的百分数相同时所需的时间一样

  D. 速率常数的单位是［时间］$^{-1}$

8. 某放射性同位素的半衰期为 50d，经 75d 后，其放射性为初始时的（　　）。

  A. 1/4 B. 3/4 C. 3/8 D. 都不对

9. 二级反应的半衰期（　　）。

  A. 与反应物的起始浓度无关 B. 与反应物的起始浓度成正比

  C. 与反应物的起始浓度成反比 D. 无法知道

10. 反应 $A\longrightarrow 2B$ 在温度 T 时的速率方程为 $\dfrac{dc_B}{dt}=k_B c_A$，则此反应的半衰期为（　　）。

  A. $\dfrac{\ln 2}{k_B}$ B. $\dfrac{2\ln 2}{k_B}$ C. $k_B \ln 2$ D. $2k_B \ln 2$

11. 某反应速率常数 $k=2.31\times 10^{-2} dm^3 \cdot mol^{-1} \cdot s^{-1}$，反应物起始浓度

为 $1.0 \text{mol} \cdot \text{dm}^{-3}$，则其反应的半衰期为（   ）。

A. 43.29s　　　B. 15s　　　C. 30s　　　D. 21.65s

12. 某二级反应，反应物消耗 1/3 需时间 10min，若再消耗初始量的 1/3 还需时间为（   ）。

A. 10min　　　B. 20min　　　C. 30min　　　D. 40min

13. 某具有简单级数的反应，$k = 0.1 \text{dm}^3 \cdot \text{mol}^{-1} \cdot \text{s}^{-1}$，反应物起始浓度为 $0.1 \text{mol} \cdot \text{dm}^{-3}$，当反应速率降至起始速率 1/4 时，所需时间为（   ）。

A. 0.1s　　　B. 333s　　　C. 30s　　　D. 100s

14. 关于化学反应速率常数的说法不正确的是（   ）。

A. 称为比速率

B. 相当于各反应物浓度都等于 1 时的反应速率

C. 不同的化学反应，反应的速率常数不同

D. 化学反应的速率常数不随温度改变而变化

三、判断题

1. 参与化学反应的每一个物质的反应速率都是相等的。（   ）
2. 化学反应按照反应的机理可以分为基元反应和复合反应。（   ）
3. 复合反应是经过两步或多步完成的，没有反应分子数可言。（   ）
4. 质量作用定律适用于所有的化学反应。（   ）
5. 单分子反应一定是一级反应，一级反应也一定是单分子反应。（   ）
6. 基元反应的反应分子数只能是正整数。（   ）
7. 阿伦尼乌斯方程并不适用于所有的化学反应。（   ）
8. 正反应的活化能大于逆反应的活化能，则该反应为放热反应。（   ）
9. 催化剂加快化学反应的进行是由于它提高了正反应的速率，同时降低了逆反应的速率。（   ）
10. 某反应在一定条件下的平衡转化率为 65%，加入适当的催化剂可使反应的转化率超过 65%。（   ）
11. 反应级数表示物质浓度对反应速率的影响程度。（   ）
12. 化学反应速率常数具有固定的单位。（   ）
13. 基元反应的反应级数和反应分子数是相同的。（   ）
14. 一级反应不一定是单分子反应。（   ）
15. 对于任意一个化学反应，反应级数和反应分子数都只是正整数。（   ）
16. 某一级反应的半衰期为 15min，那么该反应进行完全所需的时间为 30min。（   ）
17. 一级反应的转化率和半衰期都与初始浓度无关，与速率常数成反比。（   ）
18. 二级反应与一级反应不同，二级反应的半衰期与反应物的起始浓度有关。（   ）
19. 二级反应，若两反应物的初始浓度不同，则该反应的半衰期等于各反应物半衰期的平均值。（   ）

四、计算题

1. 偶氮甲烷的热分解反应
$$CH_3N=NCH_3(g) \longrightarrow C_2H_6(g) + N_2(g)$$
是一级反应。560K 时在真空密闭的容器中，放入偶氮甲烷，测得其初始压力为 21.3kPa，经 1000s 后，总压力为 22.7kPa。求该反应的速率常数 k 和反应的半衰期 $t_{1/2}$。

2. 气相分解反应 $SOCl_2(g) \longrightarrow SO_2(g) + Cl_2(g)$ 属于一级反应，在 320℃ 时，$k = 2.2 \times 10^{-5} s^{-1}$。计算在 320℃ 时恒温 100min 后，$SOCl_2$ 的分解率为多少。

3. 某放射性同位素 $^{32}_{15}P$ 的蜕变反应 $^{32}_{15}P \longrightarrow ^{32}_{16}S + \beta$，现有一批该同位素的样品，经测定其活性在 10 天后降低了 38.42%。求上述蜕变反应的速率常数、反应半衰期及经多长时间蜕变 99.0%。

4. 某抗生素在人体血液中分解呈简单级数的反应，如果给病人在上午 8 点注射一针抗生素，然后在不同时刻 t 测定抗生素在血液中的浓度 c（以 $mg \cdot 100cm^{-3}$ 表示），得到如下数据：

t/h	4	8	12	16
$c/mg \cdot 100cm^{-3}$	0.480	0.326	0.222	0.151

（1）求该反应级数；

（2）求反应的速率常数 k 和半衰期 $t_{1/2}$；

（3）若抗生素在血液中浓度不低于 $0.37mg \cdot 100cm^{-3}$ 才有效，问约何时该注射第二针。

5. 在 T、V 恒定条件下，反应 $A(g) + B(g) \longrightarrow D(g)$ 为二级反应。当 A、B 的初始浓度皆为 $1 mol \cdot dm^{-3}$ 时，经 10min 后 A 反应掉 25%，求反应的速率常数 k 为多少？

6. 甲醇的合成反应为 $CO(g) + 2H_2(g) \longrightarrow CH_3OH(g)$，已知某条件下甲醇的生成速率 $\vartheta = 2.44 \times 10^3 mol \cdot m^{-3} \cdot h^{-1}$。分别求同样条件下 CO 和 H_2 的消耗速率为多少？

7. 反应 $CH_3CH_2NO_2 + OH^- \longrightarrow H_2O + CH_3CH=NO_2^-$ 为二级反应，在 0℃ 时 $k = 3.91 L \cdot mol^{-1} \cdot min^{-1}$。若有 $0.004 mol \cdot L^{-1}$ 的硝基乙烷和 $0.005 mol \cdot L^{-1}$ 的氢氧化钠水溶液，问多长时间后有 90% 的硝基乙烷发生反应。

8. 甲酸在金属表面上的分解反应在 140℃ 和 185℃ 时速率常数分别为 $5.5 \times 10^{-4} s^{-1}$ 和 $9.2 \times 10^{-4} s^{-1}$。试求此反应的活化能。

9. 硝基异丙烷在水溶液中与碱的中和反应是二级反应，其速率常数可用下式表示：
$$\ln k = -\frac{7284.4}{T/K} + 27.383$$
时间以 min 为单位，浓度以 $mol \cdot m^{-3}$ 为单位。

(1) 计算反应的活化能 E_a；

(2) 在 283K 时，若硝基异丙烷与碱的浓度均为 $0.008 \text{mol} \cdot \text{m}^{-3}$，求反应的半衰期。

10. 气相反应 $CO(g) + Cl_2(g) \longrightarrow COCl_2(g)$ 是一个二级反应，当 $CO(g)$ 和 $Cl_2(g)$ 的初始压力均为 10kPa 时，在 25℃时反应的半衰期为 1h，在 35℃时反应的半衰期为 0.5h。(1) 计算 25℃和 35℃时反应的速率常数；(2) 计算该反应活化能 E_a 和指前因子 A。

11. 溴乙烷分解反应在 650K 时速率常数为 $2.14 \times 10^{-4} \text{s}^{-1}$，已知活化能为 $229.3 \text{kJ} \cdot \text{mol}^{-1}$，指前因子 $A = 5.73 \times 10^{14} \text{s}^{-1}$。若要在 10min 使反应进行 60%，应在什么温度下进行？

模块 6

电化学基础

> 【学习目标】

❖ 知识目标

1. 理解法拉第定律，并学会其有关计算。
2. 掌握表征电解质溶液导电性质的物理量（电导、电导率、摩尔电导率）的定义，了解溶液浓度对电导率及摩尔电导率的影响。
3. 理解离子独立运动定律，并学会应用。
4. 了解电导测定在实际中的应用。
5. 理解可逆电池的概念，理解能斯特方程并能熟练地应用。
6. 掌握常用电极符号、电极、电池反应，掌握电极和电池电动势的计算及其应用。
7. 熟练地写出电极反应、电池反应及原电池的图式。
8. 了解分解电压、极化作用的意义和超电势的概念及其产生的原因。

❖ 技能目标

1. 能够计算电解质溶液的电导、电导率和摩尔电导率，并利用电导法进行定量分析。
2. 能够计算电池电动势，并利用电势法测定某些离子的含量。
3. 能够通过电解原理掌握电解工艺。

❖ 素质目标

1. 结合电化学的绿色发展，培养节能减排的意识。
2. 培养刻苦钻研新工艺、新技术、新材料的敬业精神。
3. 激发爱国热情，增强为国家化工行业发展贡献力量的责任感和使命感。

电化学是研究化学反应与电现象之间关系的科学，它主要涉及通过化学反应来产生电能及通过输入电能导致化学反应方面的研究。本模块主要介绍电化学的基础理论部分及其应用，主要研究内容有电导、原电池、电解与极化三部分。

【案例导入】

> 电化学分析法在环保监测中具有重要作用，它可以监测水体和空气质量。例如，电化学传感器可以用于检测水体中的重金属离子、有机污染物等有害物质，也可以检测空气中的二氧化硫、氮氧化物等污染物。这些传感器基于电化学反应原理，通过测量电流或电压的变化来定量检测污染物，具有灵敏度高、响应速度快等优点。
>
> 电化学分析法在化学分析中有许多应用，它可以用于测定化学物质浓度、探究化学反应机理等。例如，电化学滴定法是一种基于电化学反应的滴定方法，它可以用于测定溶液中的离子浓度、研究酸碱反应和配位反应等。此外，电化学方法还可以用于研究化学反应速率常数、反应机理等，帮助人们深入了解化学反应的本质。
>
> 电位分析法是一种基于电极电位测定的电化学分析方法，对电极施加一定的电压，测量电极电位的变化，根据电极反应的还原或氧化电流进行定量测定。该方法可以应用于金属离子、无机和有机化合物等的测定，如pH值测定、血清中葡萄糖的测定等。
>
> 离子选择性电极是一种基于膜电位的电化学传感器，它可以用于测定离子浓度、探究化学反应机理等。
>
> 许多有色金属以及稀有金属的冶炼和精炼经常采用电解的方法，如铝、镁、钾、钠、锂、铪、铜、锌、铅等。利用电解法还可以生产很多基本的化工产品，如烧碱、过氧化氢、氯气以及一些重要的有机化合物等。在工业上也广泛采用电化学方法进行金属的电镀和防腐蚀、电化学加工和电抛光等。

【基础知识】

6.1 导电装置、电解质溶液和法拉第定律

6.1.1 电解池和原电池

（1）导体

能导电的物质称为导体。导体总体上分为两类：第一类导体是电子导体，例如金属、石墨及某些金属化合物等。电子导体依靠自由电子的定向运动而导电，导电过程中有如下特点：

① 导电过程中自身不发生化学反应；

② 温度升高，物质内部的热运动加剧，阻碍自由电子的定向运动，电阻

增大,导电能力下降。

第二类导体是离子导体,例如电解质溶液或熔融电解质。离子导体依靠离子的定向迁移而导电,导电过程中有如下特点:

① 导电过程中有氧化还原反应发生(具体见电解质溶液的导电机理);

② 温度升高,溶液的黏度降低,离子迁移速率加快,同时水溶液中离子水化作用减弱,导电能力增强。

(2)导电装置

有了导体,还需要把导体组建成导电装置。实现化学能和电能相互转换的导电装置有两种:一种是原电池,它是将化学能转换成电能的装置;另一种是电解池,它是将电能转换为化学能的装置。无论是原电池还是电解池,都由两个电极组成,电极一般是由金属或石墨等第一类导体插入电解质溶液等第二类导体中而构成。当外电路接通时在电极与溶液界面上有电子得失的反应发生,溶液内部有离子做定向迁移运动。这种在电极与溶液界面上进行的化学反应称为电极反应;两个电极反应之和为总的化学反应,对于原电池则称为电池反应,对于电解池则称为电解反应。

对于两个电极,热力学规定:发生氧化反应的电极为阳极,发生还原反应的电极为阴极。同时又规定,电极电势高的一端为正极,电极电势低的一端为负极。

原电池和电解池都是由两个电极构成的,其结构比较相似,如图 6-1 和图 6-2 所示。

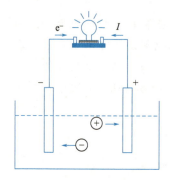

图 6-1　原电池示意图

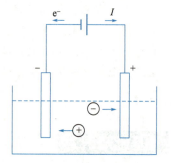

图 6-2　电解池示意图

原电池与电解池的不同之处在于:原电池中电子在外电路中流动的方向是从阳极到阴极,而电流的方向则是从阴极到阳极,所以阴极电势高,阳极电势低,阴极是正极,阳极是负极;在电解池中,电子从外电源的负极流向电解池的阴极,而电流从外电源的正极流向电解池的阳极,再通过电解质溶液流到阴极,所以电解池中,阳极电势的高,为正极,阴极电势的低,为负极,具体见表 6-1。

6.1.2　电解质溶液的导电机理

电解质溶液是指溶于溶剂或熔融状态时能形成带相反电荷的离子而具有

表 6-1　原电池和电解池的电极

导电装置	阴极	阳极
原电池	正极	负极
电解池	负极	正极

导电能力的物质。电解质在溶剂中解离成离子的现象叫电离。根据电解质电离度的大小，将电解质分为强电解质和弱电解质。

强电解质在溶液中或熔融状态下几乎全部解离成正、负离子；弱电解质在溶液中部分解离成正、负离子，在一定条件下，正、负离子与未解离的电解质分子之间存在着电离平衡。电解质溶液的导电作用通过溶液中离子的迁移实现。

电解质溶液的导电机理

电解质溶液的导电机理以图 6-3 CuCl$_2$ 水溶液的电解为例进行分析。将两个 Pt 片浸入 CuCl$_2$ 水溶液中，电极与直流电源相连接。与外电源正极相连的 Pt 片上将有过剩的正电荷，与外电源负极相连的 Pt 片上将有过剩的负电荷。在外电场作用下，溶液中的 Cu^{2+} 向聚集负电荷的一端迁移，而 Cl$^-$ 向聚集正电荷的一端迁移。Cu^{2+} 发生的电极反应为：Cu^{2+} + 2e$^-$ ⟶

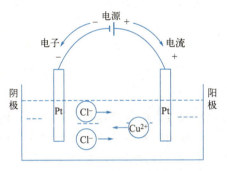

图 6-3　电解池示意图

电解质溶液的导电机理分析

Cu，该电极端发生还原反应，因此为阴极；Cl$^-$ 发生给出电子的氧化反应，即 2Cl$^-$ ⟶ Cl$_2$ + 2e$^-$，该电极端为阳极。两电极上发生化学反应，分别放出或得到了电子，其效果就好像在一个电极上有电子进入溶液，而另一个电极上得到溶液中跑出来的电子一样，如此使电流在电极与溶液界面处得以连续，这样整个电路才能构成闭合的回路，才有电流通过。并且回路中的任一截面，无论是金属导线、电解质溶液，还是电极与溶液之间的界面，在相同时间内，必然有相同的电量通过。

6.1.3　法拉第定律

（1）法拉第定律的定义

1833 年法拉第在研究了大量电解实验的结果后，归纳出通过电解质溶液的电荷量与电极上析出的物质的量之间的定量关系，这就是著名的法拉第定律。

法拉第定律：电流通过电解质溶液时，在电极上发生化学反应的物质的量与通过的电荷量成正比。对于不同的电解质溶液，每通过 96485C（库仑）的电量时，在任一电极上就会发生得到或失去 1mol 电子的反应，与此相对应的电极反应的物质的量同样为 1mol。例如：当有 96485C 的电量通过图 6-3 中的 CuCl$_2$ 水溶液时，阴极上有 $\frac{1}{2}$ mol Cu^{2+} 得到 1mol 电子还原为 $\frac{1}{2}$ mol Cu，同时阳极上有 1mol Cl^- 失去 1mol 电子氧化成 $\frac{1}{2}$mol Cl_2。

法拉第定律的数学表达式为：

$$Q = zFn_B \tag{6-1a}$$

式中　Q——通过电解质溶液的电量，C；

　　　z——电极反应中的得失电子数；

　　　n_B——发生电极反应的物质的量，1mol；

　　　F——法拉第常数，是指 1mol 电子所带电量，其数值为：$F = Le = 6.0221367 \times 10^{23} \times 1.60217733 \times 10^{-19} = 96485.309 C \cdot mol^{-1} \approx 96500 C \cdot mol^{-1}$。

式(6-1a) 又可以表示为　　$Q = It = \frac{m_B}{M_B} zF \tag{6-1b}$

$$m_B = \frac{QM_B}{zF} \tag{6-1c}$$

法拉第定律虽然是研究电解池时得出的，但对于原电池也同样适用，是电化学的基本定律。法拉第定律说明，在恒定电流的情况下，同一时间内流过电路中各点的电荷量是相等的。根据这一原理，可以通过测量电流流过后电极反应的物质的量的变化来计算电路中通过的电荷量，相应的测量装置称为**库仑计**，最常用的库仑计为银库仑计和铜库仑计。库仑分析法也是一种常用的电化学分析方法。此外，应用法拉第定律还可以计算电解或电镀中，生产一定量的某电解生成物所需通过的电量，或根据通过的电量计算产品的产量。

【例6-1】在电路中串联有两个库仑计，一个是银库仑计，一个是铜库仑计。当有 $1F$ 的电荷量通过电路时，问两个库仑计上分别析出多少摩尔的 Ag 和 Cu？

解：（1）银库仑计上的电极反应为

$$Ag^+ + e^- \longrightarrow Ag \quad z = 1$$

当 $Q = 1F = 96500C$ 时，根据法拉第定律

$$Q = zFn_B$$
$$96500 = 1 \times 96500 \times n_B$$
$$n_B = 1 \text{（mol）}$$

即当有 $1F$ 的电荷量流过电路时，银库仑计中有 1mol 的 Ag^+ 被还原成 Ag 析出。

（2）铜库仑计上的电极反应为

$$Cu^{2+} + 2e^- \longrightarrow Cu \quad z = 2$$

当 $Q = 1F = 96500C$ 时，根据法拉第定律

$$Q = zFn_B$$
$$96500 = 2 \times 96500 \times n_B$$
$$n_B = 0.5 \text{（mol）}$$

即当有 $1F$ 的电荷量流过电路时，铜库仑计中有 0.5mol 的 Cu^{2+} 被还原成

Cu 析出。

【例6-2】 在 $CuCl_2$ 水溶液中用 Pt 电极通 20A 电流 15min，试求理论上阴极能析出多少铜？

解：$CuCl_2$ 水溶液电解反应

阴极反应：$Cu^{2+} + 2e^- \longrightarrow Cu(s)$　　阳极反应：$2Cl^- \longrightarrow Cl_2(g) + 2e^-$

$I = 20A$　　$t = 15min = 900s$　　$M(Cu) = 63.546 g \cdot mol^{-1}$

阴极析出 Cu 的质量为：

$$m_{Cu} = \frac{QM_{Cu}}{zF}$$

$$\begin{aligned} m_{Cu} &= ItM_{Cu}/zF \\ &= 20 \times 900 \times 63.546/(2 \times 96500) \\ &= 5.93(g) \end{aligned}$$

理论上能析出 5.93g 铜。

（2）电流效率

法拉第定律在生产中有重要的应用，根据法拉第定律可以估算生产过程中的一些定量关系。例如，计算生产一定量的某电解生成物时需要多少电量，或根据通过的电量计算产量等。但是在实际电解过程中，电极上有副反应发生，消耗了电能，使得实际消耗的电量比理论计算电量要大些，两者之比为电流效率：

$$\eta = \frac{Q_{理论}}{Q_{实际}} \times 100\% = \frac{m_{实际}}{m_{理论}} \times 100\% \tag{6-2}$$

式中　　η ——电流效率；

$Q_{理论}$ ——按法拉第定律计算的电量，C；

$Q_{实际}$ ——实际生产所消耗的电量，C；

$m_{实际}$ ——电极上实际所得生成物的质量，kg；

$m_{理论}$ ——按法拉第定律计算的该生成物的质量，kg。

【例6-3】 某氯碱厂电解食盐水生产氢气、氯气和氢氧化钠，每个电解槽通过电流为 1.00×10^4 A。(1) 计算理论上每个电解槽每天生产氯气多少千克？(2) 如果电流效率为 97%，每天实际生产氯气多少千克？已知 $M_{Cl_2} = 70.9 g \cdot mol^{-1}$。

解：(1) 阳极反应为：$2Cl^- \longrightarrow 2Cl_2(g) + 2e^-$

由式(6-1c) 得理论上每天生产的 Cl_2 为

$$m_{Cl_2} = \frac{M_{Cl_2}Q}{zF} = \frac{70.9 \times 10^{-3} \times 1.00 \times 10^4 \times 24 \times 60 \times 60}{2 \times 96500} = 317.4 \text{（kg）}$$

(2) 实际每天生产的 Cl_2

$$m_{(实际)} = m_{Cl_2} \eta = 317.4 \times 0.97 = 308 \text{（kg）}$$

在实际生产中，应该尽量采取措施消除或减少电解过程中的副反应，提高电流效率，以便降低产品能量的消耗。

6.2　电解质溶液的电导和应用

6.2.1　电解质溶液的电导

导体导电能力的强弱可以用电阻 R 表示，导体的电阻越大则导电能力越弱。而电解质溶液导电的难易程度通常用电导表示，电导是电阻的倒数，用符号 G 表示，定义式为：

$$G = \frac{1}{R} \tag{6-3}$$

式中　G——电导，S，$1S = 1\Omega^{-1}$；
　　　R——电阻，Ω。

电导越大，电解质溶液的导电能力越强。

6.2.2　电导率与摩尔电导率

6.2.2.1　电导率

（1）电导率的定义

电导率在电化学中是一个非常重要的物理量，它与电阻率 ρ 互为倒数，用符号 κ 表示。

则

$$G = \frac{1}{R} = \frac{1}{\rho} \times \frac{A}{L} = \kappa \frac{A}{L}$$

即

$$\kappa = G \frac{L}{A} \tag{6-4}$$

式中　G——电导，S；
　　　L/A——电导池常数，m^{-1}；
　　　κ——电导率，$S \cdot m^{-1}$。

对于电子导体而言，κ 的物理意义为：单位长度（m）、单位横截面积（m^2）的导体所具有的电导。而对于电解质溶液而言，电导率就是单位距离（1m）的两极间，单位体积（$1m^3$）的溶液所具有的电导。

电导率也是一种表示导体导电性质的物理量。电导的数值与电极的面积及距离有关（即与电解质溶液的体积有关），所以不能直接用来比较不同浓度溶液的导电能力。而用电导率的数值可直接比较不同浓度溶液的导电能力。因为已对电解质溶液的几何形状进行了规定，不需要考虑电极的面积和距离因素，因此用电导率来比较电解质溶液的导电能力比用电导比较要直观。例如，5%的 NH_4Cl 溶液的 $\kappa = 9.180 S \cdot m^{-1}$，10%的 NH_4Cl 溶液的 $\kappa = 17.78 S \cdot m^{-1}$，可见后者的导电性比前者好。

（2）电导率与浓度的关系

电导率的大小是随电解质溶液浓度的变化而变化的，强电解质和弱电解质的变化规律有所不同。图 6-4 是实验测出的若干电解质溶液在 18℃时的电导率随物质的量浓度的变化曲线。由图中可以看出：

① 强酸和强碱的电导率最大，盐类次之，弱电解质如 HAc 的电导率最小。

② 不论强、弱电解质，它们的电导率随浓度的变化都是先随浓度增大而增大，越过极值后，又随浓度的增大而减小。

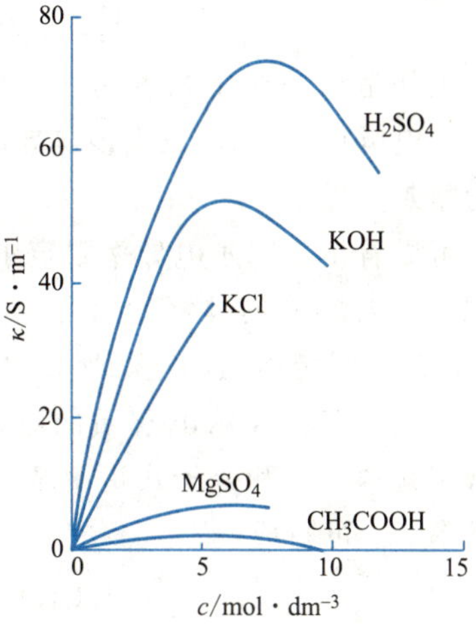

κ-c 曲线出现极大值，说明有两个相互制约的因素影响着电解质溶液的导电能力，就是溶液中离子的数目和离子间的相互作用。显然，单位体积溶液中离子的数目愈多，导电能力愈强；相反，离子间相互作用愈强，离子的迁移速度愈慢，离子运动的阻力愈大，导电能力愈弱。

图 6-4 电导率与物质的量浓度的关系

对强电解质来说，浓度较低时，增加浓度，离子数目增加是主要的因素，电导率随之增加很快。但溶液达到一定浓度后，继续增加浓度，离子间相互作用逐渐增强，当离子间相互作用增加到一定程度时，κ 出现了极大值；再继续增加浓度，离子间的相互制约作用是主要因素，离子向电极的定向移动受阻，κ 减小。

> 强电解质和弱电解质的电导率与物质的量浓度关系的分析

对弱电解质来说，浓度增加，单位体积溶液中电解质分子的数目增加，但因受电离度的影响，离子数目的增加受到限制。因此，在起始阶段溶液浓度增加时，随着单位体积溶液中电解质分子数目的增加，离子数目有所增加，κ 也随之增大。但当溶液浓度达到一定值后，弱电解质电离度的减小和离子间的相互作用的增加共同占据了主导地位，这时溶液浓度增大反而使 κ 减小。

6.2.2.2 摩尔电导率

（1）摩尔电导率的定义

溶液的电导率与电解质的浓度有关，因此在比较不同类型电解质的导电能力时很不方便。为了便于使用，应该规定相同物质的量的电解质作比较，因而引入摩尔电导率 Λ_m。

$$\Lambda_m = \kappa/c \tag{6-5}$$

式中　c——电解质溶液的物质的量浓度，$mol \cdot m^{-3}$；

κ——电导率，$S \cdot m^{-1}$；

Λ_m——摩尔电导率，$S \cdot m^2 \cdot mol^{-1}$。

若已测得浓度为 c 的电解质溶液的电导率 κ，便可由式(6-5)求出摩尔电导率 Λ_m。

若有一长、宽、高各为 1m 的立方体电导池，其中平行相对的左右两个侧面是两个电极，在电导池中充满 $1m^3$ 电解质溶液时所测出的电导即该溶液的电导率 κ。若此时将浓度为 $3mol \cdot m^{-3}$ 的电解质溶液放入此电导池中，此时溶液的摩尔电导率为：

$$\Lambda_m = \kappa/c = \kappa(3\,\text{mol}\cdot\text{m}^{-3})$$

也就是说，对于浓度为 $3\,\text{mol}\cdot\text{m}^{-3}$ 的电解质溶液，取 $1/3\,\text{m}^3$ 电解质溶液，含电解质 $1\,\text{mol}$，放入该电导池中（溶液高度为 $1/3\,\text{m}$），此时测得的电导即为摩尔电导率。

可以看出，摩尔电导率限定了电解质的物质的量为 $1\,\text{mol}$，没有限定溶液体积，所以溶液的体积会随浓度而改变。而电导率则限定了溶液的体积为 $1\,\text{m}^3$，没有限定溶质的量，所以电解质的物质的量随浓度而改变。

必须注意在表示电解质的摩尔电导率时，应注明物质的基本结构单元。通常用元素符号和分子式指明基本结构单元。例如，某条件下 $MgCl_2$ 的摩尔电导率 Λ_m 可写成：

$$\Lambda_m(MgCl_2) = 0.0258\,\text{S}\cdot\text{m}^2\cdot\text{mol}^{-1}$$

$$\Lambda_m\left(\frac{1}{2}MgCl_2\right) = 0.0129\,\text{S}\cdot\text{m}^2\cdot\text{mol}^{-1}$$

显然 $\Lambda_m(MgCl_2) = 2\Lambda_m\left(\frac{1}{2}MgCl_2\right)$。一般对离子价数高于 1 的电解质，基本结构单元最好选与 1 价离子相当的。如 $MgCl_2$ 的 Λ_m 选 $\frac{1}{2}MgCl_2$ 更能体现出用摩尔电导率表征电解质溶液导电能力的优越性。

这样，摩尔电导率数值的大小就能反映各种电解质性质的不同及稀释程度的影响。所以，无论是比较同一种电解质在不同浓度下的导电能力，还是比较不同电解质溶液在指定温度和浓度等条件下的导电能力，用摩尔电导率比用电导率更方便。

（2）摩尔电导率与物质的量浓度的关系

电解质溶液的摩尔电导率与浓度的关系，可由实验得出。图 6-5 是实验得出的 Λ_m 与 $\sqrt{c}$ 之间的关系曲线。由图可知，无论是强电解质还是弱电解质，其摩尔电导率均随溶液物质的量浓度的降低而增大，但增大的规律及原因不同。

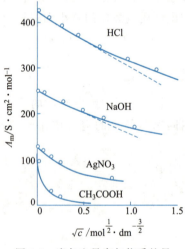

图 6-5 摩尔电导率与物质的量浓度平方根的关系（298.15K）

对强电解质而言，摩尔电导率随溶液浓度的降低而增大，是因为强电解质在溶液中是全部电离的，因而摩尔电导率只与溶液中离子的迁移速率有关。随着溶液物质的量浓度的降低，离子间的距离增大，离子间的引力变小，离子的运动速率加快，摩尔电导率增大。

科尔劳施总结大量实验数据得出如下结论：很稀的强电解质溶液，其摩尔电导率与浓度的平方根呈直线关系。数学表达式为：

$$\Lambda_m = \Lambda_m^\infty - A\sqrt{c} \tag{6-6}$$

式中 Λ_m^∞——电解质的极限摩尔电导率,当 $c \to 0$ 时电解质的摩尔电导率, $S \cdot m^2 \cdot mol^{-1}$;

A——常数,数值与温度、电解质及溶剂性质有关。

该公式适用于浓度在 $0.001 mol \cdot L^{-1}$ 以下的强电解质溶液。在低浓度范围内图 6-5 中的曲线接近一条直线,强电解质的 Λ_m^∞ 可由直线外推到 $c=0$,直线的截距即为该电解质的极限摩尔电导率。

弱电解质的 Λ_m 也是随着电解质物质的量浓度的减小而增大,但增大的规律不同。在溶液物质的量浓度较大时,由于弱电解质的电离度很小,溶液中的离子数量很少,且随浓度变化缓慢;而在溶液极稀时,弱电解质的电离度随溶液物质的量浓度下降而增大,使得溶液中离子数量增多,而且正负离子间相互作用随浓度 c 降低而减小,因此弱电解质的 Λ_m 随着物质的量浓度的减小而急剧增加。弱电解质的 Λ_m^∞ 不能用外推法求得,但可利用科尔劳施离子独立运动定律用强电解质的 Λ_m^∞ 经过计算得到。

> 弱电解质的摩尔电导率与浓度的关系分析

6.2.3 离子独立运动定律

科尔劳施研究了大量的实验结果,认为无论是强电解质还是弱电解质,或者金属的难溶盐类,在溶液无限稀释时,均可认为其全部电离,并且离子间的相互作用均可忽略不计,即离子彼此独立运动,互不影响。也就是说每种离子的摩尔电导率不受其他离子的影响,它们对电解质的摩尔电导率都有独立的贡献。因而无限稀释电解质溶液的极限摩尔电导率可以认为是无限稀释溶液中正、负离子摩尔电导率之和,这个规律称为科尔劳施离子独立运动定律。其数学表达式为:

$$\Lambda_m^\infty = \nu_+ \Lambda_{m,+}^\infty + \nu_- \Lambda_{m,-}^\infty \tag{6-7}$$

一些离子在 25℃ 时的极限摩尔电导率如表 6-2 所示。依据离子独立运动定律,也可以用强电解质的极限摩尔电导率来计算弱电解质的极限摩尔电导率。

表 6-2 一些离子在 25℃ 时的极限摩尔电导率

正离子	$\Lambda_{m,+}^\infty \times 10^4 / S \cdot m^2 \cdot mol^{-1}$	负离子	$\Lambda_{m,-}^\infty \times 10^4 / S \cdot m^2 \cdot mol^{-1}$
H^+	349.82	OH^-	198.0
Li^+	38.69	Cl^-	76.34
Na^+	50.11	Br^-	78.4
K^+	73.52	I^-	76.8
NH_4^+	73.4	NO_3^-	71.44
Ag^+	61.92	CH_3COO^-	40.9
$1/2 Ca^{2+}$	59.50	ClO_4^-	68.0
$1/2 Ba^{2+}$	63.64	$1/2 SO_4^{2-}$	79.8
$1/2 Mg^{2+}$	53.06	$1/2 CO_3^{2-}$	83.00

【例6-4】 在25℃时,已知HCl极限摩尔电导率为 42.6×10^{-3} S·m²·mol⁻¹,CH₃COONa及NaCl的极限摩尔电导率为 9.1×10^{-3} S·m²·mol⁻¹ 和 12.7×10^{-3} S·m²·mol⁻¹,计算CH₃COOH的极限摩尔电导率。

解:根据离子独立运动定律

$$\Lambda_m^\infty(CH_3COOH) = \Lambda_m^\infty(CH_3COO^-) + \Lambda_m^\infty(H^+)$$
$$= \Lambda_m^\infty(HCl) + \Lambda_m^\infty(CH_3COONa) - \Lambda_m^\infty(NaCl)$$
$$= (42.6+9.1-12.7)\times10^{-3}$$
$$= 3.9\times10^{-2}(S\cdot m^2\cdot mol^{-1})$$

6.2.4 电导的测定及有关应用

(1) 电导的测定

电导的测定方法,实际上就是采用惠斯通电桥测定电阻。如图6-6所示,图中 AB 为均匀滑线电阻,R_z 为可变电阻,G 为检流计,R_x 为待测电阻,电源使用1000Hz左右的交流电。因为使用直流电通过电解质溶液时会发生电解,引起电极附近溶液浓度变化,同时电极上析出的电解生成物还会改变电极的性质,可导致测定出现误差。为防止出现极化,电池中的电极采用镀铂黑的铂电极。为补偿电导池电容的影响,需要在电桥的另一臂可变电阻 R_z 上并联一个可变电容 F。测定时,在选定适当的 R_z 数值后接通电源,移动接触点 C,使得流经 G 的电流接近于零,此时电桥达到平衡,各个电阻之间存在如下关系:

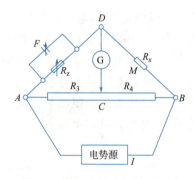

图6-6 测电导用的惠斯通电桥

电导测定的应用

惠斯通电桥测定电阻的方法

$$\frac{R_z}{R_x} = \frac{R_3}{R_4} \quad (6-8)$$

$$R_x = \frac{R_z R_4}{R_3} \quad (6-9)$$

待测电解质溶液的电导计算公式:

$$G = \frac{1}{R_x} = \frac{R_3}{R_z R_4} \quad (6-10)$$

(2) 电导测定的应用

通过电导测定可以推算电解质的某些基本物理性质,还能快速测出溶液中电解质的浓度,所以电导测定在生产及科学研究中应用很广,例如:水纯度的检测、硫酸浓度的测定、求弱电解质的电离度及电离常数、求难溶盐的溶解度和溶度积、电导滴定以及钢铁中碳和硫的定量分析、锅炉用水含盐量的测定等。

① 水纯度的检测 在生产和科研中有时需要用纯度很高的水,如果纯度达不到要求,就会影响产品的性能及分析结果。如普通蒸馏水的电导率 κ 约为

$1.00×10^{-3}$ S·m^{-1},重蒸馏水(蒸馏水用 KMnO$_4$ 和 KOH 溶液处理除去 CO$_2$ 及有机杂质,然后在石英器皿中重新蒸馏 1~2 次)和去离子水的 κ 值可以达到小于 $1.00×10^{-4}$ S·m^{-1}。

由于水本身是一种弱电解质,它存在如下电离平衡:$H_2O \rightleftharpoons H^+ + OH^-$,但只是微弱的电离,水在 298K(理论计算)的 κ 最低为 $5.5×10^{-6}$ S·m^{-1}。而 $\kappa < 1.00×10^{-4}$ S·m^{-1} 的水就是相当纯净的,称为"电导水"。所以只要测出水的 κ,就可以知道其纯度是否符合要求。

另外,利用电导率可以求得水的离子积。由于纯水的活度 a 很小,故可以把纯水视为 H^+ 和 OH^- 的无限稀释溶液,把这部分解离的水的浓度设为 c,其摩尔电导率 Λ_m 用极限摩尔电导率代替,由离子独立运动定律可求得水的离子积。

$$\Lambda_m = \Lambda_m^\infty = \Lambda_+^\infty(H^+) + \Lambda_-^\infty(OH^-)$$

因为
$$\Lambda_m = \frac{\kappa}{c}$$

其浓度 $c = c_{H^+} = c_{OH^-} = \dfrac{\kappa}{\Lambda_+^\infty(H^+) + \Lambda_-^\infty(OH^-)} = \dfrac{5.5×10^{-6}}{0.03498 + 0.01980}$

$= 1.004×10^{-4}$ (mol·m^{-3}) $= 1.004×10^{-7}$ (mol·L^{-1})

因此,水的离子积:$K_w = c_{H^+} c_{OH^-} = 1.01×10^{-14}$

② 求弱电解质的电离度及电离常数 弱电解质在水溶液中部分电离成离子,且离子与未电离的分子之间达成动态平衡。例如醋酸水溶液中,醋酸分子部分电离:

$$HAc \rightleftharpoons H^+ + Ac^-$$

由于弱电解质的电离度很小,溶液中离子的浓度很低,可以认为离子运动速度受浓度改变的影响极其微弱,因而某一浓度下弱电解质溶液的摩尔电导率与其在无限稀释时的摩尔电导率的差别主要来自电离度的不同。如 1mol 醋酸在水溶液中无限稀释时,电离度趋近于 1,即有 1mol H^+、1mol Ac^- 同时参与导电,此时的摩尔电导率为 Λ_m^∞。当溶液的浓度为 c 时,电离度为 α,此时的摩尔电导率为 Λ_m。因为摩尔电导率仅取决于溶液中的离子数目,即是由电离度不同造成的,则有:

$$\alpha = \Lambda_m / \Lambda_m^\infty \tag{6-11}$$

利用电离度可进一步求出弱电解质的电离常数,见例题 6-5。

【例6-5】 在 298K 时,实验测得 0.1000mol·L^{-1} 醋酸溶液的摩尔电导率 Λ_m 为 $5.201×10^{-4}$ S·m^2·mol^{-1}。查表可得该温度下醋酸溶液的极限摩尔电导率 Λ_m^∞ 为 $390.7×10^{-4}$ S·m^2·mol^{-1},求该溶液的电离度及电离常数。

解:根据 $\alpha = \Lambda_m / \Lambda_m^\infty$,可知该醋酸溶液的电离度为:

$$\alpha = 5.201×10^{-4} / (390.7×10^{-4}) = 0.0133 = 1.33\%$$

	CH$_3$COOH	$\rightleftharpoons$	H$^+$	+	Ac$^-$
初始浓度	c		0		0
平衡浓度	$c(1-\alpha)$		$c\alpha$		$c\alpha$

$$K_c^\ominus = \frac{(c_{H^+}/c^\ominus)(c_{CH_3COO^-}/c^\ominus)}{c_{CH_3COOH}/c^\ominus} = \frac{(c\alpha/c^\ominus)^2}{c(1-\alpha)/c^\ominus} = \frac{\alpha^2}{1-\alpha} \times \frac{c}{c^\ominus}$$

$$K_c^\ominus = \frac{0.1000 \times 0.0133^2}{1-0.0133} = 1.79 \times 10^{-5} \text{ (mol·L}^{-1}\text{)}$$

③ 求难溶盐的溶解度和溶度积 $BaSO_4$、$AgCl$ 等微溶盐在水中的溶解度很小，很难用普通的滴定方法测定出来，但是可以用电导测定的方法求得。

溶度积（也叫活度积）用 K_{sp} 表示。

例如 $AgCl$ 在水中部分电离

$$AgCl(s) \rightleftharpoons Ag^+(c_{Ag^+}) + Cl^-(c_{Cl^-})$$

$AgCl$ 在水中的溶度积 $\quad K_{sp} = \dfrac{c_{Ag^+} c_{Cl^-}}{c_{AgCl}} = c_{Ag^+} c_{Cl^-}$

【例6-6】$AgCl$ 饱和水溶液在 25℃ 时的电导率 $\kappa_{溶液} = 3.41 \times 10^{-4}\text{S·m}^{-1}$，在此温度下，该溶液所用水的电导率 $\kappa_水 = 1.6 \times 10^{-4}\text{S·m}^{-1}$，计算 $AgCl$ 的溶解度。

解：因为 $AgCl$ 饱和水溶液的电导率是水和氯化银电导率的总和，则有

$$\kappa_{AgCl} = \kappa_{溶液} - \kappa_水 = 3.41 \times 10^{-4} - 1.6 \times 10^{-4} = 1.81 \times 10^{-4} \text{ (S·m}^{-1}\text{)}$$

由于 $AgCl$ 饱和水溶液在 25℃ 时离子的浓度很小，其 Λ_m 可近似看作 Λ_m^∞，则

$$\Lambda_m(AgCl) \approx \Lambda_m^\infty(AgCl) = \Lambda_m^\infty(Ag^+) + \Lambda_m^\infty(Cl^-)$$

查表得：$\Lambda_m^\infty(Ag^+) = 61.92 \times 10^{-4}\text{S·m}^2\text{·mol}^{-1}\quad \Lambda_m^\infty(Cl^-) = 76.34 \times 10^{-4}\text{S·m}^2\text{·mol}^{-1}$

则
$$\Lambda_m(AgCl) \approx \Lambda_m^\infty(AgCl) = \Lambda_m^\infty(Ag^+) + \Lambda_m^\infty(Cl^-)$$
$$= (61.92 + 76.34) \times 10^{-4}$$
$$= 138.26 \times 10^{-4} \text{ (S·m}^2\text{·mol}^{-1}\text{)}$$

根据 $\Lambda_m = \kappa/c$，则有

$AgCl$ 的溶解度 $\quad c = \kappa(AgCl)/\Lambda_m(AgCl)$

$$= \frac{1.81 \times 10^{-4}}{138.26 \times 10^{-4}} = 0.01309 \text{ (mol·m}^{-3}\text{)}$$

④ 电导滴定 利用滴定终点前后溶液电导变化的转折来确定滴定终点的方法称为电导滴定。当溶液浑浊或有颜色，而不便应用指示剂时，常用此方法来测定溶液中电解质的浓度。

溶液的电导发生变化，通常是被滴定溶液中的一种离子被另一种离子所代替而造成的。例如用 $NaOH$ 溶液滴定 HCl 溶液，如图6-7所示。在滴定前，溶液中只有 HCl 一种电解质，溶液中由于 H^+ 有很大的电导率，所以溶液的电导率也很大；当逐渐滴入 $NaOH$ 后，溶液中 H^+ 与滴入的 OH^- 结合生成了 H_2O，其效果是电导率较小的 Na^+ 代替了电导率较大的 H^+，溶液的电导率随 $NaOH$ 的滴入而逐渐变小（图中 AB 段）；当 HCl 全部被 $NaOH$ 中和时溶液的电导率最小，即为滴定终点（B 点）；此后再滴入 $NaOH$，由于过剩

OH⁻的电导率很大，溶液的电导率又开始增加（图中 BC 段），由横坐标上 B 点所对应的 NaOH 溶液的体积就可计算 HCl 溶液的浓度。

某些沉淀反应也可以用电导滴定的方法。例如 KCl 与 $AgNO_3$ 溶液的反应：

$$AgNO_3 + KCl \longrightarrow AgCl\downarrow + KNO_3$$

在滴定过程中溶液中的 Ag^+ 被 K^+ 代替，由于它们的电导率差别不大，因而溶液的电导率变化很小。当 Ag^+ 完全被沉淀而出现过量的 KCl 时，溶液的电导率开始增加，如图 6-8 所示，图中的转折点（E）就是滴定的终点。

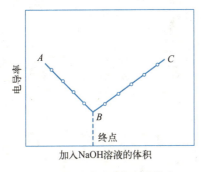

图 6-7　强酸强碱的电导滴定

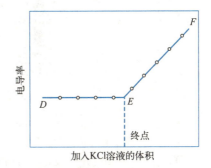

图 6-8　沉淀反应的电导滴定

在化学动力学中，常用滴定反应系统的电导随时间的变化数据来建立反应动力学方程，求算反应级数。在工业生产中，还可以利用电导测定给出的不同电流信号，进行自动记录和自动控制。

6.3　原电池

6.3.1　原电池的组成及表示方法

（1）原电池的组成

原电池是将化学能转化为电能的装置（即 $\Delta_r G_m < 0$ 的化学反应自发地把化学能转变为电能），电解池是将电能转化为化学能的装置（即利用电能促使 $\Delta_r G_m > 0$ 的化学反应发生，制得相应的化学产品或进行其他电化学工艺生产，如电镀等）。

如前所述，原电池和电解池均由两电极组成，电池工作时，两电极均发生化学反应，其中发生氧化反应的为阳极，发生还原反应的为阴极。电势高的一端为正极，电势低的一端为负极。

最典型的原电池是铜-锌原电池，也叫丹聂尔电池，电池的装置如图 6-9 所示。将锌片插入 $1\,mol \cdot L^{-1}$ 的 $ZnSO_4$ 溶液中，将铜片插入 $1\,mol \cdot L^{-1}$ 的 $CuSO_4$ 溶液中，两种溶液之间用多孔隔板隔开。多孔隔板的作用是防止 $ZnSO_4$ 溶液和 $CuSO_4$ 溶液相互混合，但可以允许电解质离子及溶剂通过。锌片与铜片之间用铜导线连接，如此构成铜-锌原电池。该电池的化学反应如下：

原电池及表示方法

Cu-Zn 原电池工作过程演示

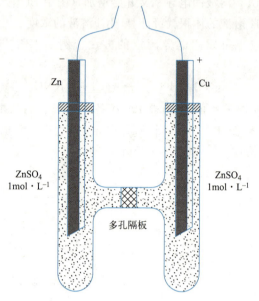

图 6-9　铜-锌原电池

负极　　　　$Zn(s) \longrightarrow Zn^{2+}(1mol \cdot L^{-1}) + 2e^-$

正极　　　　$Cu^{2+}(1mol \cdot L^{-1}) + 2e^- \longrightarrow Cu(s)$

电池反应　　$Zn(s) + Cu^{2+}(1mol \cdot L^{-1}) \longrightarrow Zn^{2+}(1mol \cdot L^{-1}) + Cu(s)$

注意：书写电极反应或电池反应时，必须满足物质的量平衡和电量平衡。

（2）原电池的表示方法

原电池若用装置图表示会很烦琐而且不利于记载，需要有简单的符号表征，常采用图式法表示电池。规定如下：

① 左边写发生氧化反应的负极，右边写发生还原反应的正极。

② 按实际顺序从左到右依次写出各种物质的化学式，并注明其相态，溶液中溶质标注浓度、气体标注分压。

③ 用单竖线"｜"表示不同相的接界面（也可用"，"表示）；用双竖线"‖"表示盐桥，溶液与溶液之间的接界通过盐桥已经降低到可以忽略不计的程度。

④ 由气体或同种金属的不同价态离子构成电极时，必须用惰性金属如铂作为导体。

按上述规定，铜-锌电池的图式应为

$$Zn(s) | ZnSO_4(1mol \cdot L^{-1}) \| CuSO_4(1mol \cdot L^{-1}) | Cu(s)$$

常见金属如 Zn、Cu、Ag 等可不注明相态，不参加反应的离子如 SO_4^{2-} 等亦可不写。还应指明温度和压力，若不指明，一般是指 25℃ 和 100kPa。

6.3.2　电池电动势的产生

电池电动势等于电池中各相界面上所产生的电势差的代数和。如铜-锌电池内有三种界面电势差：

电池电动势的产生

$$Zn(s)|ZnSO_4(c_1) \vdots CuSO_4(c_2)|Cu(s)$$
$$\Delta E_1 \qquad \Delta E_2 \qquad \Delta E_3$$
$$E = \Delta E_1 + \Delta E_2 + \Delta E_3$$

（1）接触电势

用铜线将铜-锌电池接入外电路，则在铜-锌之间有接触电势。其产生的原因是不同金属的电子逸出功不同，相互穿越的电子数目不等，使界面一侧电子过剩带负电，另一侧缺少电子带正电，此即接触电势。但接触电势很小，可忽略不计。

金属与金属的界面存在接触电势

（2）电极电势

它是正负两极分别与周围的溶液界面之间的电势差。如图 6-10 所示，把金属浸入含有该金属离子的溶液中，将发生离子从金属进入溶液和溶液中的离子沉积到金属上的化学过程。若金属失去电子变成离子进入溶液，则金属的溶解趋势大于沉积趋势，达平衡时，金属表面带过剩的负电荷，而溶液中就有过剩的正离子。由于静电吸引和扩散作用二者综合作用的结果，在金属与溶液界面上就形成了双电层。双电层的电势降，就是电极与溶液之间产生的电势差，称为电极电势。

金属-溶液的相间电势差

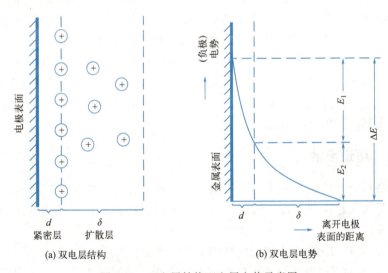

图 6-10 双电层结构双电层电势示意图

（3）液体接界电势

当含有不同电解质的两种溶液或含同一电解质而浓度不同的溶液接触时，由于离子在界面处扩散速度不同，而在界面上产生的电势差称为液体接界电势，简称液接电势，也称为扩散电势，如图 6-11 所示。

图 6-11(a) 隔膜两边分别为 $0.1 mol \cdot L^{-1}$ 的 HCl 溶液和 KCl 溶液，在界面上 H^+ 向右扩散的速度大于 K^+ 向左扩散的速度，故在相同的时间内迁移到 KCl 溶液中的 H^+ 数目要比迁移到 HCl 溶液中的 K^+ 数目多，在形成双电层时，右边带正电荷，左边带负电荷。因而在界面两边形成双电层，产生电势差。图 6-11(b) 表示的是同一电解质不同浓度下的情况，隔膜两边分别为

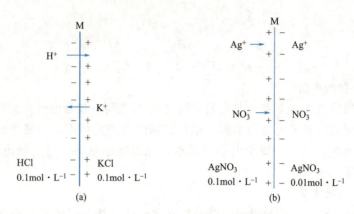

图 6-11 液体接界电势产生示意图

$0.1mol \cdot L^{-1}$ 和 $0.01mol \cdot L^{-1}$ 的 $AgNO_3$ 溶液，左边 $AgNO_3$ 溶液浓度较大将向右扩散，由于 Ag^+ 的扩散速度比 NO_3^- 快得多，结果使右边带有正电荷，左边有过剩的 NO_3^- 而带负电荷，同样产生电势差。

液接电势的大小一般不超过 0.03V，为保证测量的精确度，应尽量减少液体接界。常用的方法是在两溶液之间放置一个盐桥。盐桥的构造通常是将饱和的 KCl 溶液加热并溶入适量琼脂，将其倒入 U 形管中，待冷却后溶液为胶冻状，将 U 形管倒置，两端插入电池的两种不同溶液中，以两个新的液体界面代替原来的一个液体界面，由于 KCl 溶液 K^+、Cl^- 的扩散速度接近，故可消除液接电势。但是溶液中若含有 Ag^+，则需要使用饱和的 KNO_3 或 NH_4NO_3 盐桥。若忽略接触电势并用盐桥消除液体接界电势时，电池电动势就等于正负两极电极电势之差。

6.3.3 可逆电池

电池可分为可逆电池和不可逆电池。所谓可逆电池就是其中进行的一切过程都是可逆过程的电池。按照热力学可逆过程的特点，可逆电池必须具备以下条件：

> 可逆电池的特点

① 放电时的电极反应和充电时的电极反应要互为逆反应。

② 放电和充电时通过电极的电流要无限小。此时电极反应在无限接近平衡态下进行，放电时对外做的电功和充电时消耗的电功大小相等，保证当系统恢复原状时，环境也能复原而不留下其他变化。

例如电池：$Pt|H_2(p)|HCl(c)|AgCl(s)|Ag(s)$

假设原电池的电动势与外加反方向电池电动势的差值为 dE。

当 $dE>0$ 时，原电池放电，电池发生如下反应：

阳极（负极）　　　$H_2(p,g) \longrightarrow 2H^+(c)+2e^-$

阴极（正极）　　　$2AgCl(s)+2e^- \longrightarrow 2Ag(s)+2Cl^-$

电池反应　　　　　$H_2(p,g)+2AgCl(s) \longrightarrow 2Ag(s)+2HCl(c)$

当 $dE<0$ 时，原电池被充电，变为电解池。电池所发生的反应为原电池放电时的逆反应。

当 $dE=0$ 时，反应立即停止。此电池无论是放电还是充电均在电流无限趋近于零的条件下进行。原电池所进行的一切过程都是在无限接近平衡条件下进行的，因此它是一个可逆电池。

而对于如同丹聂尔电池这样的双液电池而言，由于两种溶液接界面存在着离子的扩散，是热力学不可逆的，尽管其电极反应可逆，充电、放电过程可逆，但是因存在扩散，所以是不可逆电池。如果不考虑离子的扩散，并且放入盐桥消除液体接界电势，则可将双液电池当作可逆电池来处理。本节只讨论可逆电池，因可逆电池电动势在化学热力学研究上有重要意义。

6.3.4 电极的种类

电极的种类

构成可逆电池的两个电极，其本身也必须是可逆的。可逆电极一般分三类：

（1）第一类电极

这类电极一般是将某金属或吸附了某种气体的惰性金属置于含有该元素离子的溶液中构成的，包括金属电极、氢电极、氧电极和卤素电极等。

① 金属电极和卤素电极　金属电极和卤素电极均较简单，例如

金属电极：$Zn^{2+}|Zn$　　　　$Zn^{2+}+2e^- \rightleftharpoons Zn$

卤素电极：$Cl^-|Cl_2(g)|Pt$　　$Cl_2(g)+2e^- \rightleftharpoons 2Cl^-$

② 氢电极　将镀有铂黑的铂片浸入含有 H^+ 的溶液中，并不断通入 H_2。该电极的电极反应为：

$$2H^+ + 2e^- \longrightarrow H_2(g)$$

氢电极最大的优点是其电极电势随温度改变很小。但它的使用条件比较苛刻，既不能用在含有氧化剂的溶液中，也不能用在含有汞或砷的溶液中。

通常所说的氢电极是在酸性溶液中，但也可将镀有铂黑的铂片浸入碱性溶液中并通入 H_2，此时即构成碱性溶液中的氢电极：

$$H_2O, OH^-|H_2(g)|Pt$$

其电极反应为：　$2H_2O+2e^- \rightleftharpoons H_2(g)+2OH^-$

③ 氧电极　氧电极在结构上与氢电极类似，也是将镀有铂黑的铂片浸入酸性或碱性（常见）溶液中，但通入的是 $O_2(g)$。

酸性氧电极：$H_2O, H^+|O_2(g)|Pt$

电极反应：　$O_2(g)+4H^++4e^- \rightleftharpoons 2H_2O$

碱性氧电极：$H_2O, OH^-|O_2(g)|Pt$

电极反应：　$O_2(g)+2H_2O+4e^- \rightleftharpoons 4OH^-$

（2）第二类电极

第二类电极包括金属-难溶氧化物电极和金属-难溶盐电极。

① 金属-难溶氧化物电极　在金属表面覆盖一层该金属的难溶氧化物，然后浸入含有 OH^-（或 H^+）的溶液中所构成的电极。以锑-氧化锑电极为例，在锑棒上覆盖一层三氧化二锑，将其浸入含有 H^+ 或 OH^- 的溶液中就构成了锑-氧化锑电极。

酸性溶液中：$H^+, H_2O|Sb_2O_3(s)|Sb$

模块 6　电化学基础

电极反应： $Sb_2O_3(s) + 6H^+ + 6e^- \rightleftharpoons 2Sb + 3H_2O$

碱性溶液中：$OH^-, H_2O | Sb_2O_3(s) | Sb$

电极反应： $Sb_2O_3(s) + 3H_2O + 6e^- \rightleftharpoons 2Sb + 6OH^-$

锑-氧化锑电极为固体电极，应用起来很方便，直接浸入溶液中即可。但不能应用于强酸性溶液中。

② 金属-难溶盐电极 这类电极是在金属表面覆盖一层该金属的难溶盐，然后将它浸入含有与该难溶盐相同阴离子的溶液中而构成的电极。最常用的有银-氯化银电极和甘汞电极（图 6-12）。

甘汞电极可表示为 $Cl^- | Hg_2Cl_2(s) | Hg$，电极反应为 $Hg_2Cl_2(s) + 2e^- \longrightarrow 2Hg + 2Cl^-$。

甘汞电极的电极电势与温度和 Cl^- 的浓度有关。298K 时三种不同 Cl^- 浓度甘汞电极的电极电势见表 6-3。

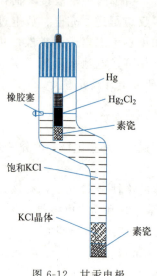

图 6-12 甘汞电极

表 6-3 不同 Cl^- 浓度甘汞电极的电极电势

KCl 溶液浓度	$E(T)/V$	$E(298K)/V$
$0.1 mol \cdot L^{-1}$	$0.3337 - 7 \times 10^{-5}(T-298)$	0.3337
$1 mol \cdot L^{-1}$	$0.2801 - 2.4 \times 10^{-4}(T-298)$	0.2801
饱和 KCl	$0.2412 - 7.6 \times 10^{-4}(T-298)$	0.2412

甘汞电极的优点是容易制备、电极稳定。在测量电池电动势时，常用甘汞电极作为参比电极。

（3）第三类电极

这类电极又称为氧化还原电极。任何电极均可发生氧化还原反应，但这里所说的氧化还原电极专指如下一类电极：由惰性金属铂片浸入含有同一元素不同价态离子的溶液中构成，即电极反应是在同一溶液中不同价态的离子间进行的。如电极：

$$Fe^{3+}(c_1), Fe^{2+}(c_2) | Pt$$

$$MnO_4^-(c_1), Mn^{2+}(c_2), H^+(c_3), H_2O | Pt$$

两电极的电极反应分别为：

$$Fe^{3+} + e^- \rightleftharpoons Fe^{2+}$$

$$MnO_4^- + 8H^+ + 5e^- \rightleftharpoons Mn^{2+} + 4H_2O$$

用来测定溶液 pH 值的醌氢醌电极也属于氧化还原电极。醌氢醌是等分子比的醌 $C_6H_4O_2$（用 Q 代表）和氢醌 $C_6H_4(OH)_2$（用 H_2Q 代表）结合成的复合物，即 $C_6H_4O_2 \cdot C_6H_4(OH)_2$。它是墨绿色晶体，在水中的溶解度甚小，如 25℃ 时约为 $0.005 mol \cdot L^{-1}$。已溶解的 $Q \cdot H_2Q$ 在水溶液中是完全分解的：

$$C_6H_4O_2 \cdot C_6H_4(OH)_2 \rightleftharpoons C_6H_4O_2 + C_6H_4(OH)_2$$

在含有 H^+ 的溶液中加入少许 $Q \cdot H_2Q$，插入惰性金属 Pt 就构成了醌氢醌电极，其图示和电极反应为：

$$H^+, Q \cdot H_2Q(饱和溶液) | Pt$$

$$C_6H_4O_2 + 2H^+ + 2e^- \rightleftharpoons C_6H_4(OH)_2$$

【例6-7】写出下列原电池的电极反应和电池反应。

(1) $Pt, H_2(g) | HCl(c) | AgCl(s) | Ag(s)$

(2) $Pt | Sn^{4+}(c_1), Sn^{2+}(c_2) \| Ti^{3+}(c_3), Ti^+(c_4) | Pt$

(3) $Pt, H_2(g) | NaOH(c) | O_2(g) | Pt$

解：(1) 负极反应：$1/2\ H_2(g) \longrightarrow H^+(c) + e^-$

正极反应：$AgCl(s) + e^- \longrightarrow Ag(s) + Cl^-(c)$

电池反应：$1/2\ H_2(g) + AgCl(s) \longrightarrow Ag(s) + HCl(c)$

(2) 负极反应：$Sn^{2+} \longrightarrow Sn^{4+} + 2e^-$

正极反应：$Ti^{3+} + 2e^- \longrightarrow Ti^+$

电池反应：$Sn^{2+} + Ti^{3+} \longrightarrow Ti^+ + Sn^{4+}$

(3) 负极反应：$H_2(g) + 2OH^- \longrightarrow 2H_2O + 2e^-$

正极反应：$1/2 O_2(g) + H_2O + 2e^- \longrightarrow 2OH^-$

电池反应：$H_2(g) + 1/2 O_2(g) \longrightarrow H_2O(l)$

【例6-8】写出下列电池的电池反应。

(1) $Pt | H_2(g) | H^+(c), H_2O | O_2(g) | Pt$

(2) $Zn | ZnCl_2(c) | Hg_2Cl_2(s) | Hg$

解：负极发生氧化反应，正极发生还原反应，二者之和即电池反应。

(1) 负极：$2H_2(g) \longrightarrow 4H^+ + 4e^-$

正极：$O_2(g) + 4H^+ + 4e^- \longrightarrow 2H_2O$

电池反应：$2H_2(g) + O_2(g) \longrightarrow 2H_2O$

(2) 负极：$Zn \longrightarrow Zn^{2+} + 2e^-$

正极：$Hg_2Cl_2(s) + 2e^- \longrightarrow 2Hg + 2Cl^-$

电池反应：$Zn + Hg_2Cl_2(s) \longrightarrow 2Hg + ZnCl_2$

6.4 能斯特方程

可逆电池中进行的都是可逆过程。根据前面所学的热力学原理可知，在恒温恒压可逆的条件下，设某原电池中进行的任意化学反应为：

$$aA + bB \rightleftharpoons dD + hH$$

此系统所做的可逆非体积功 W_r' 为可逆电功。则：

$$\Delta_r G_m = W_r' \tag{6-12}$$

可逆电功又等于电量与电动势的乘积，而 $Q = zF$，即：

$$W_r' = -zEF \tag{6-13}$$

则
$$\Delta_r G_m = -zFE \tag{6-14}$$

式中 $\Delta_r G_m$——摩尔反应吉布斯函数，J·mol^{-1}；

z——电极的氧化还原反应式中得失电子数；

F——法拉第常数，C·mol^{-1}；

E——可逆电池电动势，V。

此关系式是沟通热力学与电化学的桥梁。

若电池中各反应物质都处于标准状态，则有

$$\Delta_r G_m^\ominus = -zFE^\ominus \tag{6-15}$$

$E^\ominus$ 为标准电池电动势，上角标"$\ominus$"代表是标准状态，即电池中溶液浓度为 1mol·L^{-1}，气体压力为标准压力 100kPa。将化学反应等温方程应用于电池反应，即

$$\Delta_r G_m = \Delta_r G_m^\ominus + RT\ln\Pi(c_B)^{\nu_B} \tag{6-16}$$

将式(6-14)~式(6-16)综合即得

$$E = E^\ominus - (RT/zF)\ln\Pi(c_B)^{\nu_B} \tag{6-17}$$

此式称为电动势的能斯特方程，它表明了可逆电池电动势与电池反应的各物质浓度之间的关系。

若 $T = 298.15K$ 上式变为

$$E = E^\ominus - \frac{0.0592}{z}\lg\Pi(c_B)^{\nu_B} \tag{6-18}$$

6.5 电极电势和电动势

由前面内容可知，在忽略接触电势和消除液体接界电势的情况下，电池电动势等于正负两极电极电势之差，但至今仍无法单独测量每个电极的电极电势。为了计算电池电动势，实际应用中，选定一个标准电极作为基准，以此来确定各种电极的相对电极电势，用它代替了电极的绝对值来计算电池电动势。这个基准电极就是标准氢电极。

6.5.1 电极电势与标准电极电势

1. 标准氢电极

国际上采用的标准电极是标准氢电极，标准氢电极的构造如图 6-13 所示。在铂片表面涂上一层多孔的铂黑，插入氢离子浓度为 1mol·L^{-1} 的溶液中（铂片镀铂黑是为了增加电极的表面积以提高氢的吸附量，借此促使电极反应加速达到平衡），并以标准压力（$p^\ominus$）的干燥氢气不断冲击铂电极，这样的电极称为标准氢电极。

规定，在任何温度下，$E^\ominus(H^+/H_2) = 0$。

2. 电极电动势的测定

将标准氢电极作负极，待测电极作正极，组成原电池：

$$Pt|H_2(p^\ominus)|H^+(c_{H^+} = 1mol·L^{-1})\|待测电极$$

电极电势的测定

测定该电池的电动势，电池的正极是待测电极，负极是标准氢电极，而标准氢电极的电极电势为 0，这就相当于测定的电动势数值就等于待测电极的<u>电极电势</u>，用符号 E（电极）表示。

$$E = E(\text{待测电极}) - E^{\ominus}(\text{H}^+/\text{H}_2)$$

因 $E^{\ominus}(\text{H}^+/\text{H}_2)=0$，则有 $E(\text{待测电极})=E$。

因为待测电极作正极，发生的总是还原反应，这样定义的电极电势为<u>还原电极电势</u>。这与该电极在其他电池中实际发生的反应是无关的。

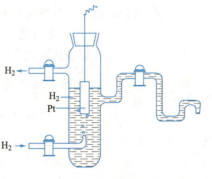

图 6-13 标准氢电极

标准氢电极

标准电极电势的测定

电极电势的测定

当电极中各组分均处在各自的标准态时，相应的电极电势称为<u>标准电极电势</u>，用符号 $E^{\ominus}_{\text{电极}}$ 表示。

热力学对标准态的规定：物质皆为纯净物，电解质溶液的浓度为 $1\text{mol} \cdot \text{L}^{-1}$，如果有气体，气体的分压为 100kPa。

3. 结合铜电极讨论电极电势能斯特方程

将处于标准态的、25℃ 的铜电极作正极，标准氢电极作负极，构成原电池如下：

$$\text{Pt}|\text{H}_2(p^{\ominus})|\text{H}^+(c_{\text{H}^+}=1\text{mol} \cdot \text{L}^{-1}) \| \text{Cu}^{2+}(c_{\text{Cu}^{2+}}=1\text{mol} \cdot \text{L}^{-1})|\text{Cu(s)}$$

测得电池电动势为 0.340V，则有

$$E = E^{\ominus}(\text{Cu}^{2+}/\text{Cu}) - E^{\ominus}(\text{H}^+/\text{H}_2)$$

$$E^{\ominus}(\text{Cu}^{2+}/\text{Cu}) = E + E^{\ominus}(\text{H}^+/\text{H}_2) = 0.340 + 0 = 0.340 \text{ (V)}$$

即通过测定得出铜电极的标准电极电势。非标准状态下的铜电极的电极电势，也可借助于标准氢电极进行相关计算。将铜电极 $\text{Cu}^{2+}(c_{\text{Cu}^{2+}})|\text{Cu(s)}$ 作正极，标准氢电极作负极，构成原电池如下：$\text{Pt}|\text{H}_2(p^{\ominus})|\text{H}^+(c_{\text{H}^+}=1\text{mol} \cdot \text{L}^{-1}) \| \text{Cu}^{2+}(c_{\text{Cu}^{2+}})|\text{Cu(s)}$

负极反应：$\text{H}_2(p^{\ominus}) \longrightarrow 2\text{H}^+ + 2e^-$

正极反应：$\text{Cu}^{2+}(c_{\text{Cu}^{2+}}) + 2e^- \longrightarrow \text{Cu(s)}$

电池反应：$\text{H}_2 + \text{Cu}^{2+} \longrightarrow 2\text{H}^+ + \text{Cu(s)}$

根据电池电动势能斯特方程式(6-17)，得以上电池电动势为

$$E = E^{\ominus} - \frac{RT}{2F}\ln\frac{c^2_{\text{H}^+} c_{\text{Cu}}}{[p_{\text{H}_2}/p^{\ominus}] c_{\text{Cu}^{2+}}}$$

按规定，此电池的电动势 E 即是铜电极的电极电势 $E_{\text{Cu}^{2+}/\text{Cu}}$，即 $E_{\text{Cu}^{2+}/\text{Cu}} = E$；电池的标准电动势 $E^{\ominus}$ 即为铜电极的标准电极电势 $E^{\ominus}_{\text{Cu}^{2+}/\text{Cu}}$，即 $E^{\ominus} = E^{\ominus}_{\text{Cu}^{2+}/\text{Cu}}$。对于标准氢电极，$c_{\text{H}^+}=1\text{mol} \cdot \text{L}^{-1}$，$p_{\text{H}_2}=p^{\ominus}=100\text{kPa}$，

所以 $$E(\text{Cu}^{2+}/\text{Cu}) = E^{\ominus}(\text{Cu}^{2+}/\text{Cu}) - \frac{RT}{2F}\ln\frac{1}{c(\text{Cu}^{2+})}$$

附录六给出了 298K（25℃）、100kPa 条件下的常用电极的标准电极电势。

对于任意指定电极，根据电极的规定，其电极反应均应写成下面的通式

$$\text{氧化态} + z\text{e}^- \longrightarrow \text{还原态}$$

因此，电极电势的表达通式为

$$E(\text{电极}) = E^\ominus(\text{电极}) - \frac{RT}{zF}\ln\frac{c(\text{还原态})}{c(\text{氧化态})} \qquad (6\text{-}19)$$

此式称为电极电势的能斯特方程。式中 $c(\text{还原态})$ 是指电极反应中各生成物 $c_B^{\nu_B}$ 的连乘，而 $c(\text{氧化态})$ 是指各反应物 $c_B^{\nu_B}$ 的连乘。

例如碱性溶液中氧电极的电极反应为：

$$O_2 + 2H_2O + 4e^- \rightleftharpoons 4OH^-$$

电极电势表达式为：

$$E(O_2/OH^-) = E^\ominus(O_2/OH^-) - \frac{RT}{4F}\ln\frac{c(OH^-)^4}{[p(O_2)/p^\ominus]c(H_2O)^2}$$

这样规定的电池中，指定电极发生的是还原反应，故电极称为还原电极，并且规定电池电动势与两个电极的关系为：

$$E = E_+ - E_- = E(\text{指定}) - E(H^+/H_2) = E(\text{指定})$$
$$E^\ominus = E^\ominus(\text{指定}) - E^\ominus(H^+/H_2) = E^\ominus(\text{指定})$$

由此看出，若电池的 $E > 0$，则 $E_{电极} > 0$，说明指定电极上确实进行还原反应；相反，若电池的 $E < 0$，则 $E_{电极} < 0$，此时指定电极上实际进行的应是氧化反应。

如上例中铜电极 $E^\ominus(Cu^{2+}/Cu) = 0.340V$，说明铜电极的确作为正极发生了还原反应。而对于 $c_{Zn^{2+}} = 1\text{mol}\cdot L^{-1}$ 的锌电极与标准氢电极所组成的电池，在 298K 时，测得标准电动势 $E^\ominus$ 为 $-0.763V$，则锌的标准电极电势为 $-0.763V$，说明锌电极实际是作为负极，进行的是氧化反应。

由此可见，电极电势能表明参与反应的各物质在标准态时的氧化能力或还原能力。电极电势越高，表明电极中氧化态物质得电子能力越强；电极电势越低，表明电极中还原态物质失电子能力越强。

6.5.2 电池电动势的计算

显然，由任意两个电极构成的电池，其电动势 E 的计算有两种方法：

（1）由电池反应的电池电动势能斯特方程计算

① 写出电极反应与电池反应（物量和电量要平衡）；

② 由表查出两个电极的标准电极电势，并计算标准电池电动势；

$$E^\ominus = E^\ominus_+ - E^\ominus_-$$

③ 根据电池反应，由电池电动势的能斯特方程计算电动势 E。

电池的电动势 E 为

$$E = E^\ominus - (RT/zF)\ln\Pi(c_B)^{\nu_B}$$

【例6-9】计算 298K 时，下列电池的电动势。

$$Zn|Zn^{2+}(c=0.1875\text{mol}\cdot L^{-1})\|Cd^{2+}(c=0.0137\text{mol}\cdot L^{-1})|Cd$$

已知 298K 时，$E^\ominus$ 为 $0.36V$。

解：已知 $T = 298K$，$E^\ominus = 0.36V$，$c_{Zn^{2+}} = 0.1875 mol \cdot L^{-1}$，$c_{Cd^{2+}} = 0.0137 mol \cdot L^{-1}$

负极 $Zn \longrightarrow Zn^{2+} + 2e^-$

正极 $Cd^{2+} + 2e^- \longrightarrow Cd$

电池反应 $Zn + Cd^{2+} \longrightarrow Zn^{2+} + Cd$

代入能斯特方程得

$$E = E^\ominus - \frac{RT}{2F}\ln\frac{c_{Zn^{2+}}}{c_{Cd^{2+}}} = 0.36 - \frac{0.0592}{2}\lg\frac{0.1875}{0.0137} = 0.326 \text{ （V）}$$

（2）由两个电极的电极电势计算

① 写出电极反应和电池反应（物量和电量要平衡）；

② 由表查出两个电极的标准电极电势 $E^\ominus$（电极）；

③ 由电极电势的能斯特方程算出 E_+、E_-；

$$E(电极) = E^\ominus(电极) - (RT/zF)\ln\frac{c(还原态)}{c(氧化态)}$$

④ 由 $E = E_+ - E_-$ 计算电池电动势 E。

$E > 0$，说明该电池反应是自发正向进行的，电池设计合理。另外，计算时还应注意：不管电极实际发生什么反应，电极的计算都用还原电极。计算电池电动势 E 时用电池右边正极的还原电极电势 E_+ 减去左边负极的还原电极电势 E_-。

【例6-10】 利用电极电势的能斯特方程计算例 6-9 的电池电动势 E。

解：利用电极电势的能斯特方程计算电池电动势，

① 首先也要写出电极反应，见例 6-9；

② 查出两个电极的标准电极电势 $E^\ominus$（电极）；

③ 利用电极电势的能斯特方程计算在给定状态下的两个电极的电极电势：

$$E(Zn^{2+}/Zn) = E^\ominus(Zn^{2+}/Zn) - \frac{RT}{zF}\ln\frac{c_{Zn}}{c_{Zn^{2+}}}$$

$$= -0.7618 - \frac{0.0592}{2}\lg\frac{1}{0.1875}$$

$$= -0.783 \text{ （V）}$$

$$E(Cd^{2+}/Cd) = E^\ominus(Cd^{2+}/Cd) - \frac{RT}{zF}\ln\frac{c_{Cd}}{c_{Cd^{2+}}}$$

$$= -0.403 - \frac{0.0592}{2}\lg\frac{1}{0.0137}$$

$$= -0.458 \text{ （V）}$$

④ 由 $E = E_+ - E_-$ 计算电池电动势：

$E = E_+ - E_- = E(Cd^{2+}/Cd) - E(Zn^{2+}/Zn) = -0.458 - (-0.783) = 0.325(V)$

与例 6-9 结果一致，说明这两种方法是等效的，提倡用电池反应能斯特方程来计算较简便些。

【例6-11】 试计算下列电池在 298K 时的电动势。

$Zn | Zn^{2+}(c = 0.10 mol \cdot L^{-1}) \| Cu^{2+}(c = 0.30 mol \cdot L^{-1}) | Cu$

解： 对于各种浓度时电池的电动势计算有两种方法：

(1) 从两个电极的电极电势计算

① 写出电极反应与电池反应

阳极（负极） $Zn \longrightarrow Zn^{2+} + 2e^-$

阴极（正极） $Cu^{2+} + 2e^- \longrightarrow Cu$

电池反应 $Zn + Cu^{2+} \longrightarrow Zn^{2+} + Cu$

② 由书后附表六查得 $E^{\ominus}(Zn^{2+}/Zn) = -0.7618V$

$E^{\ominus}(Cu^{2+}/Cu) = 0.3419V$

③ 计算两个电极的电极电势

铜电极的电极电势为

$$E(Cu^{2+}/Cu) = E^{\ominus}(Cu^{2+}/Cu) - \frac{RT}{zF}\ln\frac{c_{Cu}}{c_{Cu^{2+}}}$$

$$= 0.3419 - \frac{0.0592}{2}\lg\frac{1}{0.300}$$

$$= 0.3264 \text{ (V)}$$

锌电极的电极电势为

$$E(Zn^{2+}/Zn) = E^{\ominus}(Zn^{2+}/Zn) - \frac{RT}{zF}\ln\frac{c_{Zn}}{c_{Zn^{2+}}}$$

$$= -0.7618 - \frac{0.0592}{2}\lg\frac{1}{0.100}$$

$$= -0.7914V$$

④ 计算电池电动势 E 为

$$E = E_+ - E_- = 0.3264 - (-0.7914) = 1.1178 \text{ (V)}$$

(2) 应用电池能斯特方程进行计算

电池反应 $Zn + Cu^{2+} \longrightarrow Zn^{2+} + Cu$

由书后附表六查得 $E^{\ominus}(Zn^{2+}/Zn) = -0.7618V$，$E^{\ominus}(Cu^{2+}/Cu) = 0.3419V$

因此此电池的标准电动势为 $E^{\ominus} = E^{\ominus}_+ - E^{\ominus}_- = 0.3419 - (-0.7618) = 1.1037 \text{ (V)}$

所以此电池的电动势为
$$E = E^{\ominus} - \frac{RT}{2F}\ln\frac{c_{Zn^{2+}} c_{Cu}}{c_{Cu^{2+}} c_{Zn}}$$

$$= 1.1037 - \frac{0.0592}{2}\lg\frac{0.100}{0.300}$$

$$= 1.1178 \text{ (V)}$$

两种方法计算结果是一致的。

6.6 电动势的测定及应用

6.6.1 电池电动势的测定

(1) 对消法测电池的电动势

对消法测定某一可逆电池电动势的原理，是在电池的外电路接一个与待

可逆电池电动势及测定

测电池的电动势方向相反而数值相等的电压，用于对抗待测电池的电动势，从而使待测原电池内几乎没有电流通过，此时测得的外电路电压数值即为该待测电池的电动势。

电路图如图 6-14 所示。图中 E_w 为工作电池（即外电压），R 为可变电阻，E_x 为待测电池电动势，E_s 为标准电池电动势，K 为双向开关，G 为灵敏度高的检流计，C 为滑线电阻 AB 上可移动的接触点。根据移动 C 点得到 $\overline{AC}$ 线段的长度可计算出待测原电池的电动势数据。

在测定时，首先将开关 K 与标准电池相接，移动均匀滑线电阻的接触点 C 至标准电池在室温下的电动势值，这一数值可用 $\overline{AC}$ 线段的长度表示。然后调节可变电阻 R，直

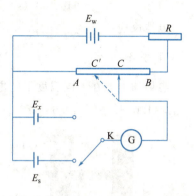

图 6-14 对消法测定电动势电路图

到检流计中无电流通过为止，此时，标准电池的电动势 E_s 被 $\overline{AC}$ 线段的电压降（又称为电势差）所抵消，即

$$E_s = E\overline{AC} = IR\overline{AC}$$

式中，$E\overline{AC}$ 表示 $\overline{AC}$ 线段的电压降，$R\overline{AC}$ 表示均匀滑线电阻上 $\overline{AC}$ 线段的电阻。当可变电阻调定之后（即固定了 $ABRE_wA$ 回路中的电流值），将开关 K 与待测电池接通，调节均匀滑线电阻 AB 的接触点至 C' 点，使得检流计 G 中无电流通过，此时待测电池电动势 E_x 又被 $\overline{AC'}$ 线段的电压降所抵消，即

$$E_x = E\overline{AC'} = IR\overline{AC'}$$

由于电压降与电阻线段的长度成正比，因此

$$\frac{E_s}{E_x} = \frac{IR\overline{AC}}{IR\overline{AC'}} = \frac{\overline{AC}}{\overline{AC'}}$$

则

$$E_x = E_s \frac{\overline{AC'}}{\overline{AC}} \tag{6-20}$$

可见只要读出均匀滑线电阻的长度 $\overline{AC}$ 及 $\overline{AC'}$，即可得到待测电池的电动势 E_x。在实际测量中，均匀滑线电阻的长度值已经换算成相应的电动势数值，在仪器上可以直接得到 E_x 的数值。

（2）惠斯通标准电池测电池的电动势

测定电池电动势所使用的标准电池，要求必须是电池反应高度可逆、电动势已知且数值保持长期稳定不变。惠斯通电池就是一个高度可逆的电池，又因为该电池的电动势准确、稳定，故常以它作为标准电池与电势差计配合，测定电池的电动势。

惠斯通电池的图式如下：

$$12.5\%Cd(汞齐) | CdSO_4 \cdot \frac{8}{3} H_2O(s) | CdSO_4 \text{ 饱和溶液} | Hg_2SO_4(s) | Hg(l)$$

阳极（负极）反应：

对消法测电池电动势的原理

$$Cd(汞齐)+SO_4^{2-}+\frac{8}{3}H_2O(l) \Longrightarrow CdSO_4 \cdot \left(\frac{8}{3}\right)H_2O(s)+2e^-$$

阴极（正极）反应：

$$Hg_2SO_4(s)+2e^- \Longrightarrow 2Hg(l)+SO_4^{2-}$$

电池反应：

$$Cd(汞齐)+Hg_2SO_4(s)+\frac{8}{3}H_2O \Longrightarrow CdSO_4 \cdot (8/3)H_2O(s)+2Hg(l)$$

惠斯通电池在不同温度下的电动势 E_{MF} 计算公式如下：

$$E_{MF}=1.018646-[40.6\times(t-20)+0.95(t-20)^2-0.01\times(t-20)^3]\times 10^{-6}$$

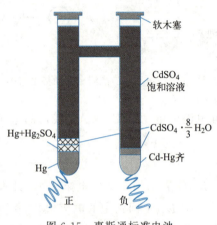

图 6-15 惠斯通标准电池

由以上公式可见，温度对电池电动势的影响很小，电池电动势稳定、准确。

惠斯通标准电池构造图见图 6-15。电池的负极是含质量分数为 12.5% 镉的镉汞齐，将其浸入硫酸镉溶液中，该溶液为 $CdSO_4 \cdot \frac{8}{3}H_2O$ 晶体的饱和溶液。正极为汞与硫酸亚汞的糊状体，将此糊状体也浸入硫酸镉的饱和溶液中。在糊状体的下面放置少量汞是为了使引出的导线与糊状体紧密接触。

6.6.2 电池电动势的应用

电池电动势可由实验测出，也可用能斯特方程计算得到，它在实际工作中有多方面的应用。现介绍几种：

（1）计算电池反应的 $\Delta_r G_m$ 和判断电池反应方向

利用电池电动势 E 可计算电池反应的摩尔反应吉布斯函数，并由 E 的符号判断电池反应的方向。

根据热力学原理，在恒温恒压条件下，任意化学反应进行时其摩尔反应吉布斯函数（$\Delta_r G_m$）等于该化学反应在可逆条件下进行时所做的最大非体积功。可逆电池电动势 E 与 $\Delta_r G_m$ 的关系：

$$\Delta_r G_m = W_r' = -zFE \tag{6-21}$$

若 $E>0$，$\Delta_r G_m <0$，说明电池反应在所给条件下可以自发进行。
若 $E<0$，$\Delta_r G_m >0$，说明电池反应在所给条件下不能自发进行。
若 $E=0$，$\Delta_r G_m =0$　说明电池反应在所给条件下达到平衡。
若电池反应处于标准状态，则有：

$$\Delta_r G_m^\ominus = -zFE^\ominus \tag{6-22}$$

（2）计算电池反应的 $K^\ominus$

根据 $\Delta_r G_m^\ominus = -zFE^\ominus$，又由于 $\Delta_r G_m^\ominus$ 与标准平衡常数存在着如下关系：

$$\Delta_r G_m^\ominus = -RT\ln K^\ominus$$

电池电动势
测定的应用

则电池标准电动势与电池反应标准平衡常数的关系如下：

$$E^\ominus = \frac{RT}{zF}\ln K^\ominus \tag{6-23}$$

应用式(6-23)可由电池标准电动势 $E^\ominus$ 计算电池反应的标准平衡常数 $K^\ominus$。

【例6-12】 有一电池表示为
Cd｜Cd^{2+}(c=0.010mol·L^{-1})‖Cl^-(c=0.500mol·L^{-1})｜Cl_2(101.3KPa)，Pt

(1) 写出该电池的电极反应和电池反应；(2) 计算 298K 时电池反应的 $K^\ominus$；(3) 计算该电池反应的 $\Delta_r G_m^\ominus$，已知该电池的标准电动势 $E^\ominus$ 为 1.761V。

解：(1) 该电池的电极反应和电池为：

阳极（负极）反应　　$Cd \longrightarrow Cd^{2+} + 2e^-$

阴极（正极）反应　　$Cl_2 + 2e^- \longrightarrow 2Cl^-$

电池反应　　　　　　$Cd + Cl_2 \longrightarrow Cd^{2+} + 2Cl^-$

(2) 由式(6-23) 求 $K^\ominus$

$$\ln K^\ominus = \frac{zFE^\ominus}{RT} = \frac{2 \times 96500 \times 1.761}{8.314 \times 298} = 137.18$$

$$K^\ominus = 3.77 \times 10^{59}$$

(3) 由式(6-22) 得

$$\Delta_r G_m^\ominus = -zFE^\ominus = -2 \times 96500 \times 1.761 = -339.9 \text{ (kJ·mol}^{-1}\text{)}$$

$\Delta_r G_m^\ominus < 0$，说明该电池反应可自发正向进行。

【例6-13】 写出电池 Cd(s)｜Cd^{2+}($c_{Cd^{2+}}$ = 0.01mol·L^{-1})‖Cl^-(c_{Cl^-} = 0.5mol·L^{-1})｜Cl_2($p^\ominus$)，Pt 的电极反应和电池反应，并计算 298.15K 时该电池反应的标准平衡常数。用电池电动势的能斯特方程进行计算。

解： 负极反应：$Cd(s) \longrightarrow Cd^{2+} + 2e^-$

正极反应：$Cl_2(p^\ominus) + 2e^- \longrightarrow 2Cl^-$

电池反应：$Cd(s) + Cl_2(p^\ominus) \longrightarrow Cd^{2+} + 2Cl^-$

查表可知：$E^\ominus(Cd^{2+}/Cd) = -0.4029V$；$E^\ominus(Cl_2/Cl^-) = 1.3595V$

则　　　　$E^\ominus = E^\ominus(Cl^-/Cl_2) - E^\ominus(Cd^{2+}/Cd) = 1.7624$ (V)

根据　　　　$E^\ominus = (RT/zF)\ln K^\ominus$

$\ln K^\ominus = zFE^\ominus/RT = 2 \times 96500 \times 1.7624/(8.314 \times 298.15)$
　　　　　 $= 137.22$

所以　　　　$K^\ominus = 3.925 \times 10^{59}$

【例6-14】 计算电池 Sn｜Sn^{2+}($c_{Sn^{2+}}$ = 0.600mol·L^{-1})‖Pb^{2+}($c_{Pb^{2+}}$ = 0.300mol·L^{-1})｜Pb 在 298K 时的：①电池电动势 E；②$\Delta_r G_m^\ominus$；③$\Delta_r G_m$；④$K^\ominus$；⑤判断反应能否自动进行。

解：①计算电池电动势

电极反应为：　　阳极（负极）　　$Sn \longrightarrow Sn^{2+} + 2e^-$

　　　　　　　　阴极（正极）　　$Pb^{2+} + 2e^- \longrightarrow Pb$

电池反应为：　　　　　　$Sn + Pb^{2+} \longrightarrow Sn^{2+} + Pb$

查出标准电极电势 $E^{\ominus}(Sn^{2+}/Sn)=-0.140V$，$E^{\ominus}(Pb^{2+}/Pb)=-0.126V$ 并计算标准电池电动势。

$$E^{\ominus}=E^{\ominus}_+-E^{\ominus}_-=-0.126-(-0.140)=0.014\ (V)$$

由电池电动势能斯特方程计算 E

$$E=E^{\ominus}-\frac{0.0592}{2}\lg\frac{c(Sn^{2+})\ c(Pb)}{c(Pb^{2+})\ c(Sn)}$$

$$=0.014-\frac{0.0592}{2}\lg\frac{0.6}{0.3}=0.0051\ (V)$$

② 由式(6-22) 计算 $\Delta_r G_m^{\ominus}$

$$\Delta_r G_m^{\ominus}=-zE^{\ominus}F=-2\times0.014\times96500=-2702\ (J\cdot mol^{-1})$$

③ 由式(6-21) 计算 $\Delta_r G_m$

$$\Delta_r G_m=-zEF=-2\times0.0051\times96500=-984.3\ (J\cdot mol^{-1})$$

④ 由式(6-23) 计算 $K^{\ominus}$

$$\lg K^{\ominus}=\frac{zE^{\ominus}F}{2.303RT}=\frac{2\times0.014}{0.0592}=0.473$$

解出 $K^{\ominus}=2.97$

⑤ 因为上述计算结果中 $E>0$、$\Delta_r G_m<0$，所以在该条件下，电池反应能够自发正向进行，且该电池设计合理。

（3）计算溶液的 pH 值

溶液中氢离子浓度可以采用测定电池电动势的方法间接测定。该方法测定 pH 值的关键是选择对氢离子可逆的电极（如氢电极、醌氢醌电极、玻璃电极等），与一个参比电极相连组成电池，测得该电池的电动势即可求出溶液中的氢离子浓度。常采用醌氢醌电极或玻璃电极与参比电极（常用摩尔甘汞电极）组成电池，测定电池的电动势从而求出溶液的 pH 值。

醌氢醌电极的电极反应为：$C_6H_4O_2+2H^++2e^-\rightleftharpoons C_6H_4(OH)_2$

$$E_{醌氢醌}=E^{\ominus}_{醌氢醌}+0.0592\lg c_{H^+}$$

实验测得 298.15K 时 $E^{\ominus}_{醌氢醌}=0.6993V$，则醌氢醌电极的电极为：

$$E_{醌氢醌}=0.6993+0.0592\lg c_{H^+}$$

由于 $\lg(1/c_{H^+})=pH$

因此 $E_{醌氢醌}=0.6993-0.0592pH$

将醌氢醌电极与摩尔甘汞电极组成电池，就可以测定溶液的 pH 值，在 pH<7.1 时醌氢醌电极作正极。

摩尔甘汞电极│待测溶液(c_{H^+})│醌氢醌电极│Pt

在 25℃时摩尔甘汞电极的电极电势为 0.2801V，则组成电池电动势为：

$$E=E_{醌氢醌}-E_{甘汞}=0.6993-0.0592pH-0.2801$$

$$=0.4192-0.0592pH$$

所以

$$pH=\frac{0.4192-E}{0.0592} \tag{6-24}$$

在 pH>7.1 时醌氢醌电极作负极：

Pt│醌氢醌电极│待测溶液(c_{H^+})│摩尔甘汞电极

在 25℃时，电池电动势为：

$$E = E_{甘汞} - E_{醌氢醌} = 0.2801 - (0.6993 - 0.0592pH)$$
$$= -0.4192 + 0.0592pH$$
$$pH = \frac{0.4192 + E}{0.0592} \tag{6-25}$$

醌氢醌电极不能用于碱性溶液中，因为在碱性溶液中醌氢醌电极容易被氧化，影响测定结果，所以一般不用于 pH>8.5 溶液的测定。

【例6-15】在药物酸度检验中，在药液中放入醌氢醌后构成醌氢醌电极，将其与一个摩尔甘汞电极组成电池，在 25℃时测得电池的电动势为 0.2121V，计算该药液的 pH 值。

解：根据式(6-24) 得 pH=(0.4192−E)/0.0592
该药液的 pH 值为：

$$pH = (0.4192 - 0.2121)/0.0592 = 3.498$$

另外，玻璃电极也是测定溶液 pH 值常用的一种指示电极，其结构如图 6-16 所示。在一支玻璃管下端焊接一个由特殊玻璃（组成 72% SiO_2，22% Na_2O，6% CaO）制成的玻璃薄膜球，球内盛有一定 pH 值的缓冲溶液，或用 0.1mol·L^{-1} 的盐酸溶液，溶液中浸入一根 Ag-AgCl 电极（作为内参比电极）。玻璃电极是可逆电极，其图式符号表示为：

$$Ag，AgCl(s) | HCl(0.1mol·L^{-1}) | 玻璃膜 | H^+(c)$$

玻璃电极的电极电势为：

$$E_{玻璃} = E^{\ominus}_{玻璃} - \frac{RT}{F} \ln \frac{1}{c_{H^+}} = E^{\ominus}_{玻璃} - 0.0592pH$$

如果玻璃电极与摩尔甘汞电极组成如图 6-17 所示的电池：

$$Ag(s)，AgCl(s) | HCl(0.1mol·L^{-1}) | 玻璃膜 | H^+(c) | 摩尔甘汞电极$$

若测得 25℃时电池的电动势 E，即可求出待测液体的 pH 值。

$$E = E_{甘汞} - E_{玻璃} = 0.2801 - (E^{\ominus}_{玻璃} - 0.0592pH)$$
$$pH = (E - 0.2801 + E^{\ominus}_{玻璃})/0.0592 \tag{6-26}$$

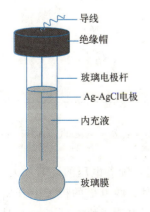

图 6-16 玻璃电极

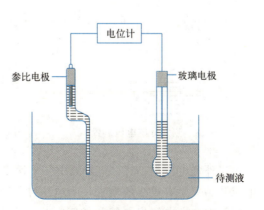

图 6-17 溶液 pH 值的测量

其中 $E^\ominus_{玻璃}$ 对于某给定玻璃电极是一个常数，其值对于不同的玻璃电极有所不同。一般用已知 pH 值的缓冲溶液，测得其 E 值，就可以求出所用玻璃电极的 $E^\ominus_{玻璃}$，然后就可以对未知液体进行测定。pH 计就是玻璃电极与毫伏计组成的装置。一般的玻璃电极可用于 pH 值在 1~9 范围内的溶液。若改变玻璃的组成，其应用范围 pH 值可达 12~14。玻璃电极不易中毒，不受氧化剂、还原剂的影响，不污染溶液，在工业上得到广泛应用。

6.7 电解与极化

前面研究的都是可逆电池，其电极反应和电池反应都是在电池中几乎没有电流通过的无限接近平衡的条件下进行的，此时的电极为可逆电极或平衡电极。但是，实际上进行电解操作或使用化学电源时，无论是原电池放电还是电解池电解的过程，都有一定大小的电流通过电极，其电极变化都是不可逆过程。电极电势偏离平衡电极电势，即有极化作用发生。本节将以电解池为例讲述这种偏离现象产生的原因及在实际生产中的作用。

6.7.1 分解电压

分解电压

（1）电解实验

图 6-18 为测定分解电压的装置，将两个 Pt 片作为电极放入某电解质水溶液中，分别连接直流电源的正极和负极形成电解池，连接电压表和电流表，观察施加不同电压时通过电解池的电流。以电解 $1\,mol\cdot L^{-1}$ 的 HCl 溶液为例，将电压从零开始逐渐加大，记录不同电压下通过电解池的电流，绘制电流与电压曲线，如图 6-19 所示。

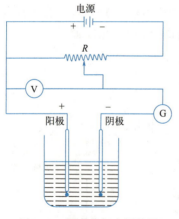
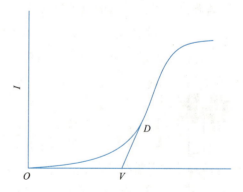

图 6-18　测定分解电压装置　　　　图 6-19　测定分解电压的电流-电压曲线

当外加电压很小时，电解池中几乎没有电流通过，随着电压的逐渐加大，电流开始只是有很小的增加，当电压加大到一定值时，两电极的极板上开始出现气泡，即电解出氢气和氯气。若再增大电压，则电流呈直线增长，此时的电压是使电解质溶液发生明显电解作用时所需要的最小外加电压，称为该电解质的分解电压，用 $V_{分解}$ 表示。

分解电压的数值可由电流-电压曲线求得，将曲线上的直线部分向下延长与横坐标相交，交点处的电压即为分解电压。存在分解电压的原因是电解生成物形成了原电池，而此原电池的电动势与外加电压相互对抗。

在外加电压的作用下，溶液中的正、负离子分别向电解池的阴、阳两极迁移，并且发生电极反应。

阴极反应：$2H^+ + 2e^- \longrightarrow H_2(g)$

阳极反应：$2Cl^- \longrightarrow Cl_2(g) + 2e^-$

电解池反应：$2H^+ + 2Cl^- \longrightarrow H_2(g) + Cl_2(g)$

电解生成物与原电解质溶液形成的原电池为：

$$Pt|H_2(100kPa)|HCl(1mol \cdot L^{-1})|Cl_2(100kPa)|Pt$$

（2）分解电压的计算

上述电解池中，电解生成物 $H_2(g)$ 和 $Cl_2(g)$ 与溶液形成的原电池的电动势与外加电压相对抗。通过计算可以得出 25℃、100kPa 条件下，$H_2(g)$ 与 $Cl_2(g)$ 形成的原电池，其理论上的反电动势为：

$$E_{反} = E^{\ominus}_{Cl_2/Cl^-} - E^{\ominus}_{H^+/H_2} - \frac{RT}{2F} \ln(c_{H^+}^2 c_{Cl^-}^2)$$

$$= E^{\ominus}_{Cl_2/Cl^-} - \frac{RT}{2F} \ln(1)^2 = 1.3595 \text{ (V)}$$

所以，在外加电压小于 1.3595V 时，该电池观察不到 Pt 极上有 $H_2(g)$ 和 $Cl_2(g)$ 两种气泡出现，这正是由于存在分解电压。

但是，在外加电压小于分解电压时，发现还是有少量电流通过电解池，这是因为对电解质 HCl 水溶液施加少许电压后即得到浓度很低的电解生成物 $H_2(g)$ 和 $Cl_2(g)$，产生的反电动势正好与外加电压抵消，外加电压越高，$H_2(g)$ 和 $Cl_2(g)$ 的浓度就越大，反电动势就越大。在两极产生的 $H_2(g)$ 和 $Cl_2(g)$ 从两极向溶液或气相扩散，使得两极区电解生成物的浓度会有所下降，因此，有少量电流通过，使得电解生成物得到补充。

当外加电压增大到分解电压时，产生的 $H_2(g)$ 和 $Cl_2(g)$ 逸出液面，电解生成物所形成的原电池的反电动势达到最大。此后再增大外加电压，就有大量的气体从两极逸出，电流也会随着外加电压的增大而直线上升，此时，$I = (U - E_{反})/R$，U 为外加电压，R 为电解池的内电阻。

可见，理论上的分解电压与电解生成物形成的原电池的反电动势相等，而事实上，理论上的分解电压总是小于实际分解电压，这是由于存在电极极化。表 6-4 列出了几种常见电解质溶液的分解电压。

表 6-4 电解质溶液的分解电压

电解质	浓度 c/mol·L^{-1}	电解生成物	$E_{分解}$/V	$E_{理论}$/V
HNO_3	1	H_2 和 O_2	1.69	1.23
H_2SO_4	0.5	H_2 和 O_2	1.67	1.23
$NaNO_3$	1	H_2 和 O_2	1.69	1.23

续表

电解质	浓度 c/mol·L^{-1}	电解生成物	$E_{分解}$/V	$E_{理论}$/V
KOH	1	H$_2$ 和 O$_2$	1.67	1.23
CdSO$_4$	0.5	Cd 和 O$_2$	2.03	1.26
NiCl$_2$	0.5	Ni 和 Cl$_2$	1.85	1.64

6.7.2 极化作用和超电势

（1）电极的极化与超电势

电极的极化

电解过程实际上都是在不可逆的情况下进行的，都有一定的电流通过。随着电极上电流密度的增大，电极电势偏离其平衡电极电势的程度越大，电解过程的不可逆程度越大。将电流通过电极时，电极电势偏离平衡电极电势的现象称为电极的极化。根据极化产生的不同原因，极化主要分为浓差极化和电化学极化。

浓差极化原因分析

① 浓差极化　顾名思义即由浓度差而造成实际电极电势偏离平衡电极电势的极化。例如用银电极电解 AgNO$_3$ 溶液，在一定电流通过电极时发生电极反应，在阳极上 Ag 失去电子被氧化为 Ag$^+$，使得构成电极的银被溶解；在阴极上溶液中的 Ag$^+$ 得到电子被还原为银，沉积在银电极上。由于溶液中离子扩散速率较慢，随着电解的进行，靠近阳极附近的溶液中反应生成的 Ag$^+$ 来不及扩散，使得阳极附近 Ag$^+$ 的浓度大于本体溶液的浓度；而阴极附近溶液中反应消耗掉的 Ag$^+$ 不能及时得到补充，使得阴极附近 Ag$^+$ 低于本体溶液的浓度。结果造成阴极电极电势比平衡电极电势更低一些，阳极电极电势则比平衡电极电势更高一些。若要提高离子扩散速率，应采取的措施是：不断搅拌，这样可大大减小浓差极化，但不能够完全消除。

电化学极化原因分析

② 电化学极化　由电化学反应相对于电流速率的迟缓性而引起的极化称为电化学极化。在电流通过电极时，电极反应速率是有限的，这就使得在阴极上有过多的电子来不及与 Ag$^+$ 反应，多余的电子在阴极表面积累，使阴极的电极电势低于平衡电极电势。而阳极氧化反应速率慢时，会使得电极电势高于平衡电极电势。

由此看出：电极极化的结果，使阴极的电极电势更低，阳极的电极电势更高，从而使实际分解电压大于理论分解电压。实验证明，电极的极化与通过电极的电流密度有关，电流密度越大，极化作用越强。描述极化电极电势与电流密度关系的曲线称为极化曲线。

（2）极化曲线

可以利用图 6-20 所示的装置来测定电极的极化曲线。如图 6-20 中所示，在电解池 A 中装有电解质溶液、搅拌器和两个表面积确定的已知电极，两个电极通过开关 K、安培计 G 和可变电阻 R 与外电源 B 相连接。调节 R 可以改变通过电极的电流，电流的数据可以由安培计 G 读出。将得到的该电流数据除以浸入电解质溶液中待测电极的表面积，即得到电流密度 J（A·m^{-2}）。

为了测定不同电流密度下电极电势的大小，还要在电解池中加入一个参比电极（常用甘汞电极）。将待测电极（阴极）与参比电极连接在电势计上，测定出不同电流密度时的电动势。因为参比电极的电极电势是已知的，因此，可以得到不同电流密度时待测电极的电极电势。用测定的数据作图就得到电解池阴极的极化曲线，如图 6-21 所示。

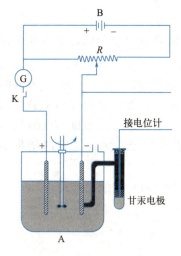

图 6-20　测定极化曲线的装置

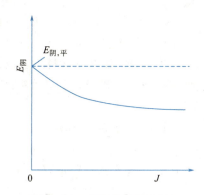

图 6-21　极化曲线示意图

如图 6-22 所示，极化的结果使电解池阴极的不可逆电极电势小于可逆电极电势，阴极电势变得更负，以增加对正离子的吸引力，使还原反应的速率加快。同样极化的结果使电解池阳极不可逆电极电势大于可逆电极电势，阳极电势变得更正，以增加对负离子的吸引力，使氧化反应的速率加快。通常将在某一电流密度下的电极电势与其平衡电极电势之差的绝对值称为该电极的超电势或过电势，简称超或过，用符号 η 表示。

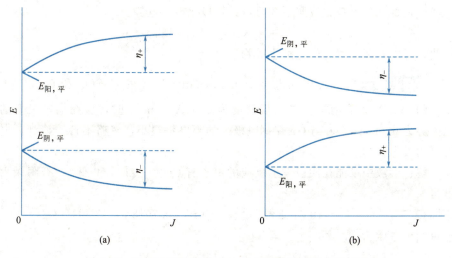

图 6-22　电解池极化曲线（a）和化学电池极化曲线（b）

图 6-22 中 $E_{阳,平}$ 和 $E_{阴,平}$ 分别代表电解池阳极、阴极的平衡电极电势，$E_平$ 为电解池的理论分解电压，即电解池所形成原电池的电动势。

$$E_平 = E_{阳,平} - E_{阴,平}$$

η_+ 与 η_- 分别代表电解池阳极、阴极在一定电流密度下的超电势。
在一定电流密度下

$$\eta_+ = E_阳 - E_{阳,平} \tag{6-27}$$

$$\eta_- = E_{阴,平} - E_阴 \tag{6-28}$$

在一定电流密度下，如若不考虑欧姆降和浓差极化的影响，电解池的外加电压为

$$E_外 = E_阳 - E_阴 = E_平 + \eta_+ + \eta_- \tag{6-29}$$

超电势的测定常常不能得到完全一致的结果，因为，有很多因素会导致测定产生差异，如电极材料、电极的表面状态、电流密度、温度、电解质溶液性质和浓度，以及溶液中的杂质等，都会影响测定，使得测定的结果不一致。

塔费尔 1905 年根据实验总结出氢气的超 η 与电流密度的关系式：

$$\eta = a + b\lg(J/[J])$$

式中，a、b 为经验常数；$[J]$ 为电流密度的单位，$A \cdot m^{-2}$。

6.7.3 电解时的电极反应

电解时的电极反应

电解质水溶液在电解时，既要考虑溶液中存在的电解质离子发生电极反应，又要考虑 H^+ 和 OH^- 可能参与电极反应。如果阳极是可溶性电极，如 Cu、Hg、Ag 等，还要考虑电极可能发生电极反应。

电解时，当外加电压缓慢增加，在电解池阳极上，总是极化电极电势最小的电极优先进行氧化反应；在阴极上，总是极化电极电势最大的电极优先进行还原反应。

根据各个氧化-还原电对的浓度，计算出各个电极反应的平衡电极电势，再考虑是否有超电势，按照下式可以计算极化电极电势。

$$E_阳 = E_{阳,平} + \eta_+ \qquad E_阴 = E_{阴,平} - \eta_-$$

由此，可以判断电解时的电解生成物。

【例6-16】 25℃时用铜电极电解 $0.1\,mol \cdot L^{-1}$ 的 $CuSO_4$ 和 $0.1\,mol \cdot L^{-1}$ 的 $ZnSO_4$ 混合溶液。当电流密度为 $0.01\,A \cdot cm^{-2}$ 时，氢在铜电极上的超电势为 0.584V，Zn 与 Cu 在铜电极上的超电势很小，忽略不计。请判断电解时阴极上各物质的析出顺序。

解：溶液中可能在阴极发生反应的离子有 Cu^{2+}、Zn^{2+} 和 H^+，查附录六可得

$$E^\ominus(Cu^{2+}/Cu) = 0.3419V; \quad E^\ominus(Zn^{2+}/Zn) = -0.7618V; \quad E^\ominus(H^+/H_2) = 0$$

如果阴极反应为：$Cu^{2+} + 2e^- \longrightarrow Cu$

$$E(Cu^{2+}/Cu) = E^\ominus(Cu^{2+}/Cu) - \frac{RT}{2F}\ln\frac{1}{c_{Cu^{2+}}}$$

$$= 0.3419 - \frac{8.314 \times 298.15}{2 \times 96500} \ln \frac{1}{0.1} = 0.312 \text{ (V)}$$

如果阴极反应为：$Zn^{2+} + 2e^- \longrightarrow Zn$

$$E(Zn^{2+}/Zn) = E^{\ominus}(Zn^{2+}/Zn) - \frac{RT}{2F} \ln \frac{1}{c_{Zn^{2+}}}$$

$$= -0.7618 - \frac{8.314 \times 298.15}{2 \times 96500} \ln \frac{1}{0.1}$$

$$= -0.7914 \text{ (V)}$$

该溶液可以认为是中性的，pH=7

$$E(H^+/H_2) = -\frac{RT}{2F} \ln \{[p_{(H_2,g)}/p^{\ominus}]/c_{H^+}^2\}$$

电解在常压 $p^{\ominus} = 100 \text{kPa}$ 下进行，如若要氢气析出必须 $p_{(H_2,g)}$ 为 100kPa，则

$$E(H^+/H_2, 平) = -\frac{8.314 \times 298.15}{2 \times 96500} \ln \frac{1}{(10^{-7})^2} = -0.414 \text{ (V)}$$

又因为氢气在铜电极上有超，则有

$$E(H^+/H_2) = E(H^+/H_2, 平) - \eta_-$$

$$= -0.414 - 0.584 = -0.998 \text{ (V)}$$

显然 $E(Cu^{2+}/Cu) > E(Zn^{2+}/Zn) > E(H^+/H_2)$

所以在阴极上铜首先析出，其次是锌，然后是氢。若氢气在铜电极上没有超电势，其次析出的则是氢气，然后是锌。

拓展知识

废旧锂电池直接再生研究获进展

锂离子电池具有能量密度高、寿命长、成本低、自放电低等特点，广泛应用于便携式电子产品、电动汽车、电网级储能系统等领域。其中钴酸锂由于固有的高能量密度以及方便大规模生产等优点，在便携式电子器件中占据主导地位。而全世界每年废弃的便携式电子产品中产生的废旧锂离子电池超过10万吨，若处理不当，将造成严重的环境危害和宝贵金属资源的浪费。同时，随着人们对电池能量密度要求不断增加，提升截止电压成为提高能量密度最有效的策略之一。因此，如果将废旧钴酸锂回收再生为高压钴酸锂，不但实现了金属资源的可持续利用、节能环保，而且可以满足高压钴酸锂材料的发展趋势。

传统回收技术主要以火法冶金和湿法冶金为基础，提取有价金属成分制备相应的前驱体。然而火法冶金过程涉及高温还原煅烧和分解钴酸锂为混合合金，需要消耗大量的能量。而湿法冶金工艺采用酸浸代替高温还原阶段，但强酸和还原试剂的大量消耗增加了整个操作的成本，同时不可避免地会产生二次污染。总而言之，现有的火法冶金和湿法冶金工艺缺乏经济可行性和环境友好性。因此急需探索绿色、节能、无损的锂离子电池直接再生策略。

基于此，研发的新技术采用了固相烧结方法，以碳酸锂、硫脲和乙酸锰分别作为锂源和掺杂剂，同时实现成分或者结构缺陷的修补、外表面重建以

及元素掺杂三重效应耦合，将废旧钴酸锂电池升级为高压钴酸锂材料。此项研究工作为废旧锂离子电池回收再生，和升级再造成具有长期循环稳定性的高能量密度电池提供了新思路。

  车间课堂

一、直接电势法测定 pH 值

直接电势法应用最多的是 pH 值的电势测定和离子选择性电极法测定溶液中离子的浓度。

使用 pH 酸度计可以非常方便地测定液体的 pH 值。例如测定企业生产用水的 pH 值，企业生产用水水质需要达到一定的标准，水的 pH 值是一项重要检测内容。

（1）pH 酸度计的介绍

测定溶液 pH 值的仪器是酸度计（又称 pH 计），酸度计是一种高阻抗的电子管或晶体管式的直流毫伏计，它既可用于测量溶液的酸度，又可用作毫伏计测量电池电动势。根据测量要求的不同，酸度计分为普通型、精密型和工业型 3 类，读数值精度最低为 0.1pH，最高为 0.001pH。

以 HK-3C 台式精密酸度计为例（图 6-23）介绍其工作原理。HK-3C 台式精密酸度计由主机、复合 pH 电极、自动温度补偿（ATC）温度电极及电极支架组成。电极系统采用测量灵敏的 pH 复合电极、ATC 温度电极，测量可靠、数据准确。

复合电极是由玻璃电极（测量电极）和银-氯化银电极（参比电极）组合在一起的塑壳可充式复合电极，如图 6-24 所示。玻璃电极球泡内通过银-氯化银电极组成半电池，球泡外通过银-氯化银参比电极组成另一个半电池，两个半电池组成一个完整的原电池。

图 6-23　HK-3C 台式精密酸度计

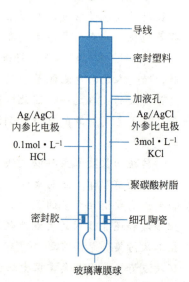

图 6-24　复合玻璃电极的结构

（2）测定原理

玻璃电极头部球泡是由特殊配方的玻璃薄膜制成的，仅对氢离子有敏感作用，当它浸入被测溶液中，被测溶液中氢离子与电极球泡表面水化层进行离子交换，形成一电势，球泡内层也同时有电势存在。当溶液中氢离子浓度变化时，玻璃电极和参比电极之间的电动势也随着变化，电动势变化符合下列公式：

$$E = E^{\ominus} - 2.303 \frac{RT}{F} pH$$

（3）玻璃电极使用注意事项

① 电极在测量前必须用已知 pH 值的标准缓冲溶液进行校准，电极前端的敏感玻璃球泡不能与硬物接触，任何破损和擦毛都会使电极失效。

② 电极插头必须保持高度清洁和干燥，如有沾污可用医用棉花蘸无水酒精揩净并吹干，绝对防止电极两端长期短路，否则将导致电极失效。

③ 电极前端的保护瓶内有适量的 $3.3 mol \cdot L^{-1}$ 的 KCl 溶液，电极头浸泡其中，以保持玻璃球泡的湿润和液接界畅通。测量时旋松瓶盖，拔出电极，用去离子水洗净电极后即可使用；用后再将电极插进保护瓶并旋紧瓶盖，以防止凝胶溶液渗出。

④ 测量前，应注意将玻璃球泡内的气泡甩去，否则将造成测量误差。测量时，应将电极在测试溶液中搅动后静止放置，以加速响应。

⑤ 测量前和测量后，都应用去离子水清洗电极，以保证测量准确度；在黏稠试样中测定后，电极需用去离子水反复冲洗多次，以除去粘在玻璃膜与液接界上的试样，或选用适宜的溶剂清洗，再用去离子水洗去溶剂。

⑥ 电极长期使用后会产生钝化，其现象是电极斜率降低、响应变慢、读数不稳定，此时可将电极下端球泡用 $0.1 mol \cdot L^{-1}$ 稀盐酸浸泡 24 小时，然后再用 $3.3 mol \cdot L^{-1}$ 的 KCl 溶液浸泡数小时；或者将电极下端浸泡在 4% HF（氢氟酸）中 3~5 秒钟，用蒸馏水洗净，再在 $3.3 mol \cdot L^{-1}$ 的 KCl 溶液中浸泡数小时，使其恢复性能。

二、直接电势法测定离子浓度

与 pH 值的电势法测定相似，离子浓度的电势法测定也是将对待测离子有响应的离子选择性电极与参比电极浸入待测溶液组成工作电池，并用仪器测量其电池电动势。例如溶液中 Na^+ 浓度的测定。

（1）钠度计的介绍

钠度计是专门用于测量各种溶液中钠离子（Na^+）浓度的仪器，钠度计也有多种型号。以 HK-51 台式钠度计为例（图 6-25），它由主机、钠电极、参比电极、ATC 温度电极及电极支架组成。电极系统采用测量灵敏的钠电极、参比电极、ATC（自动温度补偿）温度电极，测量可靠，数据准确。

（2）工作原理

钠电极的电势受 Na^+ 浓度的影响，其电极电势随溶液中 Na^+ 浓度的变化而变化。钠电极的电势对 Na^+ 浓度变化的响应可用能斯特方程描述：

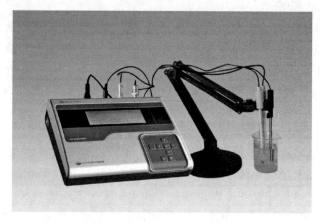

图 6-25　HK-51 台式钠度计

$$E_{\text{反}}^{\ominus} = E_{\text{Na}^+}^{\ominus} - \frac{RT}{zF} \ln \frac{1}{c_{\text{Na}^+}}$$

为了消除样液温度波动造成的误差，HK-51 台式钠度计会根据 ATC 温度探头测量的温度值随时修正 Na^+ 测量值。

（3）钠电极使用注意事项

① H^+、K^+、NH_4^+ 等阳离子对电极有干扰作用，测量时应加以注意。

② 用 $0.2 mol \cdot L^{-1}$ 二异丙胺调节被测溶液的 pH 值到 pH 10 以上，以消除 H^+ 干扰。

③ 所用参比电极，静态测试用 $0.1 mol \cdot L^{-1}$ KCl 甘汞电极，动态测试用饱和 KCl 甘汞电极比较适宜。

④ 初次使用或久置不用重新使用时，如发现内电极接触不到内部溶液时，应该用力甩一下，使内部溶液流回到电极头部，然后将电极敏感球浸泡在 pNa=4 的溶液中 8 小时左右，再行测试。电极干放保存比较适宜。

⑤ 电极的敏感球泡应全部浸泡在被测溶液中。

⑥ 测量前应用被测溶液反复冲洗电极和测试容器，以防钠污染。

⑦ 电极导线及绝缘部分应保持清洁、干燥。

三、电势滴定法

（1）基本原理

电势滴定法是根据滴定过程中指示电极电势的突跃来确定滴定终点的一种滴定分析方法。

进行滴定时，在待测溶液中插入一支对待测离子或滴定剂有电势响应的指示电极，并与参比电极组成工作电池。随着滴定剂的加入，待测离子与滴定剂之间发生化学反应，待测离子浓度不断变化，造成指示电极电势也相应地发生变化。在化学计量点附近，待测离子浓度发生突变，指示电极的电势也相应发生突变。因此，测量电池电动势的变化，可以确定滴定终点。最后，根据滴定剂浓度和终点时滴定剂消耗体积计算试液中待测组分含量。电势滴定装置如图 6-26 所示。

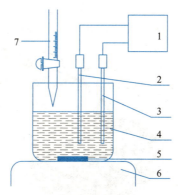

图 6-26 电势滴定装置
1—高阻抗毫伏计；2—指示电极；3—参比电极；
4—试液；5—铁芯搅拌棒；6—电磁搅拌器；7—滴定管

（2）电势滴定法的特点和应用

电势滴定法与使用指示剂的滴定分析相比有很多的优点，它除了适用于没有适当指示剂及浓度很稀的试液的各种滴定反应类型的滴定外，还特别适用于浑浊的、荧光性的、有色的甚至不透明溶液的滴定。电势滴定法的部分应用如表 6-5 所示。

表 6-5 电势滴定法部分应用举例

滴定方法	参比电极	指示电极	应用举例
酸碱滴定	甘汞电极	玻璃电极 锑电极	在 HAc 介质中，用 $HClO_4$ 溶液滴定吡啶；在乙醇介质中用 HCl 滴定三乙醇胺
沉淀滴定	甘汞电极 玻璃电极	银电极 汞电极	用 $AgNO_3$ 滴定 Cl^-、Br^-、I^-、CNS^-、S^{2-}、CN^- 等；用 $HgNO_3$ 滴定 Cl^-、I^-、CNS^- 和 $C_2O_4^{2-}$ 等
氧化还原滴定	甘汞电极 钨电极	铂电极	$KMnO_4$ 滴定 I^-、NO_2^-、Fe^{2+}、V^{4+}、Sn^{2+}、$C_2O_4^{2-}$ 等；$K_2Cr_2O_7$ 滴定 Fe^{2+}、Sn^{2+}、I^-、Sb^{3+} 等；$K_3[Fe(CN)_6]$ 滴定 Co^{2+} 等
配位滴定	甘汞电极	汞电极 铂电极	用乙二胺四乙酸（EDTA）滴定 Cu^{2+}、Zn^{2+}、Ca^{2+}、Mg^{2+} 和 Al^{3+} 等多种金属离子

四、液体电导率的测定

（1）电导率仪的介绍

电导率仪是测定液体电导率的仪器。用电导法测定水的电导率是一种非常方便的测定水的纯度的方法。

HK-307 台式电导率仪（如图 6-27 所示），主要包括光亮电导电极、实验室流通式电导电极组件、通用温度电极、实验室塑壳复合电导电极、电路板。

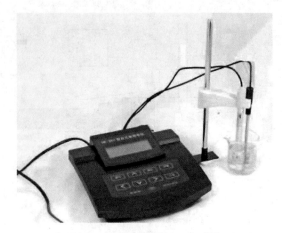

图 6-27　HK-307 台式电导率仪

电极常数在出厂时已经确定，电极常数的选择与测量量程有关，电导电极的选用参见表 6-6。

表 6-6　电导率范围及对应电极常数推荐表

电导率范围/$\mu S \cdot cm^{-1}$	电阻率范围/$\Omega \cdot cm$	推荐使用电极常数/cm^{-1}
0.05~2	2×10^7~5×10^5	0.01,0.1
2~200	5×10^5~5000	0.1,1.0
200~2000	5000~500	1.0
2000~20000	500~50	1.0,10
2000~2×10^5	500~5	10

（2）测定原理

在电解质溶液中，带电离子在电场的影响下产生移动而传递电子，其导电能力以电阻 R 的倒数电导 G 表示，即 $G = \dfrac{1}{R}$。通过测量浸入溶液的电极极板之间的电阻即可得到电导值 G。而电导率可通过式 $\kappa = G \dfrac{L}{A}$ 求出。

（3）电导电极使用注意事项

① 如果水样的电导率值较大，电极清洗两遍即可；如果电导率值较小，建议多清洗几遍电极，最大限度地减小干扰，以便获得更加准确的测量值。

② 严格禁止超限测量。如果水样的电导率值超过所使用电极的测量范围，将会引起电极极化，使电极测量精度下降，导致电极失效。

③ 仪器暂时不用时，只需将电极浸泡在纯水中，仪器及烧杯放置时应注意防尘，以免影响微量测量精度。

④ 若仪器长时间不使用，需断电，将电极取下，在电极保护瓶中加入纯水，带上保护瓶收好。

五、电解法生产烧碱

氯碱工业在国民经济中占有重要地位，其产品广泛应用于纺织工业、冶金和有色冶金工业、化学工业和石油化学工业等部门。电解法生产烧碱的同时还副产氯气和氢气，所以电解法生产烧碱工业也称氯碱工业。

食盐水溶液中主要存在 4 种离子：Na^+、Cl^-、H^+、OH^-。

电解槽的阳极通常使用石墨电极或金属涂层电极；阴极用铁丝网或冲孔铁板；中间的隔膜由一种多孔渗透性材料做成，多采用石棉，它将电解槽分隔成阴极室和阳极室两部分，使阳极生成物与阴极生成物分离隔开，可使电解液通过，并以一定的速度流向阴极。目前，工业上使用较多的是立式隔膜电解槽，工作原理如图 6-28 所示。

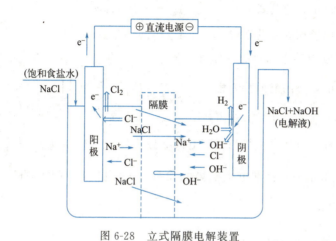

图 6-28　立式隔膜电解装置

饱和食盐水由阳极室注入，使阳极室的液面高于阴极室的液面，阳极液以一定流速通过隔膜流入阴极室以阻止 OH^- 的反迁移。得到的产品 H_2、Cl_2 分别从阴极室和阳极室上方的导出管导出，NaOH 则从阴极室下方导出。

当通入直流电时，Na^+、H^+ 向阴极移动，Cl^-、OH^- 向阳极移动。电极反应为：

阳极反应　　$2Cl^- \longrightarrow Cl_2 + 2e^-$

阴极反应　　$2H^+ + 2e^- \longrightarrow H_2$

总反应　　　$2NaCl + 2H_2O \longrightarrow 2NaOH + Cl_2\uparrow + H_2\uparrow$

阴极的 Na^+ 不参加电极反应而是与留在溶液中的 OH^- 形成 NaOH，并聚集在阴极附近，使阴极附近的碱浓度不断增大。所以，阴极室的溶液又称为电解碱液。与此同时，阳极附近随着 Na^+ 的迁移，Cl^- 反应生成 Cl_2，NaCl 浓度不断降低。

 要点归纳

1. 法拉第定律

当电流通过电解质溶液时通过的电量与在电极上发生反应的量（物质的量）及其电荷数成正比：

$$n_B = \frac{Q}{zF}$$

2. 电流效率 $\quad \eta = \frac{Q(理论)}{Q(实际)} \times 100\% = \frac{m(实际)}{m(理论)} \times 100\%$

3. 电导、电导率 κ、摩尔电导率 Λ_m

$$G = \frac{1}{R} = \kappa \frac{A}{L} \qquad \kappa = G\frac{L}{A} \qquad \Lambda_m = \kappa/c$$

4. 摩尔电导率 Λ_m 与 c 的关系：

(1) 科尔劳施公式 $\quad \Lambda_m = \Lambda_m^\infty - A\sqrt{c}$

(2) 离子独立移动定律 $\quad \Lambda_m^\infty = \nu_+ \Lambda_{m,+}^\infty + \nu_- \Lambda_{m,-}^\infty$

5. 可逆电池电动势的计算

(1) 电动势的能斯特方程 $\quad E = E^\ominus - \frac{RT}{zF}\ln\prod_B c_B^{\nu_B}$

(2) 电池电动势与电极电势的关系 $\quad E = E_+ - E_-$

(3) 标准电池电动势与标准电极电势的关系 $\quad E^\ominus = E_+^\ominus - E_-^\ominus$

6. 电极电势和标准电极电势的关系 $\quad E(电极) = E^\ominus(电极) - \frac{RT}{zF}\ln\frac{c(还原态)}{c(氧化态)}$

7. 电池电动势的应用

(1) 通过 E 判断反应方向 $\quad \Delta_r G_m = -zFE$

若 $E > 0$，$\Delta_r G_m < 0$，电池反应在所给条件下可以自发进行；

若 $E < 0$，$\Delta_r G_m > 0$，电池反应在所给条件下不能自发进行；

若 $E = 0$，$\Delta_r G_m = 0$，电池反应在所给条件下达到平衡。

(2) 利用 $E^\ominus$ 计算 $K^\ominus$ $\quad E^\ominus = \frac{RT}{zF}\ln K^\ominus$

(3) 计算溶液 pH 值

① 醌氢醌电极与饱和甘汞电极组成电池

在 pH<7.1 时 $\quad \mathrm{pH} = \frac{0.4192 - E}{0.0592}$

在 pH>7.1 时 $\quad \mathrm{pH} = \frac{0.4192 + E}{0.0592}$

② 玻璃电极与摩尔甘汞电极组成电池

$$\mathrm{pH} = (E - 0.2801 + E_{玻璃}^\ominus)/0.0592$$

8. 分解电压与电极极化 $\quad E_阳 = E_{阳,平} + \eta_+ \qquad E_阴 = E_{阴,平} - \eta_-$

$$E_外 = E_阳 - E_阴 = E_平 + \eta_+ + \eta_-$$

目标检测

一、填空题

1. 已知 25℃ 时，Na^+ 及 $1/2Na_2SO_4$ 水溶液的极限摩尔电导率分别是 $0.00501 S \cdot m^2 \cdot mol^{-1}$ 和 $0.01294 S \cdot m^2 \cdot mol^{-1}$，则该温度下（$1/2SO_4^{2-}$）的极限摩尔电导率应为 _____ $S \cdot m^2 \cdot mol^{-1}$。

2. 已知某电导池的电导池常数为 $150 m^{-1}$，用该电导池测得 $0.01 mol \cdot L^{-1}$ 醋酸溶液的电阻为 9259Ω，则该醋酸溶液的摩尔电导率 $\Lambda_m =$ _____ $S \cdot m^2 \cdot mol^{-1}$。

3. 已知 25℃ 时，$E^{\ominus}(Fe^{3+}/Fe^{2+}) = 0.77V$，$E^{\ominus}(Sn^{4+}/Sn^{2+}) = 0.15V$。电池反应 $Sn^{2+} + 2Fe^{3+} \longrightarrow 2Fe^{2+} + Sn^{4+}$ 所对应的电池为 _____，该电池的标准电池电动势 $E^{\ominus} =$ _____ V，该反应的平衡常数 $K^{\ominus} =$ _____，该反应的 $\Delta_r G_m^{\ominus} =$ _____ $kJ \cdot mol^{-1}$。

4. 通过电极的电流 _____，电极极化越严重。_____ 温度和加强搅拌，可减少极化。当电极发生极化时，阴极的不可逆电极电势总是 _____ 可逆电极电势。

二、选择题

1. 一定温度下，某电解质的水溶液，在稀溶液范围内，其电导率随着电解质浓度的增加而（ ）；摩尔电导率则随着电解质浓度的增加而（ ）。
    A. 变大   B. 变小   C. 不变   D. 无一定规律

2. 已知 25℃ 时，NH_4Cl、$NaOH$、$NaCl$ 的极限摩尔电导率 Λ_m^{∞} 分别为 $1.499 \times 10^{-2} S \cdot m^2 \cdot mol^{-1}$、$2.487 \times 10^{-2} S \cdot m^2 \cdot mol^{-1}$、$1.265 \times 10^{-2} S \cdot m^2 \cdot mol^{-1}$，则 $NH_3 \cdot H_2O$ 的极限摩尔电导率 $\Lambda_m^{\infty}(NH_3 \cdot H_2O)$ 为（ ）。
    A. $0.227 \times 10^{-2} S \cdot m^2 \cdot mol^{-1}$ B. $2.721 \times 10^{-2} S \cdot m^2 \cdot mol^{-1}$
    C. $2.253 \times 10^{-2} S \cdot m^2 \cdot mol^{-1}$ D. $22.53 \times 10^{-2} S \cdot m^2 \cdot mol^{-1}$

3. 科尔劳施离子独立运动定律的使用条件是（ ）。
    A. 弱电解质   B. 强电解质
    C. 无限稀释溶液   D. 强电解质稀溶液

4. 德拜-休克尔极限公式适用于（ ）。
    A. 弱电解质稀溶液   B. 强电解质稀溶液
    C. 弱电解质浓溶液   D. 强电解质浓溶液

5. 已知 25℃ 时下列电极反应的标准电极：
    (1) $Fe^{2+} + 2e^- \longrightarrow Fe(s)$ $E_1^{\ominus} = -0.439V$
    (2) $Fe^{3+} + e^- \longrightarrow Fe^{2+}$ $E_2^{\ominus} = 0.770V$
    (3) $Fe^{3+} + 3e^- \longrightarrow Fe(s)$ $E_3^{\ominus} = $（ ）
    A. $0.331V$ B. $-0.036V$ C. $0.036V$ D. $-0.331V$

6. 在电解池的阴极上首先发生反应的是（ ）。
    A. 标准电极电势最大的反应   B. 标准电极电势最小的反应

C. 极化电极电势最大的反应　　D. 极化电极电势最小的反应

7. 298K 时 $E^{\ominus}(Zn^{2+}/Zn) = -0.7628V$；$E^{\ominus}(Cu^{2+}/Cu) = 0.3402V$，若利用反应 $Zn + Cu^{2+} \longrightarrow Zn^{2+} + Cu$ 组成电池，则电池标准电动势为（　　）。

A. 1.103V　　B. 0.4226V　　C. -1.103V　　D. -0.4226V

8. 一定 T、p 下测得某自发电池的电动势为零，则该电池反应的标准平衡常数 $K^{\ominus}$ 为（　　）。

A. 此时系统中各组分的浓度商　　B. 0

C. 1　　D. 2

9. 下列说法中，正确的是（　　）。

A. 电池是使 $\Delta_r G_m < 0$ 的反应得以实现，将化学能转化为电能的电化学装置

B. 电解池是使 $\Delta_r G_m > 0$ 的反应自发进行，将电能转化为化学能的电化学装置

C. 电池和电解池都是使 $\Delta_r G_m < 0$ 的反应自发进行的电化学装置

D. 电池中的化学反应能否发生与 $\Delta_r G_m$ 大小无关

三、计算题

1. 25℃时，AgCl 饱和水溶液的电导率为 $3.41 \times 10^{-4} S \cdot m^{-1}$，而同温下所用水的电导率 $1.6 \times 10^{-4} S \cdot m^{-1}$。求该温度下 AgCl 的溶解度及其溶度积 K_{sp}。

2. 25℃时，将电导率为 $0.1413 S \cdot m^{-1}$ 的 KCl 溶液装入一电导池中，测得其电阻为 523.9Ω。在该电导池中若装入 $0.1 mol \cdot dm^{-3}$ 的 NH_4OH 水溶液，测得其电阻为 2030Ω。已知 $\Lambda_m^{\infty}(NH_4OH) = 0.02714 S \cdot m^2 \cdot mol^{-1}$。请计算 NH_4OH 的解离度和溶液的 pH 值。

3. 已知 AgCl 和 Hg_2Cl_2 的标准摩尔生成吉布斯函数分别为 $-109.57 kJ \cdot mol^{-1}$ 和 $-210.35 kJ \cdot mol^{-1}$。在 298K 时，试用标准摩尔反应吉布斯函数计算下列电池的电动势。

$$Ag(s) | AgCl(s) | NaCl(c=1mol \cdot L^{-1}) | Hg_2Cl_2(s) | Hg(l)$$

4. 在含有 MnO_4^-、Mn^{2+}、H^+ 的水溶液中插入 Pt 片，即可成为一个电极，请写出此电极作为阴极的电极反应。

5. 计算下列电池在 25℃时的电动势。

(1) $Pt | H_2(p=101325Pa) | HBr(0.5mol \cdot L^{-1}) | AgBr(s) | Ag(s)$

(2) $Zn(s) | ZnCl_2(0.02mol \cdot L^{-1}) | Cl_2(p=50663Pa) | Pt$

(3) $Pt | H_2(p=50663Pa) | NaOH(0.1mol \cdot L^{-1}) | O_2(p^{\ominus}) | Pt$

(4) $Pt | H_2(p=101325Pa) | HCl(10^{-4}mol \cdot L^{-1}) | Hg_2Cl_2(s) | Hg(l)$

6. 电池 $Pt | PbCl_2(s) | KCl(0.1mol \cdot L^{-1}) | AgCl(s) | Ag(s)$ 在 25℃时 $E = 0.4900V$。试写出其电极反应及电池反应；并计算该电池 25℃时的电池电动势。

7. 使用氢电极与摩尔甘汞电极构成电池，测定某一未知药液的 pH 值，测得 25℃时该电池的电动势为 0.487V，求此药液的 pH 值。

8. 25℃时用 Pt 电极电解 0.5mol·dm^{-3} 的 H_2SO_4 溶液，计算理论上所需外加电压。

9. 根据标准电极电势的数据，计算 25℃时反应 $Zn + Cu^{2+}(c) \longrightarrow Zn^{2+}(c) + Cu$ 的标准平衡常数。

10. 要从某溶液中析出 Zn，直至溶液中 Zn^{2+} 的质量摩尔浓度不超过 1×10^{-4} mol·L^{-1}，同时要求在析出的过程中不会有氢气逸出，问溶液的 pH 值至少为多少？[已知 $\eta(H_2) = 0.72V$，并认为 $\eta(H_2)$ 与溶液中电解质的质量摩尔浓度无关。]

模块 7　表面现象与胶体化学

【学习目标】

❖ **知识目标**

1. 理解表面张力的概念和界面存在的现象。
2. 了解分散度对物质性质的影响和亚稳状态。
3. 理解吸附现象，了解物理吸附与化学吸附的含义和区别，了解吸附等温方程式。
4. 了解分散体系的分类情况及其特点。
5. 了解胶体若干重要性质及有关应用。

❖ **技能目标**

1. 能够掌握表面张力的原理并在生产和生活中进行应用。
2. 能够掌握胶体化学原理并应用于实际生产中。

❖ **素质目标**

1. 培养独立思考、理性判断、攻坚克难的品质。
2. 培养夯实理论并将其应用于实际生产和生活中的能力。
3. 培养良好的职业道德和团队协作精神。

表面现象是自然界普遍存在的基本现象，如：水滴和汞滴会自动呈球形，水在玻璃管内呈凹液面，水银在玻璃管内呈凸液面；肥皂液可以吹出五彩斑斓的气泡；固体表面能自动吸附其他物质，这些都是表面现象。这些现象的产生都与物质的界面特性有关，有关界面性质和分散体系的理论与实践被广泛地应用于石油工业、化学工业、轻工业、农业、医学、生物学、催化化学、海洋学、水利学、矿冶以及环境科学等多个领域。本模块将介绍有关界面现象和分散系统的知识。

【案例导入】

在油漆涂料中,胶体作为助剂可以使涂层中的颜料分散得更均匀,从而提高覆盖率和光泽度。此外,胶体用于清漆制备时,可以起到使清漆颗粒分散并形成均匀薄膜的作用,同时提高清漆的耐久性。

在印染过程中,胶体也起到了重要的作用。它可以使染料均匀地附着在织物表面,并且防止染料在水中溶解。使用胶体还可以增加染料的稳定性,从而使得染色过程更加便捷。

在食品生产中,胶体也具有多种作用。例如,它可以作为稳定剂,使得乳制品和汁液的颜色和口感更加均匀,并且可以防止分层。胶体还被广泛用于制作果冻、布丁等食品,使其更加稠厚。此外,利用胶体化学原理,可以改善管道磨损、提高纸张光滑度、减缓乳化剂的咬合等。

【基础知识】

7.1　物质的表面张力与表面吉布斯函数

在多相体系中,相与相之间的分界面称为界面。界面通常有气液、气固、液液、固固和固液五种。习惯上将气液、气固界面称为表面,例如:固体表面、液体表面。表面现象实际上是指相界面的现象。处在界面上的分子同各相内部的分子受力不同,各相内部的分子受到周围分子的作用力,平均来说是对称的,故合力为零(见图7-1)。但界面层的分子,由于两相性质差异,所受的作用力是不对称的,因此界面层具有同各相内部不同的性质,最简单的情况是液体与其蒸气构成的体系。在相界面存在着表面张力是引起界面现象的根本原因。本模块所研究的有关界面性质的内容就是由界面分子受力不均匀而导致的现象。

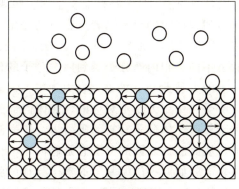

图7-1　气液两相界面

7.1.1 分散度和比表面

对于同等量的液体，处于表面的分子越多，表面积越大，系统的能量就越高，即增加表面积就是增加系统的能量和增加系统的吉布斯函数值。例如用喷雾喷洒农药、小麦磨成面粉，都是大块物质变成细小颗粒，系统能量增加，均需环境做功。物质分散成细小微粒的程度称为分散度。物质的分散度通常采用比表面来衡量。

单位体积的物质所具有的总表面积，称为比表面，用符号 As 表示，即

$$As = \frac{A}{V} \tag{7-1}$$

式中　As——物质的比表面，m^{-1}；

　　　A——物质的总表面积；

　　　V——与 A 对应的物质的体积。

正立方体的比表面很容易由面积和体积的计算公式得出，其比表面的计算公式为

$$As = 6/l \tag{7-2}$$

式中　l——正立方体的边长。

对于球体，其比表面计算公式为

$$As = 6/R \tag{7-3}$$

式中　R——球体的直径。

由式(7-2) 和式(7-3) 两式可见：物质的颗粒越小，其比表面越大，分散度越高。

由上述比表面的定义式可知，对于一定量的物质，颗粒分割得愈小，总的表面积就愈大，比表面也愈大。或者说，比表面愈大，系统的分散程度就愈高。因此，比表面是系统分散度的量度，而分散度高的系统，往往会产生明显的表面效应。

7.1.2 表面张力

（1）表面现象

在物质相界面上因界面分子的某些特性而发生的一些现象称为表面现象。物质表面层中的分子与相内层中的分子二者所受到的作用力是不相同的。例如某纯液体与其饱和蒸气相接触，如图 7-2 所示，表面上的分子所处的状态与相内部分子所处的状态不同。相内部分子受到周围分子的作用力，总的来说是对称的，各个方向上的力彼此相互抵消，合力为零；而表面上的分子，由于两相性质的差异，所受的作用力是不对称的，液体内部的分子对表面层中分子的吸引力，远大于外部气体分子对它的吸引力，使表面层中的分子受到指向液体内部的拉力，从而液体表面的分子总是趋向于液体内部移动，力图缩小表面积，液体的表面就如同一层绷紧了的富于弹性的膜。通常人们看到的汞滴、露水珠呈球形就是这个道理。因为相同体积的物体球形表面积最小，扩张表面就需要对系统做功。

> 物质表面层分子的受力特点

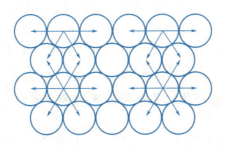

图 7-2　气液表面分子与内部分子受力情况示意图

（2）表面张力的定义

由于表面层分子受到指向液体内部的作用力，表面有自动收缩到最小的趋势。把引起液体表面收缩的单位长度的力叫作表面张力，用符号 γ 表示，单位是 $N\cdot m^{-1}$。在两相（特别是气-液）界面上，处处存在着表面张力，它垂直于表面的边界，指向液体内部并与表面相切，如图 7-3 所示。

观测表面张力最典型的实验是皂膜实验。如图 7-4 所示，$ABCD$ 为一金属框，CD 为可动边，边长为 L。若刚从皂液中提起这个金属框，可观察到 CD 边会自动收缩。要维持 CD 边不动，则需施加一适当外力 f。可见 CD 边受到一个与力 f 大小相等、方向相反的力的作用，该作用力与 CD 的边长成正比。

表面张力与表面功

$$f = \gamma 2L$$
$$\gamma = \frac{f}{2L} \tag{7-4}$$

式中　"2"——是因为液膜有厚度，有两个面；

γ——比例系数，称为表面张力系数，简称表面张力。

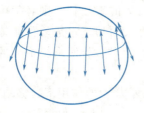

图 7-3　表面张力分析图

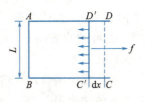

图 7-4　皂膜实验

即表面张力是指在液面上（对弯曲液面的切面上）垂直作用于单位长度上使表面积收缩的力，单位为 $N\cdot m^{-1}$。

（3）影响表面张力的因素

① 表面张力与物质本性的关系　表面张力与物质的本性有关，即与分子间作用力有关，分子之间的作用力越大，表面张力也越大。一般来说，固态物质的表面张力大于液态物质的表面张力，极性物质的表面张力大于非极性物质的表面张力。处于相同的凝聚态下，物质的表面张力与其分子间作用力或化学键的关系如下：γ(金属键)$>\gamma$(离子键)$>\gamma$(极性共价键)$>\gamma$(非极性共价键)，可以看出键的极性越强，γ 越大。

② 表面张力与温度的关系 温度升高时物质的体积膨胀，分子间的距离增加，分子之间的相互作用力减弱，所以当温度升高时，大多数物质的表面张力都是逐渐地减小，见表 7-1。当温度接近临界温度 T_c 时，液相与气相的界限逐渐消失，表面张力最终降为零。

表 7-1 不同温度下液体的表面张力　　　单位：$N \cdot m^{-1}$

液体	0℃	20℃	40℃	60℃	80℃	100℃
水	0.07564	0.07275	0.06956	0.06618	0.06261	0.05885
乙醇	0.02405	0.02227	0.02060	0.01901	—	—
甲醇	0.0245	0.0226	0.0209	—	—	0.0157
四氯化碳	—	0.0268	0.0243	0.0219	—	—
丙酮	0.0262	0.0237	0.0212	0.0186	0.0162	—
甲苯	0.03074	0.02843	0.02613	0.02381	0.02153	0.01939
苯	0.0316	0.0289	0.0263	0.0237	0.0213	—

③ 表面张力与压力的关系 表面张力一般随压力增大而降低。当气相的压力升高时，气相的密度随之增加，从而使得液体表面分子受力的不对称程度有所减小；同时使得更多的气体分子溶解于液体中，改变了液体的组成，从而导致表面张力下降。

④ 表面张力与接触相间的关系 在一定条件下，同一种物质与不同性质的其他物质接触时，表面层分子所处的力场不同，表面张力则会出现明显的差异。

7.1.3　表面吉布斯函数

以气-液组成的系统为例。由于液体表面层中的分子受到一个指向液相的拉力，若将液相中的分子移到液体表面以扩大液体的表面积，则必须由环境对系统做功。这种为扩大液体表面所做的功称为表面功，它是一种非体积功 W'。在可逆的条件下，环境对系统做的表面功 ($\delta W'_r$) 与使系统增加的表面积 dA 成正比。

对于皂膜实验，从热力学角度来看，液膜在外力 f 的作用下，移动了 dx 距离，做功为 $\delta W = f dx$，结果使表面积增加了 $dA = 2L dx$。根据热力学知识，当恒温恒压可逆情况下，系统所做的功等于吉布斯函数的变化：

$$dG_{T,p} = \delta W_r = \gamma 2L dx = \gamma dA \tag{7-5}$$

$$\gamma = \frac{\delta W_r}{dA} = \left(\frac{dG}{dA}\right)_{T,p} \tag{7-6}$$

从热力学角度看，γ 的物理意义是在等温等压下，增加单位表面积所引起吉布斯函数的变化。γ 又称为比表面吉布斯函数，单位为 $J \cdot m^{-2}$。

7.2　液体的表面现象

大量事实和实验说明：当物质分散度不是很高时，界面现象并不明显；

但当物质的分散度达到一定程度时，界面现象则不容忽视。例如：粉尘达到一定浓度会引发粉尘爆炸；玻璃管中的液面有凹有凸；胶体的聚沉等。处于表面（界面）的分子具有比其内部分子过剩的能量，系统分散度愈大过剩能量愈大。

7.2.1 弯曲液面下的附加压力

弯曲液面下的压力与平液面的压力是不相同的。如用细管吹肥皂泡后，必须把管口堵住，泡才能存在，否则就自动收缩了。这是因为肥皂泡是弯曲的液膜，两边有压力差，泡内的压力大于泡外的，这个压力差称为附加压力。附加压力的产生是因为液体存在表面张力。

对于弯曲液面，液面下的附加压力如图 7-5 所示。

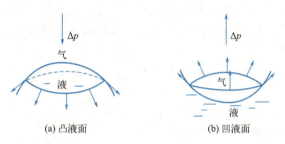

(a) 凸液面　　　　　　(b) 凹液面

图 7-5　弯曲液面下的附加压力

由于表面张力是作用于切面上的单位长度并使液面缩小的力，一周都有，但不在一个平面上，合力指向曲率中心。因此，凸液面下的压力较大，是气相压力与附加压力 Δp 之和。

$$p_{凸} = p_0 + \Delta p \tag{7-7}$$

凹液面则相反，附加压力指向气相：

$$p_{凹} = p_0 - \Delta p \tag{7-8}$$

对于平液面，表面张力作用在一个平面上，一周都有，大小相等，合力为零，因此平液面的附加压力为零。

综上所述，在表面张力的作用下，弯曲液面两边存在压力差 Δp，称为附加压力，附加压力的方向总是指向曲率中心。由于水能润湿玻璃，所以在玻璃管内呈凹液面，附加压力向上，如果将玻璃毛细管插入水中，管内水的液面会上升；汞不能润湿玻璃，在玻璃管内呈凸液面，附加压力向下，如果将玻璃毛细管插入汞液体中，管内的液面会下降，如图 7-6 所示。其液面上升或下降的高度即附加压力的大小与液面的曲率半径成反比，与液体的表面张力成正比。

> 由于表面张力的存在，弯曲液面产生的附加压力分析

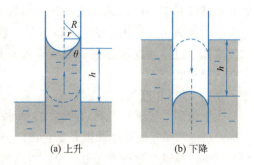

(a) 上升　　　　　(b) 下降

图 7-6　液体在毛细管中的上升与下降

液体在毛细管中上升和下降

7.2.2 弯曲液面的蒸气压

介绍一个实验：在一块玻璃板上滴几滴水，旁边有一烧杯，烧杯中盛些水，然后置于一恒温钟罩内。放置一定时间后观察发现，小水滴会变小，最后消失，很显然烧杯中的水量增加了。原因是什么呢？

由相平衡知识知道，饱和蒸气压越大的液体越容易挥发。由小水滴变小消失可以断定，小水滴的饱和蒸气压比烧杯中平面液体的饱和蒸气压要大。因为小水滴的饱和蒸气压大，在实验条件下小水滴的气液两相不平衡，气相没有饱和，因此要发生汽化；而平面液体的饱和蒸气压比小水滴要小，在同一实验条件下气液两相也不平衡，气相过于饱和，因此要发生液化。于是小水滴不断汽化，蒸汽不断液化，最终小水滴消失平面液体量增加。那么为什么小水滴的饱和蒸气压要比平面液体大？因为小水滴是凸液面，所承受的压力比平液面要多个附加压力；而且附加压力与曲率半径成反比，小水滴越小饱和蒸气压越大。

用热力学方法可以得到著名的开尔文公式：

$$\ln \frac{p_r}{p} = \frac{2\gamma M}{RT\rho r} \tag{7-9}$$

式中　　p_r——小液滴的饱和蒸气压，Pa；

p——平面液体的饱和蒸气压，Pa；

γ——液体的表面张力，N·m^{-1}；

M——液体的摩尔质量，kg·mol^{-1}；

ρ——液体的密度，kg·m^{-3}；

r——液滴的曲率半径，m。

由开尔文公式可知：

① 凸液面（例如小液滴），曲率半径越小，液体的饱和蒸气压越大；

② 平液面，$r \to \infty$，$p_r = p$；

③ 凹液面，曲率半径为负，蒸气压小于平面液体的饱和蒸气压。

7.2.3 亚稳状态

在蒸气的冷凝、液体的凝固及溶液的结晶等过程中，由于最初生成新相的颗粒是极其微小的，其比表面和表面吉布斯函数都很大，因此在系统中要产生一个新相是比较困难的。所以引起了各种反常现象，如产生过饱和蒸气、过热液体、过冷液体和过饱和溶液等虽不是热力学稳定状态，但能较长时间存在的亚稳状态。

（1）过饱和蒸气

大于饱和蒸气压而未凝结的蒸气，即按相平衡条件应该凝结而未凝结的蒸气称为过饱和蒸气。产生原因是新生成的小液滴饱和蒸气压大于平面液体的饱和蒸气压。预防过饱和蒸气很简单，当蒸气中有灰尘或容器内表面粗糙时，蒸气的凝结有了核心便于生长和长大，蒸气就能凝结。人工降雨就是在云层中用飞机喷洒微小的某些晶体，使过饱和的水蒸气凝结，达到降雨的目的。

（2）过热液体

高于沸点而不沸腾的液体。产生的原因是小气泡的饱和蒸气压小于平面液体的饱和蒸气压。过热液体由于在高于沸点的温度，一旦产生气泡，气泡容易变大，急剧汽化即产生暴沸现象。预防过热液体可在液体中事先加入素瓷或毛细管等多孔性物质，给气泡的产生投入一个"种子"，即可避免过热液体的产生。

（3）过冷液体

低于凝固点而未凝固的液体。产生原因是微小晶体的饱和蒸气压大于普通晶体的饱和蒸气压，微小晶体产生困难。纯净的液态水，有时可冷却到233K仍呈液态而不结冰。破坏过冷液体也很容易，在液体中加入少量晶体作为新相的种子，液体会迅速凝固。

（4）过饱和溶液

大于溶质的饱和溶解度而无晶体析出的溶液。产生原因是微小晶体的溶解度总是大于普通晶体的溶解度，微小晶体产生困难。在结晶操作中，如果过饱和程度过大，将会使结晶过程在很短时间内完成，从而形成很多细小的晶体颗粒，不利于过滤、提纯和洗涤。破坏过饱和溶液只需在结晶器中投入小晶体作为新相生成的种子即可。

综上所述，亚稳状态之所以能够稳定存在，根本原因是新相生成困难。而新相之所以生成困难，是因为物质分散度很大（颗粒很小）时，比表面大，表面能高而不易稳定存在。可见，在物质分散度较大时，界面现象是不容忽视的。

7.3 液体和固体的表面吸附

固体活性炭具有吸附溴气以及从溶液中吸附溶质的特性。在充满溴气的玻璃瓶中，加入一些活性炭，可以看到棕红色的溴气渐渐消失，这表明活性炭的表面具有富集溴分子的能力，这种现象即是吸附。具有吸附能力的物质称为吸附剂或基质，被吸附的物质则称为吸附质。用活性炭吸附溴时，活性炭为吸附剂，溴是吸附质。常用的吸附剂有：硅胶、分子筛、活性炭等。为了测定固体的比表面，常用的吸附质有：氮气、水蒸气、苯或环己烷的蒸气等。

吸附作用有着很广泛的应用，例如用硅胶吸附气体中的水汽使之干燥；用活性炭吸附糖水溶液中的杂质使之脱色；用分子筛吸附混合气体中的某一组分使之分离；在工业废气中含有的有用成分可通过吸附作用加以回收；仪器分析中的色谱分析是利用被测试样的各组分在色谱柱中被吸附的强弱差异来进行分析的等，这些实例都说明了研究吸附作用的实际意义。此外，多相催化反应、胶体的结构等也都与吸附作用有着密切的关系。

7.3.1 吸附

（1）吸附的概念

在一定条件下，相界面上物质的浓度自动发生变化的现象称为吸附。吸附可以发生在固-气、固-液、液-液等界面上。

（2）吸附的分类

吸附作用有着广泛的应用，按照吸附作用力性质的不同，吸附分为物理吸附和化学吸附。

① 物理吸附　吸附剂与吸附质分子之间靠分子间作用力（范德华力）产生的吸附，称为物理吸附。

物理吸附的特点：吸附力是由固体和气体分子之间的范德华引力产生的，一般比较弱；吸附热较小，接近于气体的液化热，一般在几千焦每摩尔以下；吸附无选择性，任何固体可以吸附任何气体，当然吸附量会有所不同；吸附稳定性不高，吸附与解吸速率都很快；吸附可以是单分子层的，但也可以是多分子层的；吸附不需要活化能，吸附速率并不因温度的升高而变快。

物理吸附仅仅是一种物理作用，没有电子转移，没有化学键的生成与破坏，也没有原子重排等。

② 化学吸附　吸附剂与吸附质分子之间靠化学键产生的吸附，称为化学吸附。

化学吸附的特点：吸附力是吸附剂与吸附质分子之间产生的化学键，一般较强；吸附热较高，接近于化学反应热，一般在 $40kJ \cdot mol^{-1}$ 以上；吸附有选择性，固体表面的活性位只吸附可与其发生反应的气体分子，如酸位吸附碱性分子，反之亦然；吸附很稳定，一旦吸附，应不易解吸；吸附是单分子层的；吸附需要活化能，温度升高，吸附和解吸速率加快。

化学吸附相当于吸附剂表面分子与吸附质分子发生了化学反应，在红外、紫外-可见光谱中会出现新的特征吸收带。

7.3.2　溶液表面层吸附现象

吸附作用可以发生在各种不同的相界面上，溶液表面对溶液中的溶质可产生吸附作用，以改变其表面张力。经研究发现，溶质在溶液中的分布是不均匀的，表面层浓度和溶液内部本体浓度不同，这种现象称为溶液表面层吸附现象。一切自发过程，总是使表面积自动缩小或表面张力降低的过程。若溶剂的表面张力大于溶质的表面张力，则将溶质溶入溶剂后，溶质将力图浓集在溶液表面，以降低溶剂的表面张力。同时，由于扩散作用溶液本体及表面层中的浓度趋于均匀一致。当这两种相反的作用达到平衡时，会使得溶液表面层浓度大于溶液内部浓度，这种吸附称为正吸附。相反，若溶质的表面张力大于溶剂的表面张力，则将溶质溶入溶剂后，溶质将力图进入溶液内部，以降低溶剂表面张力。达到扩散平衡后，最终会使溶液表面层浓度小于溶液内部浓度，这种吸附称为负吸附。

7.3.3　固体表面对气体分子的吸附

一定 T、p 下，在吸附平衡时，被吸附气体在标准状况下的体积与吸附剂质量之比称为平衡吸附量，简称吸附量。吸附量通常用符号 $\varGamma$ 表示，其单位为 $m^3 \cdot kg^{-1}$，有时也用 $mol \cdot kg^{-1}$。

$$\Gamma = \frac{V}{m}, \quad \Gamma = \frac{n}{m} \tag{7-10}$$

式中 Γ——平衡吸附量,简称吸附量,$m^3 \cdot kg^{-1}$ 或 $mol \cdot kg^{-1}$;

m——吸附剂的质量,kg;

n——吸附达平衡时被吸附气体的物质的量,mol;

V——吸附达平衡时被吸附气体在标准状况下的体积,m^3。

(1)吸附等温线

不同吸附剂对同一种吸附质的吸附能力不相同,同种吸附剂对气体的吸附量与气体的温度及压力有关,一般可以表示为

$$\Gamma = f(T, P)$$

为研究方便,常常固定三个变量中的一个,以测定另外两个变量之间的关系。例如恒压下,反映吸附量与温度之间关系的曲线称为吸附等压线;恒温下,反映吸附量与压力之间关系的曲线称为吸附等温线;吸附量恒定时,反映平衡温度与平衡压力之间关系的曲线称为吸附等量线。

(2)等温吸附经验式

弗罗因德利希(Freundlich)提出了如下含有两个常数项的经验式,来描述一定温度下吸附量 Γ 与平衡压力之间的定量关系。

$$\Gamma = kp^n$$

式中,k 和 n 是两个常数,与温度有关,通常 $0 < n < 1$。此式称为弗罗因德利希公式,一般只适用于中压范围。

弗罗因德利希经验式的形式简单,计算方便,其应用是相当广泛的,也适用于溶液中的吸附。但经验式中的常数没有明确的物理意义,在此式中只能概括地表达出一部分实验事实,而不能说明吸附作用的机理。最早提出的吸附理论是朗缪尔的单分子层吸附理论。

(3)单分子层吸附理论——朗缪尔吸附等温式

1916 年,朗缪尔根据大量的实验事实,从动力学的观点出发,提出了固体对气体的吸附理论,称为单分子层吸附理论。气体在吸附剂表面上的吸附等温线大致可分为五种类型,如图 7-7 所示。图 7-8 所介绍的是其中最简单的一种。

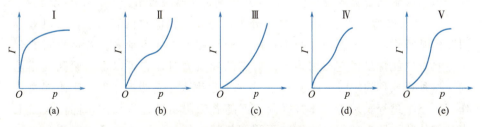

图 7-7 五种类型的吸附等温线

从图 7-8 中可以看出,随着横坐标的物理量压力 p 的增大,气体在吸附剂表面上的吸附量逐渐增大,纵坐标上气体在吸附剂表面上的吸附量 Γ 逐渐增大,最后不再有大的变化,呈水平状,为 Γ_∞。

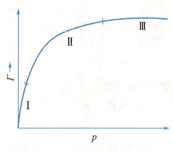

图 7-8 单分子层吸附等温线

朗缪尔提出的气体单分子层吸附理论可以比较满意地解释图 7-8 所示类型的吸附等温线。它是单分子层吸附等温线，表示了在一定温度下吸附剂表面发生单分子层吸附时，平衡吸附量 Γ 随平衡压力 p 的变化关系。这种吸附等温线可以分为三段：线段 Ⅰ 是压力比较小时，吸附量 Γ 与压力 p 近似成正比关系；线段 Ⅱ 是压力中等时，吸附量 Γ 随平衡压力 p 的增大而缓慢增加，呈曲线关系；线段 Ⅲ 是压力较大时，吸附量 Γ 基本上不随压力 p 变化。吸附量 Γ 与压力 p 的关系可用朗缪尔吸附等温式表示：

$$\Gamma = \Gamma_\infty \frac{bp}{1+bp} \tag{7-11}$$

式中　Γ——吸附剂表面吸附气体的平衡吸附量，$mol \cdot m^{-2}$；

Γ_∞——吸附剂表面吸附气体的最大吸附量，$mol \cdot m^{-2}$；

b——吸附系数，Pa^{-1}。

Γ_∞ 也被称为饱和吸附量，吸附系数 b 表示吸附剂对吸附质吸附能力的强弱。

朗缪尔吸附理论的基本假设：

① 单分子层吸附　固体表面上的原子力场是不饱和的，有剩余价力，当气体分子碰撞到固体表面时，其中一部分就被吸附并放出吸附热。但是，气体分子只有碰撞到尚未吸附的空白表面上才能够发生吸附作用。当固体表面上已覆盖满一层吸附分子之后，这种力场就得到了饱和，因此吸附是单分子层的。

② 固体表面是均匀的　固体表面上各个晶格位置的吸附能力是相同的，每个位置上只能吸附一个分子。吸附热是个常数，不随覆盖程度的大小而变化。

③ 被吸附在固体表面上的分子间无相互作用力　在各个晶格位置上，气体分子的吸附与解吸的难易程度，与其周围是否有被吸附分子的存在无关。

④ 吸附平衡是动态平衡　气体分子碰撞到固体的空白表面上，可以被吸附，但被吸附的分子不是静止不动，而是在不停地运动着。若被吸附的分子所具有的能量足以克服固体表面对它的吸引力时，它可以重新回到气相空间，这种现象称为解吸（或脱附）。当吸附速率大于解吸速率时，吸附起主导作用，整个过程表现为气体被吸附。但随着吸附量的逐渐增加，固体表面上未被气体分子覆盖的部分（空白面积）就越来越少，气体分子碰撞到空白面积上的可能性就必然减少，吸附速率逐渐降低。随着固体表面被覆盖程度的增加，解吸速率却越来越大，当吸附速率与解吸速率相等时，从表观上看，气体不再被吸附或解吸，但实际上吸附与解吸仍在不断地进行，只是二者速率相等而已，这时达到了吸附平衡。

朗缪尔吸附理论

7.4 分散系统分类与胶体的性质

"胶体"一词最早由英国科学家格雷厄姆提出。19 世纪 60 年代，格雷厄姆应用分子运动论研究溶液中溶质的扩散情况时发现：一些物质如蔗糖、氯化钠等在水中扩散快，易透过羊皮纸（半透膜），将水蒸去后呈晶体析出；另一些物质如明胶、氢氧化铝等在水中扩散慢，不能透过羊皮纸，蒸去水后呈黏稠状。格雷厄姆将前者称为晶体，后者称为胶体。20 世纪初，俄国化学家法伊曼试验了二百多种物质，发现同一种物质在适当条件下，既可表现为晶体，又可表现为胶体。例如，氯化钠在水中具有晶体的特性，分散在无水乙醇中则表现为胶体。据此得出结论：胶体是物质的一种特殊分散状态，是一种或几种物质以一定分散度分散于另一种物质中构成的分散系统。胶体系统因高度分散和巨大表面积而具有许多独特性质，研究这些独特性质的胶体化学已发展成现代化学的一门重要分支学科。

胶体化学原理广泛应用于制药工程、生物工程及医药学等领域。尤其是近年来发展起来的超微技术、纳米材料的制备已成为化学和物理学研究的新热点。掌握胶体化学知识对指导制药工业的生产和研究具有重要意义。

7.4.1 分散系统的分类及其主要特征

（1）分散系统的定义

把一种或几种物质分散在另一种物质中所构成的系统称为分散系统。在分散系统中被分散的物质称为分散质（或分散相）；起分散作用的物质称为分散介质。

（2）分散系统的分类

根据分散质粒子的大小，分散系统一般分为溶液、胶体及粗分散系统。

① 溶液　若分散质粒子小于 10^{-9} m，呈分子、原子或离子的分散系统，称为溶液。溶液为均相系统，液态溶液一般都具有透明、不能发生光的散射、扩散速度快、溶质与溶剂皆可通过半透膜等的特征。在一定条件下，溶质与溶剂不能自动地分离成两相，是热力学稳定系统。

② 胶体　分散质粒子在 $10^{-9} \sim 10^{-7}$ m 之间，这种分散系统称为胶体分散系统，简称为胶体。在胶体范围内，分散质粒子是大量的分子、原子或离子的聚集体，它们与分散介质之间存在着明显的相界面。用上述界限来定义胶体，完全是人为的大致划分，不同的书中往往采用不同的界限。

③ 粗分散系统　若分散质粒子大于 10^{-7} m，则称为粗分散系统。例如悬浮液、乳浊液、泡沫等皆为粗分散系统。由于它们与胶体有许多共同的特性，故常将其作为胶体化学的研究对象。

（3）胶体的特征及分类

① 特征　胶体是高度分散的、多相的、组成和结构不确定的热力学不稳定体系。胶体中分散相和分散介质间必有一明显的物理分界面，这意味着胶

体系统必然是非均相分散系统。胶体不是特殊的物质，而是物质存在的一种特殊形式。胶体分散系统由于分散度高，具有较高的表面能，属热力学不稳定体系。

② 分类　胶体分散系统包括溶胶和缔合胶体。但大分子溶液和粗分散系统也常被作为胶体分散系统研究的对象。原因如下：

虽然大分子溶液（也叫亲液溶胶）是热力学上稳定的体系，但由于其溶质分子的大小已进入了胶体分散系统的范围，且在某些方面（如扩散性）具有胶体的特性。粗分散系统与胶体分散系统同属热力学不稳定体系，它们在性质及研究方法上有许多相似之处。高度分散的多相性和热力学不稳定性既是胶体系统的主要特征，又是产生其他现象的依据。在研究胶体系统的性质、形成、稳定与破坏时，就应从这些特点出发。除按分散相的颗粒大小进行分类外，还可按分散相和分散介质的性质来分类。

（4）胶体分散系统及粗分散系统的研究方法

胶体分散系统及粗分散系统是综合性很强的学科领域，它的研究方法应用了热力学、量子力学、统计力学以及动力学等许多学科方法，甚至与数学、生物学、材料科学等所用的研究方法交叉重叠。20 世纪 40 年代以前，胶体理论只能对一些现象和性质做粗略的、定性的解释，但借助量子力学的发展，应用其方法建立了胶体间相互作用的理论（DLVO 理论的基础）；同样，应用统计热力学研究高分子溶液在固体表面上的吸附过程也取得新的进展；热力学方法及动力学方法在研究溶胶的稳定性（如空间稳定理论及溶胶的聚沉速率与机理）等方面也是不可缺少的方法。然而，胶体分散系统及粗分散系统这一正在发展中的学科领域与化学动力学相似，其理论发展尚不是很成熟，许多结论都是依靠实验得到的。现代的光散射技术、超显微技术、能谱技术、高速离心技术及电泳散射技术等应用于胶体分散系统的实验研究后，极大地推动了该学科领域的发展。

7.4.2　溶胶的性质

胶体系统是介于真溶液和粗分散系统之间的一种特殊分散系统。由于胶体系统中粒子分散程度很高，具有很大的比表面，因而表现出显著的表面特征，如其具有特殊的光学性质和电学性质等。

（1）溶胶的动力学性质

布朗运动是分散相粒子受到其周围在做热运动的分散介质分子的撞击而引起的无规则运动，如图 7-9 所示。由英国植物学家布朗首先发现花粉在液面上做无规则运动而得名。

（2）溶胶的光学性质——丁铎尔效应

当一束强烈的光线射入溶胶后，在入射光的垂直方向或溶胶的侧面可以看到一发光的圆锥体，如图 7-10 所示。这种被丁铎尔首先发现的现象称为丁铎尔效应。

丁铎尔效应是光散射现象的结果。光散射是指当入射光的波长大于分散相粒子的尺寸时，在光的前进方向之外也能观察到的发光现象。反之，当入射

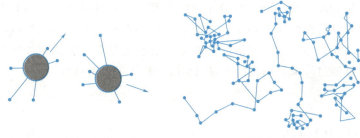

(a) 溶胶粒子受介质分子冲撞示意图　　(b) 溶胶粒子的布朗运动

图 7-9　布朗运动示意图

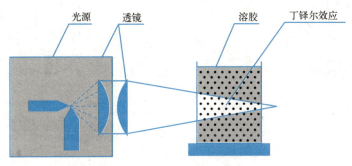

图 7-10　丁铎尔效应

光的波长小于分散相粒子的尺寸时，则发生光的反射。如悬浮液系统由于光的反射而呈浑浊状。

（3）溶胶的电学性质

由于胶粒是带电的，在电场作用下或在外加压力、自重力作用下流动、沉降时，它会产生电动现象，表现出电学性质。

① 电泳现象　根据电化学知识可知，如将两个电极插入电解质溶液中，通电时溶液中的正、负离子分别向阴、阳两极迁移，并在电极上发生电极反应。同样，溶胶在通电时也可观察到胶粒向正极（阳极）或负极（阴极）移动，由于胶粒比一般离子大很多倍，因此，带色的胶粒移动时明显可见。例如在 U 形管中加入红褐色 $Fe(OH)_3$ 溶液，然后小心加入 NaCl 溶液，使二者有清晰的界面，把电极放入 NaCl 溶液中通电一段时间后，就可以看到负极中红褐色液面上升，正极中溶胶液面下降，如图 7-11 所示。这种现象说明，$Fe(OH)_3$ 胶粒是带正电的。在外电场作用下，分散相在分散介质中移动的现象称为电泳。

② 电渗现象　在外加电场作用下，分散介质（由过剩反离子所携带）通过多孔膜或极细的毛细管移动的现象称为电渗。多孔膜可以是一些多孔性物质，装入溶胶后这些多孔性的物质将吸附溶胶粒子（见图 7-12）。如果溶胶粒子带正电荷，则多孔膜空隙中的分散介质带负电荷，通电后液体向正极流动，正极端的液面将升高；如果溶胶粒子带负电荷，则多孔膜空隙中的分散介质带正电荷，通电后液体流向负极，负极端的液面将升高。从上述实验可知，

电泳现象是分散介质不动，分散相（溶胶粒子）在外电场作用下移动；电渗则是分散相（溶胶粒子）不动，分散介质在外电场下移动。虽然电泳和电渗现象中移动相是相反的，但溶胶的电泳或电渗现象都充分说明胶体粒子是带电的，并且通过界面移动方向可以判别溶胶粒子带电的符号。

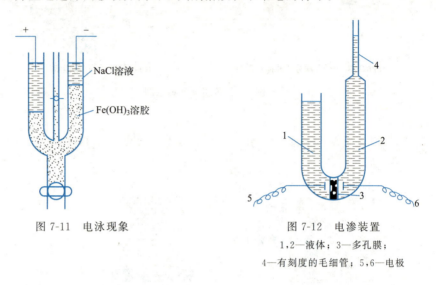

图 7-11　电泳现象

图 7-12　电渗装置
1,2—液体；3—多孔膜；
4—有刻度的毛细管；5,6—电极

电渗时带电的固相不动，电渗和电泳一样，溶胶中外加电解质对电渗速度的影响也很显著。随电解质的增加，电渗速度降低，甚至会改变液体流动的方向。

7.4.3　溶胶的稳定性和聚沉

（1）溶胶的稳定性

溶胶的稳定性分析

溶胶稳定和聚沉的实质是胶粒间斥力和引力的相互转化，促使粒子相互聚结的是粒子间相互吸引的能量，而阻碍其聚结的则是相互排斥的能量。从前面的分析知道，溶胶颗粒小、比表面大、表面吉布斯函数高，所以在热力学上溶胶是不稳定系统，但有的溶胶可以放上几年甚至十几年才沉降下来。其稳定原因主要有以下几方面。

① 动力学稳定性　由于溶胶是高度分散的系统，胶粒比较小，布朗运动较剧烈，扩散能力较强，在一定条件下，胶粒能克服因重力而产生的下沉作用，因而胶粒不易聚结，具有动力稳定性。

② 静电稳定性　比较成功地说明溶胶稳定性的理论，是 20 世纪 40 年代发展起来 DLVO 理论。该理论认为，在一定条件下溶胶的稳定性取决于胶粒间的作用力。从胶团结构可知，每个胶粒都带有相同的电荷。当两个胶粒相互接近而扩散层尚未重叠时，胶粒之间以引力为主；而一旦扩散层重叠，则胶粒非常接近，以至于同性电荷的斥力占优势，使胶粒不易接近聚结，保持了溶胶的稳定。

③ 溶剂化稳定性　物质与溶剂之间所发生的化合作用称为溶剂化。通常胶团扩散层中反离子都是溶剂化的，因而胶粒在溶剂化离子的包围之中，就

像在胶粒周围形成一层带电的保护层。

(2) 溶胶的聚沉

溶胶中分散相粒子相互聚结，颗粒变大，最后所有的分散相都变为沉淀析出，这种过程称为聚沉。溶胶的聚沉可分为两个阶段：第一阶段为无法用肉眼观察出分散度变化的阶段，称为隐聚沉；第二阶段则可用肉眼观察到颗粒变化，称为显聚沉。引起溶胶聚沉的因素很多，例如溶胶的浓度、温度、外加电解质和溶胶的相互作用等，其中最重要的是电解质作用。

> 溶胶的聚沉分析

① 电解质的聚沉作用　当向溶胶中加入过量的电解质后，往往会使溶胶发生聚沉。这是由于电解质加入后，电解质中与胶粒带相反电荷的离子会减少胶粒的带电量，减弱溶剂化作用，使胶粒之间的静电斥力不足以克服其引力，结果胶粒合并变大，导致聚沉。如豆浆是带负电的蛋白质胶体，卤水中的 Ca^{2+}、Mg^{2+}、Na^+ 等离子能使蛋白质聚沉。

② 溶胶的相互聚沉　将两种电性不同的溶胶混合，可以发生相互聚沉作用。如 As_2S_3 负溶胶与 $Fe(OH)_3$ 正溶胶以不同比例混合时可产生聚沉。溶胶的相互聚沉在日常生活中经常见到。如明矾的净水作用、不同牌号的墨水相混可能产生沉淀、医院里利用血液能否相互凝结来判断血型等都与胶体的相互聚沉有关。另外，升高温度和增加浓度都会使胶体粒子间相互碰撞的频率增加，促使溶胶聚沉。

③ 高分子化合物溶液对溶胶的聚沉　高分子化合物是指摩尔质量介于 $1 \sim 104 kg \cdot mol^{-1}$ 之间的大分子化合物。根据来源的不同，可分为天然高分子化合物以及合成高分子化合物。例如，生物体中的蛋白质、核酸、糖原、淀粉、纤维素、天然橡胶等都是天然高分子化合物；属于合成高分子化合物的有合成橡胶、合成塑料、合成纤维等。高分子化合物在适当的溶剂中，可以自动地分散成溶液。在高分子化合物溶液中，高分子化合物是以分子或离子的形式分散到溶液中，是均相体系。因此，与溶胶不同，高分子化合物溶液是热力学稳定系统。

由于高分子化合物分子的大小恰好在胶体范围内，而且又具有胶体的某些特性，例如扩散慢、不能通过半透膜等，因此也将高分子化合物溶液称为亲液溶胶，将溶胶称为憎液溶胶。

高分子化合物溶液对溶胶也有聚沉作用，其作用机理如下：

a. 搭桥效应　利用高分子化合物在胶粒表面上的吸附作用，将胶粒拉扯到一块儿使溶胶聚沉。例如用聚丙烯酰胺处理污水。

b. 脱水效应　高聚物对水的亲和力往往比溶胶强，它将夺取胶粒水合外壳的水，胶粒由于失去水合外壳而聚沉。如单宁是常用的脱水剂。

c. 电中和效应　离子型的高分子化合物吸附在胶粒上而中和了胶粒的表面电荷，使胶粒间的斥力减少，进而使溶胶聚沉。

d. 盐析作用　在高分子化合物中，少量电解质的加入并不会影响其聚沉，只有加入更多的电解质才能使聚沉发生，高分子溶胶的这种聚沉现象称为盐析作用。

e. 保护作用　当往憎液溶胶中加入少量易为憎液溶胶所吸附的亲液溶胶

后，憎液溶胶的稳定性得到提高，这种作用称为"保护作用"，被吸附的少量加入剂称为"保护剂"。如在金溶胶中加入少量动物胶，可大大缓解其聚沉。

f. 敏化作用　在某些场合下，如加入保护剂的数量不足，反而可以促进溶胶的聚沉，这种作用称为"敏化作用"。

拓展知识

气相二氧化硅在新能源胶体电池行业的应用

近年来，随着国家大力推进环保节能，新能源汽车迎来了爆发增长机遇。新能源汽车发展的核心推动力在于电池技术。胶体电池是在传统的铅酸蓄电池基础上发展起来的一种新型电池，又称"免维护蓄电池"。胶体电池因具有充电时酸雾量少、能抑制活性物质脱落和极板硫酸盐化、自放电率小、大电流放电能力好、有良好的使用可靠性、功率密度大、充电接受能力强等优势，而成为未来蓄电池的重点发展方向，广泛应用在电动自行车、军事、通信等领域。

胶体电池的核心技术是制胶工艺。在气相法白炭黑出现之前，人们在研究胶体电池的过程中使用的是"硅溶胶"，其比表面积小导致凝胶作用弱，并且杂质含量高，经过多次充放电后，电解质出现明显的水化分层现象，大大降低了电池的性能。因此，在相当长的时间内，胶体电池的研究工作一直处于"徘徊不前"的停滞状态，没有实质性的进展。直到这种纳米新材料——气相二氧化硅的出现，阻碍胶体电池发展的最大技术瓶颈才得到改善。

气相二氧化硅是一种白色、无味的超细粉体材料，具有增稠、防结块、控制体系流变和触变等作用。除传统的应用外，气相二氧化硅在胶体电池中也得到了广泛的应用。

气相二氧化硅在胶体电解质中借助其"增稠"作用使体系形成稳定的"网络"，该网络具有"触变性"，能"张"能"驰"，富有"弹性"，"稠"而不"黏"，充电后变稠，放电后变稀。这种增稠触变性极大提升了胶体在反应过程中的性能。与此同时，气相二氧化硅粒子的大小对其"增稠"作用影响较大，往往是粒子小则增稠作用好，粒子大则增稠作用下降。比表面积较小的气相二氧化硅粒子增稠作用不明显，形成的网络不稳固，会出现水化分层的缺陷；比表面积太大的气相二氧化硅粒子增稠效果过于显著，会缩短凝胶时间，形成的胶体电解质网络过于"致密"，不利于电解质与气体的扩散和迁移。因此，工业上通常使用比表面积为 $200\text{m}^2 \cdot \text{g}^{-1}$ 的气相二氧化硅比较适宜。

在制备胶体电解质的过程中，还需要加入一些胶体稳定剂，通常是一些水溶性的高分子材料，如聚乙烯醇、糊精、甘油、聚乙二醇、聚丙烯酰胺等，它们和气相二氧化硅能够起到"协同作用"，从而有助于改变胶体粒子的表面带电状态，阻止胶体聚集，缓解凝胶过快，对胶体电解质体系起到稳定作用。

随着国家新能源产业的大力发展，胶体电池具有很大的发展空间，蕴藏着巨大的潜力。随着开发工作的进一步深入、技术水平的逐渐提高、生产工

艺的日渐成熟，预计胶体电池将得到更大发展，气相二氧化硅在胶体电池中的深入应用也将推动胶体电池的推广和普及。

环氧树脂胶体的生产

环氧树脂胶体是一种常见的胶体材料，具有优异的性能和广泛的应用领域。环氧树脂胶体的生产需要准备以下原材料和设备：环氧树脂、固化剂、溶剂、分散剂，搅拌设备、加热设备、过滤设备等。

① 原材料准备：根据所需的环氧树脂胶体的性能和应用要求，选择合适的环氧树脂、固化剂和溶剂；同时，根据胶体的稳定性要求，选择合适的分散剂。

② 配方设计：根据所需胶体的性能和应用要求，确定环氧树脂、固化剂、溶剂和分散剂的配比。通常情况下，环氧树脂和固化剂的配比为1∶1，溶剂和分散剂的用量根据具体情况确定。

③ 搅拌混合：将环氧树脂、固化剂、溶剂和分散剂按照配方比例加入搅拌设备中，进行充分的搅拌混合。搅拌的目的是使各种原材料充分混合均匀，形成均一的混合体。

④ 加热固化：将混合好的胶体材料加热至一定温度，使环氧树脂和固化剂发生反应，固化成胶体。加热的温度和时间根据具体的环氧树脂和固化剂的性质来确定。

⑤ 过滤处理：将固化好的胶体材料进行过滤处理，去除其中的杂质和颗粒物。过滤的目的是提高胶体的纯度和稳定性。

⑥ 包装储存：将过滤好的胶体材料进行包装和储存。通常情况下，胶体材料需要密封包装，避免与空气接触，防止固化。

需要注意的是，在生产环氧树脂胶体的过程中，应严格控制各种原材料的配比和加工条件，以确保胶体的质量和性能。同时，还需要根据具体的应用要求，对胶体进行进一步的处理和改性，以满足不同的应用需求。

 要点归纳

1. 表面现象：在物质相界面上因界面上分子的某些特性而发生的一些现象。

2. 表面张力：沿着液体的表面，垂直作用于单位长度上平行于液体表面的紧缩力，用符号 γ 表示，其单位是 $N \cdot m^{-1}$ 或 $J \cdot m^{-2}$。

$$\gamma = \frac{f}{2L}$$

表面功：在恒温、恒压和组成不变的条件下，增加系统表面积所必须对系统做的可逆非体积功。

比表面吉布斯函数：在恒温、恒压下，增加单位表面积所引起系统的吉布斯函数的变化，也用符号 γ 表示。

$$\Delta G = \gamma \Delta A$$

3. 吸附：在一定条件下，相界面上物质浓度自动发生变化的现象。

物理吸附：吸附剂与吸附质分子之间靠分子间作用力（即范德华力）产生的吸附。

化学吸附：吸附剂与吸附质分子之间靠化学键产生的吸附。

溶液表面层吸附现象：溶质在表面层和溶液内部的浓度不同，从而引起溶液表面张力变化的现象。

4. 吸附量：$\Gamma = V/m$ 或 $\Gamma = n/m$

5. 分散系统：把一种或几种物质分散在另一种物质中所构成的系统。

分散相（分散质）：分散系统中被分散的物质。

分散介质：分散相所存在的介质。

6. 溶液：分散质粒子小于 10^{-9} m，呈分子、原子或离子的分散系统。

胶体分散系统：分散质粒子在 $10^{-9} \sim 10^{-7}$ m 之间，简称为胶体。

粗分散系统：若分散质粒子大于 10^{-7} m。

7. 布朗运动：悬浮在介质中的微粒永不停息地做不规则运动的现象。

8. 丁铎尔效应：可以区别溶胶和真溶液。

9. 电泳：在外电场作用下，分散相粒子在分散介质中定向移动的现象。

电渗：在外电场作用下，固体胶粒不动而分散介质在电场中发生定向移动的现象。

10. 溶胶的稳定性与聚沉：

溶胶稳定存在的原因 $\begin{cases} ① 胶粒的布朗运动 \\ ② 胶粒带电荷 \\ ③ 溶剂化作用 \end{cases}$

溶胶的聚沉 $\begin{cases} ① 电解质对于溶胶的聚沉作用 \\ ② 溶胶的相互聚沉作用 \\ ③ 高分子化合物溶液对溶胶的聚沉作用 \end{cases}$

 目标检测

一、选择题

1. 在相同的温度及压力下，把一定体积的水分散成许多小水滴，经这一变化过程以下性质保持不变的是（　　）。

  A. 总表面能   B. 比表面积

  C. 表面张力   D. 表面吉布斯函数

2. 大分子溶液分散质的粒子尺寸为（　　）。

  A. >100nm   B. <1nm   C. 1～100nm   D. =100nm

3. 外加直流电场于胶体溶液,向某一电极做定向移动的是（   ）。
   A. 胶核   B. 胶粒   C. 胶团   D. 紧密层

4. 将 $0.012dm^3$ 浓度为 $0.02mol \cdot dm^{-3}$ 的 KCl 溶液和 $100dm^3$ 浓度为 $0.005mol \cdot dm^{-3}$ 的 $AgNO_3$ 溶液混合制备成溶胶,其胶粒在外电场的作用下电泳的方向是（   ）。
   A. 向正极移动   B. 向负极移动   C. 不规则运动   D. 静止不动

5. 下列各电解质对某溶胶的聚沉值分别为

电解质	KNO_3	KAc	$MgSO_4$	$Al(NO_3)_3$
聚沉值/$mol \cdot dm^{-3}$	50	110	0.81	0.095

该胶粒的带电情况为（   ）。
   A. 带负电   B. 带正电   C. 不带电   D. 不能确定

6. 在一定量的以 KCl 为稳定剂的 AgCl 溶胶中加入电解质使其聚沉,下列电解质的用量由小到大的顺序正确的是（   ）。
   A. $AlCl_3 < ZnSO_4 < KCl$
   B. $KCl < AlCl_3 < ZnSO_4$
   C. $KCl < ZnSO_4 < AlCl_3$
   D. $ZnSO_4 < KCl < AlCl_3$

7. 明矾净水的主要原理是（   ）。
   A. 电解质对溶胶的稳定作用   B. 溶胶的相互聚沉作用
   C. 电解质的溶剂化作用   D. 电解质的对抗作用

二、判断题

1. 比表面吉布斯函数是能量概念,表面张力是力的概念,二者虽然量纲相同,但物理意义不同。（   ）
2. 表面张力的大小与共存的另一相有关,比表面吉布斯函数的大小与共存的另一相无关。（   ）
3. 纯水的表面张力是指恒温、恒压时水与饱和了水蒸气的空气相接触时的界面张力。（   ）
4. 溶胶是均相系统,在热力学上是稳定的。（   ）
5. 同电荷离子对溶胶的聚沉起主要作用。（   ）
6. 在外加直流电场中,AgI 正溶胶的胶粒向负极移动,而其扩散层向正极移动。（   ）

三、计算题

1. 常压下,水的表面能 σ（单位 $J \cdot m^{-2}$）与温度 t（单位 ℃）的关系可表示为 $\sigma = (7.564 \times 10^{-2} - 1.4 \times 10^{-4} t/℃) J \cdot m^{-2}$。若在 10℃ 时,保持水的总体积不变而改变其表面积,求使水的表面积增加 $1.00cm^2$,必须做多少功?

2. 由等体积的 $0.04mol \cdot dm^{-3}$ 的 KI 溶液与 $0.1mol \cdot dm^{-3}$ 的 $AgNO_3$ 溶液制备的 AgI 溶胶,分别加入下列电解质,试分析下列电解质对所得 AgI 溶胶的聚沉能力何者最强?何者最弱?
   （1）$Ca(NO_3)_2$ （2）K_2SO_4 （3）$Al_2(SO_4)_3$

附录

附录一 国际单位制（SI）

量		单位	
名称	符号	名称	符号
长度	l	米	m
质量	m	千克	kg
时间	t	秒	s
电流	I	安[培]	A
热力学温度	T	开[尔文]	K
物质的量	n	摩[尔]	mol
发光强度	I_v	坎[德拉]	cd

附录二 基本常数

常数	符号	数值
原子质量单位	amu	$1.660\ 57\times10^{27}\ \text{kg}^{-1}$
真空中光速	c	$2.997\ 92\times10^{28}\ \text{m}\cdot\text{s}^{-1}$
原电荷	e	$1.602\ 19\times10^{-19}\ \text{C}$
法拉第常数	F	$9.648\ 53\times10^{4}\ \text{C}\cdot\text{mol}^{-1}$
普朗克常数	h	$6.626\ 18\times10^{-34}\ \text{J}\cdot\text{s}$
玻尔兹曼常数	k_B	$1.380\ 66\times10^{-23}\ \text{J}\cdot\text{K}^{-1}$
阿伏伽德罗常数	L	$6.022\ 055\times10^{23}\ \text{mol}^{-1}$
摩尔气体常数	R	$8.314\ 41\ \text{J}\cdot\text{mol}^{-1}\cdot\text{K}^{-1}$

附录三 某些气体的摩尔恒压热容与温度的关系

$$C_{p,m} = a + bT + cT^2$$

物质		$\dfrac{a}{\text{J}\cdot\text{mol}^{-1}\cdot\text{K}^{-1}}$	$\dfrac{b}{\text{J}\cdot\text{mol}^{-1}\cdot\text{K}^{-2}}$	$\dfrac{c}{\text{J}\cdot\text{mol}^{-1}\cdot\text{K}^{-3}}$	$\dfrac{\text{温度范围}}{\text{K}}$
H_2	氢	26.88	4.347	−0.3265	273～3800
Cl_2	氯	31.696	10.144	−4.038	300～1500
Br_2	溴	35.241	4.075	−1.487	300～1500
O_2	氧	28.17	6.297	−0.7494	273～3800
N_2	氮	27.32	6.226	−0.9502	273～3800
HCl	氯化氢	28.17	1.81	1.547	300～1500
H_2O	水	29.16	14.49	−2.022	273～3800
CO	一氧化碳	26.537	7.6831	−1.172	300～1500
CO_2	二氧化碳	26.75	42.258	−14.25	300～1500
CH_4	甲烷	14.15	75.496	−17.99	298～1500
C_2H_6	乙烷	9.401	159.83	−46.229	298～1500
C_2H_4	乙烯	11.84	119.67	−36.51	298～1500
C_3H_6	丙烯	9.427	188.77	−57.488	298～1500
C_2H_2	乙炔	30.67	52.81	−16.27	298～1500
C_3H_4	丙炔	26.5	120.66	−39.57	298～1500
C_6H_6	苯	−1.71	324.77	−110.58	298～1500
$C_6H_5CH_3$	甲苯	2.41	391.17	−130.65	298～1500
CH_3OH	甲醇	18.4	101.56	−28.68	273～1000
C_2H_5OH	乙醇	29.25	166.28	−48.898	298～1500
$(C_2H_5)_2O$	二乙醚	−103.9	1417	−248	300～400
$HCHO$	甲醛	18.82	58.379	−15.61	291～1500
CH_3CHO	乙醛	31.05	121.46	−36.58	298～1500
$(CH_3)_2CO$	丙酮	22.47	205.97	−63.521	298～1500
$HCOOH$	甲酸	30.7	89.2	−34.54	300～700
$CHCl_3$	氯仿	29.51	148.94	−90.734	273～773

附录四 常用物质的标准摩尔生成焓、标准摩尔生成吉布斯函数、标准摩尔熵及标准摩尔恒压热容（298K）

（标准压力 $p^{\ominus}=100\text{kPa}$）

物质(状态)	$\dfrac{\Delta_f H_m^{\ominus}}{\text{kJ}\cdot\text{mol}^{-1}}$	$\dfrac{\Delta_f G_m^{\ominus}}{\text{kJ}\cdot\text{mol}^{-1}}$	$\dfrac{S_m^{\ominus}}{\text{kJ}\cdot\text{K}^{-1}\cdot\text{mol}^{-1}}$	$\dfrac{C_{p,m}^{\ominus}}{\text{J}\cdot\text{mol}^{-1}\cdot\text{K}^{-1}}$
Ag(cr)	0	0	42.6	25.35
AgCl(cr)	−127	−109.8	96.2	50.8
AgBr(cr)	−100.4	−96.9	107.1	52.4
AgI(cr)	−61.84	−66.2	115.5	56.8
Ag_2O(cr)	−31.1	−11.2	121.3	65.9
$AgNO_3$(cr)	−124.4	−33.4	140.9	93
Al(cr)	0	0	28.3	24.3
Al_2O_3(cr,刚玉)	−1675.7	−1582.3	50.9	79
Br_2(l)	0	0	152.2	75.7
Br_2(g)	30.9	3.1	245.5	36
HBr(g)	−36.4	−53.4	198.7	29.1
Ca(cr)	0	0	41.4	25.3
$CaCl_2$(cr)	−795.8	−748.1	104.6	72.6
CaO(cr)	−635.1	−604.3	39.7	42.8
$CaCO_3$(cr,方解石)	−1206.9	−1128.8	92.9	81.9
$Ca(OH)_2$(cr)	−986.1	−898.5	83.4	87.5
C(石墨)	0	0	5.74	8.53
C(金刚石)	1.89	2.9	2.38	6.11
CO(g)	−110.5	−137.2	197.7	29.1
CO_2(g)	−393.5	−394.4	213.7	37.1
CS_2(l)	89.7	65.3	151.3	75.7
CS_2(g)	117.36	67.12	237.8	45.4
CCl_4(l)	−135.4	−65.2	216.4	131.8
CCl_4(g)	−102.9	−60.6	309.8	83.3
HCN(l)	108.9	124.9	112.8	70.6
HCN(g)	135.1	124.7	201.8	35.9
Cl_2(g)	0	0	223.1	33.9
Cl(g)	121.7	105.7	165.2	21.8
HCl(g)	−92.3	−95.3	186.9	29.1
Co(cr)	0	0	28.4	25.6

续表

物质(状态)	$\dfrac{\Delta_f H_m^{\ominus}}{kJ \cdot mol^{-1}}$	$\dfrac{\Delta_f G_m^{\ominus}}{kJ \cdot mol^{-1}}$	$\dfrac{S_m^{\ominus}}{kJ \cdot K^{-1} \cdot mol^{-1}}$	$\dfrac{C_{p,m}^{\ominus}}{J \cdot mol^{-1} \cdot K^{-1}}$
Cr(cr)	0	0	23.8	23.4
Cu(cr)	0	0	33.2	24.4
Cu_2O(cr)	−168.6	−146	93.1	63.6
CuO(cr)	−157.3	−129.7	42.6	42.3
$CuSO_4$(cr)	−771.4	−661.8	109	100
F_2(g)	0	0	202.8	31.3
HF	−271.1	−273.2	173.8	29.1
Fe(cr)	0	0	27.3	25.1
Fe_2O_3(cr)	−824.2	−742.2	87.4	103.8
Fe_3O_4(cr)	−1118.4	−1015.4	146.4	143.4
H_2(g)	0	0	130.7	28.8
H_2O(l)	−285.8	−237.1	69.1	75.3
H_2O(g)	−241.8	−228.6	188.8	33.58
Hg(l)	0	0	77.4	27.8
HgO(cr,正交)	−90.8	−58.5	70.3	44.1
$HgSO_4$(cr)	−743.1	−625.8	200.7	132
Hg_2Cl_2(cr)	−265.2	−210.7	192.5	—
I_2(cr)	0	0	116.1	54.4
I_2(g)	62.4	19.3	260.7	36.9
HI(g)	26.5	1.7	206.6	29.2
K(cr)	0	0	63.6	29.2
KCl(cr)	−436.7	−409.1	82.6	51.3
KI(cr)	−327.9	−324.9	106.3	52.9
$KClO_3$(cr)	−391.2	−289.1	143	100.2
$KMnO_4$(cr)	−813.4	−713.8	171.7	119.2
Mg(cr)	0	0	32.7	24.89
$MgCl_2$(cr)	−641.3	−591.8	89.6	71.38
MgO(cr)	−601.8	−569.6	26.8	37.4
$Mg(OH)_2$(cr)	−924.5	−833.5	63.2	77
$MgCO_3$(cr)	−1113	−1029	65.7	75.5
$MgSO_4$(cr)	−1278.2	−1165.2	95.4	96.3
MnO(cr)	−384.9	−362.8	59.7	44.1
MnO_2(cr)	−520.9	−466.1	53.1	54
Na(cr)	0	0	51.2	28.24
NaCl(cr)	−411.2	−384.1	72.1	50.5

物质(状态)	$\dfrac{\Delta_f H_m^\ominus}{\text{kJ}\cdot\text{mol}^{-1}}$	$\dfrac{\Delta_f G_m^\ominus}{\text{kJ}\cdot\text{mol}^{-1}}$	$\dfrac{S_m^\ominus}{\text{kJ}\cdot\text{K}^{-1}\cdot\text{mol}^{-1}}$	$\dfrac{C_{p,m}^\ominus}{\text{J}\cdot\text{mol}^{-1}\cdot\text{K}^{-1}}$
$Na_2O(cr)$	−414.2	−375.5	75.1	—
$NaOH(cr)$	−425.6	−379.5	64.5	59.54
$NaCO_3(cr)$	−1130.7	−1044.4	135	112.3
$Na_2SO_4(cr,正交)$	−1387	−1270.2	149.6	128.2
$HNO_3(l)$	−174.1	−80.7	155.6	109.8
$N_2(g)$	0	0	191.6	29.1
$NH_3(g)$	−46.1	−16.4	192.4	35.1
$NH_4Cl(cr)$	−314.4	−202.9	94.6	84.1
$NH_4NO_3(cr)$	−365.6	−183.9	151.1	171.5
$(NH_4)_2SO_4(cr)$	−1180.9	−910.7	220.1	187.6
$NO(g)$	90.3	86.6	210.8	29.8
$NO_2(g)$	33.2	51.3	240.1	37.2
$N_2O(g)$	82.1	104.2	219.8	38.5
$N_2O_4(g)$	9.16	97.9	304.3	77.3
$N_2H_4(l)$	50.6	149.3	121.2	98.9
$O_3(g)$	142.7	163.2	238.9	39.2
$O_2(g)$	0	0	205.1	29.4
$H_2O_2(l)$	−187.8	−120.4	109.6	89.1
$P(cr,白)$	0	0	41.1	23.8
$P(cr,红)$	−17.6	−12.1	22.8	21.2
$PCl_3(l)$	−287	−267.8	311.8	71.8
$PCl_5(g)$	−374.9	−305	364.6	112.8
$PbO(cr)$	−219.2	−189.3	67.9	49.3
$PbO_2(cr)$	−276.6	−219	76.6	64.4
$H_2S(g)$	−20.6	−33.6	205.8	34.2
$H_2SO_4(l)$	−814	−690	156.9	138.9
$SO_2(g)$	−296.8	−300.1	228.2	39.9
$SO_3(g)$	−395.7	−371.1	256.8	50.7
$Si(cr)$	0	0	18.8	20
$SiO_2(cr,\alpha\text{-石英})$	−910.9	−856.6	41.8	44.4
$SiCl_4(l)$	−687	−619.8	239.7	145.3
$Zn(cr)$	0	0	41.6	25.4
$ZnO(cr)$	−348.3	−318.3	43.6	40.3
$ZnCl_2(cr)$	−415.1	−369.4	111.5	71.3

续表

物质(状态)		$\dfrac{\Delta_f H_m^\ominus}{kJ \cdot mol^{-1}}$	$\dfrac{\Delta_f G_m^\ominus}{kJ \cdot mol^{-1}}$	$\dfrac{S_m^\ominus}{kJ \cdot K^{-1} \cdot mol^{-1}}$	$\dfrac{C_{p,m}^\ominus}{J \cdot mol^{-1} \cdot K^{-1}}$
$CH_4(g)$	甲烷	−74.8	−50.7	186.3	35.3
$C_2H_6(g)$	乙烷	−84.7	−32.8	229.6	52.6
$C_2H_4(g)$	乙烯	52.4	68.2	219.6	43.6
$C_2H_2(g)$	乙炔	226.7	209.2	200.9	43.9
$CH_3OH(l)$	甲醇	−238.7	−166.3	126.8	81.6
$CH_3OH(g)$	甲醇	−200.7	−162	239.8	43.9
$C_2H_5OH(l)$	乙醇	−277.7	−174.8	160.7	111.5
$C_2H_5OH(g)$	乙醇	−235.1	−168.5	282.7	65.4
$(CH_2OH)_2(l)$	乙二醇	−454.8	−323.1	166.9	149.8
$(CH_3)_2O(l)$	二甲醚	−184.1	−112.6	266.4	64.4
$HCHO(g)$	甲醛	−108.6	−102.5	218.8	35.4
$CH_3CHO(g)$	乙醛	−166.2	−128.9	250.3	57.3
$HCOOH(l)$	甲酸	−424.7	−361.4	129	99
$CH_3COOH(l)$	乙酸	−484.5	−389.9	159.8	124.3
$CH_3COOH(g)$	乙酸	−432.3	−374	282.5	66.53
$(CH_2)_2O(l)$	环氧乙烷	−77.8	−11.7	153.8	87.9
$(CH_2)_2O(g)$	环氧乙烷	−52.6	−13	242.5	47.9
$CHCl_3(l)$	氯仿	−134.5	−73.7	201.7	113.8
$CHCl_3(g)$	氯仿	−103.1	−70.3	295.7	65.7
$C_2H_5Cl(l)$	氯乙烷	−136.5	−59.3	190.8	104.3
$C_2H_5Cl(g)$	氯乙烷	−112.2	−60.4	276	62.8
$C_2H_5Br(l)$	溴乙烷	−92.01	−27.7	198.7	100.8
$C_2H_5Br(g)$	溴乙烷	−64.52	−26.48	286.71	64.52
$CH_2CHCl(g)$	氯乙烯	35.6	51.9	263.99	53.72
$CH_3COCl(l)$	氯乙酰	−273.8	−207.99	200.8	117
$CH_3COCl(g)$	氯乙酰	−243.51	−205.8	295.1	67.8
$C_4H_6(g)$	1,3-丁二烯	110.2	150.7	278.8	79.5
$C_4H_8(g)$	1-丁烯	−0.13	71.4	305.7	85.6
$n\text{-}C_4H_{10}(g)$	正丁烷	−126.2	−17	310.2	97.5
$C_6H_6(l)$	苯	49	124.1	173.3	135.1
$C_6H_6(g)$	苯	82.9	129.1	269.7	81.7
$CH_2NH_2(g)$	甲胺	−23	32.2	243.41	53.1
$(NH_2)_2CO(cr)$	尿素	−333.5	−197.3	104.6	93.14

注：表中"cr"表示固体。

附录五 常用有机化合物的标准摩尔燃烧焓（298K）

（标准压力 $p^\ominus=100\text{kPa}$）

物质(状态)		$\dfrac{-\Delta_c H_m^\ominus}{\text{kJ}\cdot\text{mol}^{-1}}$	物质(状态)		$\dfrac{-\Delta_c H_m^\ominus}{\text{kJ}\cdot\text{mol}^{-1}}$
$CH_4(g)$	甲烷	890.31	$C_2H_5CHO(l)$	丙醛	1816.3
$C_2H_6(g)$	乙烷	1559.8	$(CH_3)_2CO(l)$	丙酮	1790.4
$C_3H_8(g)$	丙烷	2219.9	$CH_3COC_2H_5(l)$	甲乙酮	2444.2
$C_4H_{10}(g)$	正丁烷	2878.3	$HCOOH(l)$	甲酸	254.6
$C_5H_{12}(l)$	正戊烷	3509.5	$CH_3COOH(l)$	乙酸	874.54
$C_5H_{12}(g)$	正戊烷	3536.1	$C_2H_5COOH(l)$	丙酸	1527.3
$C_6H_{14}(l)$	正己烷	4163.1	$CH_2CHCOOH(l)$	丙烯酸	1368.4
$C_2H_4(g)$	乙烯	1411	$C_3H_7COOH(l)$	正丁酸	2183.5
$C_2H_2(g)$	乙炔	1299.6	$CH_2(COOH)_2(s)$	丙二酸	861.15
$C_3H_6(g)$	环丙烷	2091.5	$(CH_2COOH)_2(s)$	丁二酸	1491
$C_4H_8(l)$	环丁烷	2720.5	$(CH_3CO)_2O(s)$	乙酸酐	1806.2
$C_5H_{10}(l)$	环戊烷	3290.9	$HCOOCH_3(l)$	甲酸甲酯	979.5
$C_6H_{12}(l)$	环己烷	3919.9	$C_6H_5OH(s)$	苯酚	3053.5
$C_6H_6(l)$	苯	3267.5	$C_6H_5CHO(l)$	苯甲醛	3527.9
$C_{10}H_8(s)$	萘	5153.9	$C_6H_5COCH_3(l)$	苯乙酮	4148.9
$CH_3OH(l)$	甲醇	726.51	$C_6H_5COOH(s)$	苯甲酸	3226.9
$C_2H_5OH(l)$	乙醇	1366.8	$C_6H_4(COOH)_2(s)$	邻苯二甲酸	3223.5
$C_3H_7OH(l)$	正丙醇	2019.8	$C_6H_5COOCH_3(l)$	苯甲酸甲酯	3957.6
$C_4H_9OH(l)$	正丁醇	2675.8	$C_{12}H_{22}O_{11}(s)$	蔗糖	5640.9
$CH_3OC_2H_5(g)$	甲乙醚	2107.4	$CH_3NH_2(g)$	甲胺	1060.6
$(C_2H_5)_2O(l)$	二乙醚	2751.1	$C_2H_5NH_2(l)$	乙胺	1713.3
$HCHO(g)$	甲醛	570.78	$(NH_2)_2CO(s)$	尿素	631.66
$CH_3CHO(g)$	乙醛	1166.4	$C_5H_5N(l)$	吡啶	2782.4

附录六 在298K和标准压力（$p^\ominus$ =100kPa）下一些电极的标准（氢标还原）电极电势

酸性溶液：

元素	电极反应	$E^\ominus$/V
Ag	$AgBr+e^-\longrightarrow Ag+Br^-$	0.07133
	$AgCl+e^-\longrightarrow Ag+Cl^-$	0.22233
	$Ag_2CrO_4+2e^-\longrightarrow 2Ag+CrO_4^{2-}$	0.447
	$Ag^++e^-\longrightarrow Ag$	0.7996
Al	$Al^{3+}+3e^-\longrightarrow Al$	−1.662
As	$HAsO_2+3H^++3e^-\longrightarrow As+2H_2O$	0.248
	$H_3AsO_4+2H^++2e^-\longrightarrow HAsO_2+2H_2O$	0.56
Bi	$BiOCl+2H^++3e^-\longrightarrow Bi+H_2O+Cl^-$	0.1583
	$BiO^++2H^++3e^-\longrightarrow Bi+H_2O$	0.32
Br	$Br_2+2e^-\longrightarrow 2Br^-$	1.066
	$2BrO_3^-+12H^++10e^-\longrightarrow Br_2+6H_2O$	1.482
Ca	$Ca^{2+}+2e^-\longrightarrow Ca$	−2.868
Cl	$ClO_4^-+2H^++2e^-\longrightarrow ClO_3^-+H_2O$	1.23
	$Cl_2+2e^-\longrightarrow 2Cl^-$	1.3595
	$ClO_3^-+6H^++6e^-\longrightarrow Cl^-+3H_2O$	1.451
	$2ClO_3^-+12H^++10e^-\longrightarrow Cl_2+6H_2O$	1.47
	$2HClO+2H^++2e^-\longrightarrow Cl_2+2H_2O$	1.611
	$ClO_3^-+3H^++2e^-\longrightarrow HClO_2+H_2O$	1.214
	$ClO_2+H^++e^-\longrightarrow HClO_2$	1.275
	$HClO_2+2H^++2e^-\longrightarrow HClO+H_2O$	1.645
Co	$Co^{3+}+e^-\longrightarrow Co^{2+}$	1.061946903
	$Co^{2+}+2e^-\longrightarrow Co$	−0.28
Cr	$Cr_2O_7^{2-}+14H^++6e^-\longrightarrow 2Cr^{3+}+7H_2O$	1.232
Cu	$Cu^{2+}+e^-\longrightarrow Cu^+$	0.158
	$Cu^{2+}+2e^-\longrightarrow Cu$	0.3419
	$Cu^++e^-\longrightarrow Cu$	0.521
Fe	$Fe^{2+}+2e^-\longrightarrow Fe$	−0.447
	$Fe(CN)_6^{3-}+e^-\longrightarrow Fe(CN)_6^{4-}$	0.358
	$Fe^{3+}+e^-\longrightarrow Fe^{2+}$	0.771
H	$2H^++2e^-\longrightarrow H_2$	0
Hg	$Hg_2Cl_2+2e^-\longrightarrow 2Hg+2Cl^-$	0.26808
	$Hg_2^{2+}+2e^-\longrightarrow 2Hg$	0.7973
	$Hg^{2+}+2e^-\longrightarrow Hg$	0.851
	$2Hg^{2+}+2e^-\longrightarrow Hg_2^{2+}$	0.92

续表

元素	电极反应	$E^\ominus/V$
I	$I_2 + 2e^- \longrightarrow 2I^-$	0.5355
	$I_3^- + 2e^- \longrightarrow 3I^-$	0.536
	$2IO_3^- + 12H^+ + 10e^- \longrightarrow I_2 + 6H_2O$	1.195
	$2HIO + 2H^+ + 2e^- \longrightarrow I_2 + 2H_2O$	1.439
K	$K^+ + e^- \longrightarrow K$	-2.931
Mg	$Mg^{2+} + 2e^- \longrightarrow Mg$	-2.372
Mn	$Mn^{2+} + 2e^- \longrightarrow Mn$	-1.185
	$MnO_4^- + e^- \longrightarrow MnO_4^{2-}$	0.558
	$MnO_2 + 4H^+ + 2e^- \longrightarrow Mn^{2+} + 2H_2O$	1.224
	$MnO_4^- + 8H^+ + 5e^- \longrightarrow Mn^{2+} + 4H_2O$	1.507
	$MnO_4^- + 4H^+ + 3e^- \longrightarrow MnO_2 + 2H_2O$	1.679
Na	$Na^+ + e^- \longrightarrow Na$	-2.71
N	$NO_3^- + 4H^+ + 3e^- \longrightarrow NO + 2H_2O$	0.957
	$2NO_3^- + 4H^+ + 2e^- \longrightarrow N_2O_4(g) + 2H_2O$	0.803
	$HNO_2 + H^+ + e^- \longrightarrow NO + H_2O$	0.983
	$N_2O_4 + 4H^+ + 4e^- \longrightarrow 2NO + 2H_2O$	1.035
	$NO_3^- + 3H^+ + 2e^- \longrightarrow HNO_2 + H_2O$	0.934
	$N_2O_4 + 2H^+ + 2e^- \longrightarrow 2HNO_2$	1.065
O	$O_2 + 2H^+ + 2e^- \longrightarrow H_2O_2$	0.695
	$H_2O_2 + 2H^+ + 2e^- \longrightarrow 2H_2O$	1.776
	$O_2 + 4H^+ + 4e^- \longrightarrow 2H_2O$	1.229
P	$H_3PO_4 + 2H^+ + 2e^- \longrightarrow H_3PO_3 + H_2O$	-0.276
Pb	$PbI_2 + 2e^- \longrightarrow Pb + 2I^-$	-0.365
	$PbSO_4 + 2e^- \longrightarrow Pb + SO_4^{2-}$	-0.3588
	$PbCl_2 + 2e^- \longrightarrow Pb + 2Cl^-$	-0.2675
	$Pb^{2+} + 2e^- \longrightarrow Pb$	-0.1262
	$PbO_2 + 4H^+ + 2e^- \longrightarrow Pb^{2+} + 2H_2O$	1.455
	$PbO_2 + SO_4^{2-} + 4H^+ + 2e^- \longrightarrow PbSO_4 + 2H_2O$	1.6913
S	$H_2SO_3 + 4H^+ + 4e^- \longrightarrow S + 3H_2O$	0.449
	$S + 2H^+ + 2e^- \longrightarrow H_2S$	0.142
	$SO_4^{2-} + 4H^+ + 2e^- \longrightarrow H_2SO_3 + H_2O$	0.172
	$S_4O_6^{2-} + 2e^- \longrightarrow 2S_2O_3^{2-}$	0.08
	$S_2O_8^{2-} + 2e^- \longrightarrow 2SO_4^{2-}$	2.01
	$S_2O_8^{2-} + 2H^+ + 2e^- \longrightarrow 2HSO_4^-$	2.123
Sb	$Sb_2O_3 + 6H^+ + 6e^- \longrightarrow 2Sb + 3H_2O$	0.152
	$Sb_2O_5 + 6H^+ + 4e^- \longrightarrow 2SbO^+ + 3H_2O$	0.581
Sn	$Sn^{4+} + 2e^- \longrightarrow Sn^{2+}$	0.151

续表

元素	电极反应	$E^\ominus$/V
V	$V(OH)_4^+ + 4H^+ + 5e^- \longrightarrow V + 4H_2O$	−0.254
	$VO^{2+} + 2H^+ + e^- \longrightarrow V^{3+} + H_2O$	0.938718663
	$V(OH)_4^+ + 2H^+ + e^- \longrightarrow VO^{2+} + 3H_2O$	1
Zn	$Zn^{2+} + 2e^- \longrightarrow Zn$	−0.7618

碱性溶液：

元素	电极反应	$E^\ominus$/V
Ag	$Ag_2S + 2e^- \longrightarrow 2Ag + S^{2-}$	−0.691
	$Ag_2O + H_2O + 2e^- \longrightarrow 2Ag + 2OH^-$	0.342
Al	$H_2AlO_3^- + H_2O + 3e^- \longrightarrow Al + 4OH^-$	0.447
	$Al(OH)_4^- + 3e^- \longrightarrow Al + 4OH^-$	−2.328
As	$AsO_2^- + 2H_2O + 3e^- \longrightarrow As + 4OH^-$	−0.675
	$AsO_4^{3-} + 2H_2O + 2e^- \longrightarrow AsO_2^- + 4OH^-$	−0.71
Br	$BrO_3^- + 3H_2O + 6e^- \longrightarrow Br^- + 6OH^-$	0.61
	$BrO^- + H_2O + 2e^- \longrightarrow Br^- + 2OH^-$	0.761
Cl	$ClO_3^- + H_2O + 2e^- \longrightarrow ClO_2^- + 2OH^-$	0.33
	$ClO_4^- + H_2O + 2e^- \longrightarrow ClO_3^- + 2OH^-$	0.36
	$ClO_2^- + H_2O + 2e^- \longrightarrow ClO^- + 2OH^-$	0.66
	$ClO^- + H_2O + 2e^- \longrightarrow Cl^- + 2OH^-$	0.89
Co	$Co(OH)_2 + 2e^- \longrightarrow Co + 2OH^-$	−0.73
	$Co(NH_3)_6^{3+} + e^- \longrightarrow Co(NH_3)_6^{2+}$	0.108
	$Co(OH)_3 + e^- \longrightarrow Co(OH)_2 + OH^-$	0.17
Cr	$Cr(OH)_3 + 3e^- \longrightarrow Cr + 3OH^-$	−1.48
	$CrO_2^- + 2H_2O + 3e^- \longrightarrow Cr + 4OH^-$	−1.2
	$CrO_4^{2-} + 4H_2O + 3e^- \longrightarrow Cr(OH)_3 + 5OH^-$	−0.13
Cu	$Cu_2O + H_2O + 2e^- \longrightarrow 2Cu + 2OH^-$	−0.358
Fe	$Fe(OH)_3 + e^- \longrightarrow Fe(OH)_2 + OH^-$	−0.56
H	$2H_2O + 2e^- \longrightarrow H_2 + 2OH^-$	−0.8277
Hg	$HgO + H_2O + 2e^- \longrightarrow 2Hg + 2OH^-$	0.0977
I	$IO_3^- + 3H_2O + 6e^- \longrightarrow I^- + 6OH^-$	0.26
	$IO^- + H_2O + 2e^- \longrightarrow I^- + 2OH^-$	0.485
Mg	$Mg(OH)_2 + 2e^- \longrightarrow Mg + 2OH^-$	−2.69
Mn	$Mn(OH)_2 + 2e^- \longrightarrow Mn + 2OH^-$	−1.55
	$MnO_4^- + 2H_2O + 3e^- \longrightarrow MnO_2 + 4OH^-$	0.595
	$MnO_4^{2-} + 2H_2O + 2e^- \longrightarrow MnO_2 + 4OH^-$	0.6
N	$NO_3^- + H_2O + 2e^- \longrightarrow NO_2^- + 2OH^-$	0.01
O	$O_2 + 2H_2O + 2e^- \longrightarrow 4OH^-$	0.401

续表

元素	电极反应	$E^{\ominus}/V$
S	$S+2e^- \longrightarrow S^{2-}$	-0.447
	$SO_4^{2-}+H_2O+2e^- \longrightarrow SO_3^{2-}+2OH^-$	-0.93
	$2SO_3^{2-}+3H_2O+4e^- \longrightarrow S_2O_3^{2-}+6OH^-$	-0.571
	$S_4O_6^{2-}+2e^- \longrightarrow 2S_2O_3^{2-}$	0.08
Sb	$SbO_2^-+2H_2O+3e^- \longrightarrow Sb+4OH^-$	-0.66
	$Sn(OH)_6^{2-}+2e^- \longrightarrow HSnO_2^-+H_2O+3OH^-$	-0.93
	$HSnO_2^-+H_2O+2e^- \longrightarrow Sn+3OH^-$	-0.909

参考文献

[1] 傅献彩. 物理化学. 5版. 北京：高等教育出版社，2006.
[2] 天津大学物理化学教研室. 物理化学简明版. 2版. 北京：高等教育出版社，2018.
[3] 王振琪. 物理化学. 北京：化学工业出版社，2002.
[4] 张淑平. 化学基本原理. 北京：化学工业出版社，2005.
[5] 孙锦宜. 工业催化剂的失活与再生. 北京：化学工业出版社，2006.
[6] 侯炜. 物理化学. 北京：科学出版社，2011.
[7] 李素婷. 物理化学. 2版. 北京：化学工业出版社，2019.
[8] 尚秀丽. 物理化学. 2版. 北京：化学工业出版社，2021.
[9] 付长亮. 现代煤化工生产技术. 北京：化学工业出版社，2009.
[10] 黄一石. 仪器分析. 4版. 北京：化学工业出版社，2020.
[11] 颜鑫. 无机化工生产技术与操作. 3版. 北京：化学工业出版社，2021.
[12] 陈学梅. 有机化工生产技术与操作. 4版. 北京：化学工业出版社，2024.